生物界をつくった微生物

ニコラス・マネー著
小川真訳

The Amoeba in the Room

Lives of the Microbes by Nicholas P. Money

築地書館

The Amoeba in the Room—Lives of the Microbes
by
Nicholas P. Money

The Amoeba in the Room—Lives of the Microbes
was originally published in English by Oxford University Press.
This translation is published by arrangement with Oxford University Press.
Translated by Makoto Ogawa
Published in Japanese by Tsukiji-Shokan Publishing Co.,Ltd. Tokyo

目次

第3章　大いなるもの、リヴァイアサン

第4章　土と水

第5章　大気

第6章　裸のサル

第7章　ウルカヌス神の鍛冶場とダンテの神曲、地獄篇

第8章　新エルサレム

序章

さて、今回は「動物や植物は生物全体の中で最も小さなグループだ」という、ちょっと風変わりな見方で話を進めてみよう。この一見突飛な考え方をわかりやすくするには、たとえ話が役に立つかもしれない。それは亡くなった家主がつけていたカツラのことなのだ。私は子どもが思いつくままクマのことをベアリー、クロコダイルのことをスナッピーというように、この家主をランディーと呼んでいた。彼は借家から離れたところにある、ピカピカに磨き上げた家で、豹紋柄のカーテンと真っ白な敷物に囲まれて暮らしていた、背の高い年配の紳士だった。頭はつるつるに禿げていたが、てっぺんにはふわふわとした金髪の束が飾りのように乗っていた。この毛の束がどうやってくっついているのか、私にはまったくわからなかったが、それは彼が頭を振るたびにくるくる回るのだった。

ランディーのカツラはまさに地球上の大型生物で、それは彼にとってさほど大切ではないが、誰の目にも触れやすいものだった。カツラだけからランディーのことをわかろうとするのは馬鹿げている。その通気のよい鳥の巣のようなカツラをいくら調べても、誰も彼が先の大戦の英雄で、裸のパラグライダー乗りとして有名だったことなどわかりもしない。同じような見当違いのとらえ方が、現代生物学の弱点にもなっているのだ。人類を含むすべての動物とあらゆる植物はいずれも進化のうえでは後発の生物群で、何十億年も前に動き出したルールに則って進む、宇宙のゲームに遅れて加わったグループなのである。見ればすぐわかることだが、我々は生命体の本質、つまり「部屋の中のアメーバ」のことを忘れているか、ほとんど無視しているのだ。
　ロバート・ルイス・スティーヴンスンは一八八五年に出した『子どもの詩の園』の序文で、「世界は無数の生き物にあふれ、私たちは王様と同じように幸せだ」と言う。彼はこの小さな散文詩に『幸せな思い』という題名をつけたが、それはそのまま現在の生物学者に当てはまりそうである。最近の推計によれば種《しゅ》の数は多いが、核の中に染色体を持つ生物、いわゆる真核生物は九〇〇〇万種ほどだという。動物と植物は真核生物だが、過去二五〇年の間に記載された動物は一〇〇万種以下、植物はわずか二〇万種にすぎない。この種数の推定値と実数との間のギャップを埋めているのが微生物なのだ。

　生物分類学の通説によると、微小な生物は真核生物の菌類と原生生物および細胞の中に核を持たない二種類の原核生物、すなわち細菌（バクテリア）と古細菌（アーケア）の四グループまたは界にまとめられている。これらの生物群の存在は一七世紀になって顕微鏡を用いたロバート・フックとアントニ・ファン・レーウェンフクらの素晴らしい仕事が世に出るまで、知られないままだった。アメーバにいたっては、次の世紀までその片鱗すら知られていなかった[1]。

　フックの時代に「アニマルキュール」と呼ばれた、微細な生物のすべてに種名をつけて数え上げようというのは、かなり無駄な努力である。なぜそういえるのか。もし人がチンパンジーと交雑するとしたら、何が起こるか想像もつかない。さらに同じ実験をシェトランド産のポニーで試みるとなると、増殖の見込みははるかに遠のくだろう。よく知られているように、「種」という科学用語は我々が動物の交配不能なものについていう場合だけ、明瞭な意味を持つのである。同じことは植物についてもいえるはずだ。

　ところで、もう一度顕微鏡サイズの生物に目を向けると、「種」の定義は科学的というよりむしろ哲学的課題である。とくに細菌と古細菌については種の概念を当てはめること自体、ほとんど無意味だといえる。にもかかわらず、生物学者たちはこの小さな生き物に一万以上の名前をつけ、それらが動植物のグループ分けに使われたルールに合わないという事実を知りながら、薄っぺらな細菌の目録を作ってきた。おそらく、それはまず大きなものを取り上げ、しかも一番わかりやすいものから扱いたいという生物学者の積年の妄執によってなされたことらしい。鳥や昆虫はじつにわかりやすい。撃ち殺すか、網でとって毒殺し、内臓を取り出したり、ちょっと針を刺してとめたりして引き出しにしまいこんでおけばよい。時間があれば、引き出しを開けて動物の形や大きさ、色などを記載し、多くのほかの特徴も書いておく。また、おそらく撃ち殺される前の様子、例えば「高い枝に止まっていた」とか、「自然観察していた人の頭に糞をした」などと書き加え、その生物にラテン名をつける。これが、鳥類学者が一万種の鳥を命名し、ハチ学者が二万種ものハチを同定してきた分類学の実態なのである。

顕微鏡サイズの生物の広がりを量的に示すには、別の手法が必要なのだ。その一つは遺伝子、時にはその変異を調べることだが、これが多様性を知るための基盤になる。名前がつけられていたかどうかは別にして、採集した生物からＤＮＡを取り出すことは容易である。また、実物を顕微鏡で見なくとも、海水や土からサンプルをとって核酸を抽出し、サンプルの中に何があったか思い描くこともできる。

次に、細胞形態の変異も微生物の多様性を調べるのに役立つが、収斂進化にこだわると、ありもしない類縁関係を取り上げるという大きな過ちを犯すことがある。顕微鏡で見ると、菌類の糸状細胞とミズカビと呼ばれている原生生物のあるグループは非常によく似ており、同じやり方で成長するが、これらの仲間は進化の過程で何億年も前に分かれたものである。細胞分裂のときに染色体を分ける分子的な仕組みは、祖先が共通であることをうまく表わす動的構造の一つのよい例である。というのも、近縁のものは同じ仕組みによるからである。細胞構造の非収斂的な細部を解析することは進化の歴史に関する高度な推論を導くのに役立ち、それは遺伝学によって検証されている。

三番目の判断基準は生物の代謝機構に現われる変異である。植物は自分で食べ物を作り、動物はほかの生物が作ったものを食べる。また、多くの微生物は動植物と似たことをしており、すべての菌と細菌の多くはほかの生物が育てた組織を消費する。したがって、彼らは捕食者であり、分解者でもあるが、光合成細菌や藻類は一次生産者である。例えば、海にいるシアノバクテリアは植物と同じように、空気中の二酸化炭素から糖類を作り出す。この生理的共通性は、歴史上現われた偶然の出来事ではない。植物はシアノバクテリアと同じように光合成をするが、これは植物体の中の葉緑体がシアノバクテリアだからである（ある細胞がほかの細胞を飲みこんだが消化しなかったという、太古の内部共生によって結合し、その結果変形しているとしても）。樹木の遺伝子は超高層ビルディングを育てて、この青緑色の細菌が詰まったソーラーパネルを広げているのだ。微生物たちは何十億年もの間、さまざまな方法で自分自身を養ってきたのである。化学合成無機栄養細菌と呼ばれている細菌や古細菌の仲間は、硫黄や二価鉄のほか水素、硫化水素、アンモニア、亜硝酸、メタンなど、還元しやすい物質からエネルギーを取りこんできた。

水素ガスを酸化してエネルギーをとる細菌は温泉にいるが、その仲間のヘリコバクター・ピロリは人間の胃の中にも住んでいて、胃潰瘍や癌の発生にかかわりがあるという。ちなみに、ある研究によると同じ細菌が体重コントロールに役立ち、これを除くと小児喘息の発生が増えるともいわれている。この細菌を養っている水素ガスは地熱の作用で温泉の熱水の中に噴き出し、腸の中にいる細菌によって胃の中へ吐き出されている。水素酸化細菌は地球上に暮らす生物の中で最も古いものの一つで、その生き方は生物学の教科書の大部分を埋めている、ほかのどんな生物の範疇にも入らないだろう。

ウイルスは生物全体の中で重要な位置を占めているが、生物学者が生物の差異を議論する際には無視されがちである。誰も異論はないと思うが、それはウイルスが非生物的存在だという問題を抱えているからである。生物学の入門コースで学生たちは生物の特性について、繁殖して成長し、刺激に反応し、時に美味しいワインに酔いしれることなどと教わる。もちろんウイルスも繁殖するが、それは宿主細胞に入って生化学的機能を乗っとり、それを使って自分自身を複製して増えるというやり方である。ウイルス粒子の形成過程は成長とはみなされていない。というのは、ウイルスはカロリーを燃焼してそれ自体を作り上げるだけで、細胞のように大きくならないからである。ウイルスは細胞と違って、有害な化学物質に反応して泳いで逃げたり、何らかの生理的防御装置に頼ったりすることもない。言い換えれば、生物を我々自身のように細胞から成り立っているもの、すなわち細胞生物と厳密に定義するなら、ウイルスは生物の仲間には入らないことになる。

ところが、ウイルスは細胞を構成する複雑な生物的分子と同じものからできており、その遺伝子情報は同じタイプの核酸に刻みこまれている。そのため、分子的生物という用語はウイルスを入れる便利な屑カゴとして、このところよく使われている。しかし、たとえ地球上の生命体の中で優勢な存在ではないとしても、生物学者たちはウイルスが大きな役割を担っているとみなしている。実際、ウイルスは細胞生物よりもずっと多く、地球上の多様な遺伝子のほとんどはウイルスの形になっているのである。

微小な細胞生物同様、ウイルスは生物学者に数多くの問題を提起している。生命の最も小さな形は生物学者以外の者にとっても大きな問題である。というのは、生物多様性の本質をよく理解していないということ、言い換えれば我々が微生物にどっぷり浸って満たされ、それからできあがっているのに少しも気づいていないということなのだが、それは自分のよって立つところを見失っていることになるのだ。なぜなら、我々は多くの生命体の働きに無知なまま、つまりもともと我々人類がいなくとも非常にうまく働いてきたし、働くだろうということに気づかないまま真実を理解することを怠り、ゾウの大切さを強調する頭脳集団に誤って引きずられているからなのである。我々はほんの少し想像力を働かせてアメーバのことを知る必要がある。おそらく、この生物の見直しが生命の本質にかかわる問いかけに対する唯一賢明な答えになることだろう。

書き換えられた生物学は、必要とされる光を投げかけるはずである。では早速、生物界の再構築を始めてみよう。さて、私はイエローストーン国立公園にもアフリカのサファリにも行かずに、この惑星地球の多様な生物界を見渡す偉業を成し遂げてみようと思う。実際、オハイオ州郊外にある自宅の裏庭の命あふれる木立や小さな池以外、私はどこへも出かけていないのだ。一度よく知れば、このプラスチックに囲われたオアシスがどんな国立公園の豊かな生物相にも匹敵することがわかるはずである。この生命体のとらえ方は一七世紀以前のものとは対照的で、生物圏に対する理解の革命的変化は顕微鏡の発明によって可能になったのである。その歴史的考察は第2章で紹介するよりも、もっと面白いはずである。それに続く章では海洋、土壌、大気などの生態系における生物多様性について考察する。次に出てくる話題は人間生態系を構成する一〇兆の動物細胞と一〇〇兆の微生物の共生関係である。彼ら（微生物）と我々（受精卵から発達した細胞体）の間に残っている相違は、人間の細胞の複合性と人間の遺伝子の多くがウイルス起源であることを考えると、頭が混乱してくるほどである。

デカルトは、考えることが存在の証明であるという理論を打ち立てたが、もし我々が培養された微生物の複雑な混合物以上（か以下）のものだとしたら、我々人類は生物学的現実を超えて存在することになるのだろうか。このことを知るために温泉を含む特殊環境を訪れ、同時に消毒済みの家のような場所にも出かけてみよう。最後に生物学教育の再構築に必要な地球上の生物のとらえ方を示して、終わりの章を閉じることにしよう。小冊子にしては目標が高すぎるかもしれないが、小さなものほどよいと私は信じているのだから。

注――各章の冒頭に、ジョン・ミルトンの『失楽園』の一節を挙げておいた。目が見えなくなって痛風に悩まされ、二番目の妻にも先立たれたミルトンは秘書や友人にあてて、一六五八年から一六六三年の間にこの叙事詩を書いたといわれている。この作品を通して、科学が超自然的なものの中に取りこまれている。ミルトンは一六三八年か一六三九年にガリレオに会ったと伝えられており、多くの場面に天文学上の発見がちりばめられている。『失楽園』は一六六七年に出版されたが、それはフックの『ミクログラフィア』が出た二年後、ニュートンの『プリンキピア』が出る二〇年前のことだった。チャールス・ダーウィンは一八三〇年代のビーグル号による航海にこの詩の縮刷版を持っていき、かなりの部分を暗記していたという。

神の力を「偉大なる創造者の御業」と讃えたミルトンの考え方が、ダーウィンの進化に対する考えを揺さぶったのだろう。詩人が生命の素晴らしさについて語る調子は、熱帯を旅して心が「喜びのきわみ」だったと書いたときのダーウィンの情熱に通じる。若い科学者の採集品の中に種の創造にかかわる無限の時間を意識するにつれて、次第に彼の心の中に生命に対する畏敬の念が高まっていったように思える。ミルトンとダーウィンは心を通わせていたのだ。かのヴィクトリア朝の自然科学者は正道を歩んでいたが、今日の我々は地球の豊かさを知るためには、どれほど遠くまで行かなければならないか、完全に忘れているのである。ミルトンは科学の案内人ではないが、その経験を通して我々を大いに楽しませてくれる。この本を書き始めたときはまとめをどうするか考えていなかったが、何か月か経つと自分でも驚くほど第1章に掲げたミルトンの一節がこの仕事の結びにふさわしいと思うようになったのである。

第1章　エデン

真っただ中に、群を抜いて高く聳えていたのが神饌《アンブロシア》にも似た、
滋味豊かな生ける黄金の果実《み》をつけた生命の樹であった。

ミルトン『失楽園』第四巻（平井正穂訳）

今、私は二階の書斎の窓から雨に打たれてキラキラと光る鏡のような池を見ている。深く潜っているのでここからは見えないが、たぶん金魚たちは池の底に積もった泥の上でゆっくりと尾鰭《おひれ》を振っているのだろう。一〇年ほど前、私は義理の息子のアダムと一緒に少し湾曲した穴を掘り、成形したポリエチレンのケースを埋めて水をはり、一五匹ほど魚を入れた。郊外に暮らす人間の心がけだが、プラスチックの縁を隠すために地元の石灰岩の板を並べておいた。納得のいく仕事の結果は満足すべきもので、その年すぐ水の中にたくさんの生命の樹が育ち始めた。巨大な怪獣のリヴァイアサンこそいないが、ほかのものはみんなそろっていた。今は一二月、このエデンの園は静まり返っており、眠そうな魚、冬眠するカエル。昆虫、原生生物、菌、植物、そして細菌など、さまざまな生き物が寒さの中で眠りについている。雨は今朝から降り続き、生命の樹は同心円状の小波の上下で安穏に過ごしている。

どんな無信心な人にとっても、創世記に出てくるエデンの園は我々が失ったものの強力なシンボルになっていることだろう。とくに注意深く生物圏を構成するものを評価しようとするとき、エデンの園はしばしば生い茂る森や哺乳動物の大群を養う草原、サンゴ礁の上を泳ぐアオウミガメなどのこととされてきた。数年前のニュースの見出しに「我がチーム、モザンビークの忘れられた森の中に失われたエデンの園を発見」というのがあった。それはグーグル・アースが初めて撮影した山脈の中で、研究者たちがチョウ類と爬虫類の新種や鳥の大群を発見したという記事だった。この手の話は二一世紀においては思いもよらない贈り物で、確実に絶滅へむかって増え続け、残りの人生に投げかけられる影におびえる我々七〇億のサルに、はかない慰めを与えてくれるのだ。人類の絶滅はさておき、忘れられた森の情報を共有することは避けられないが、ただ我々はそうすることによってより大きな真実を避けて通る危険を冒しているように思える。人は誰でもエデンの園に暮らし、そこを離れたくなかった。いわく「真っただ中に、群を抜いて高く聳えていたのが生命の樹であった」のである。

さて、話を池に戻そう。私が住んでいる場所はこの惑星同様、およそ五〇億年の歳月を経ている。五億年ほど前には赤道の南二〇度にあって、温かい浅い海に浸されていた。歴史的に見ると、オハイオ州はカリブ海型気候帯に属していたのである。[1]海底にはサンゴが育ち、そこには海綿動物やウミユリ、枝分かれしたコケムシ動物の茂みなどが混生していた。貝類が多く、その中には腕足動物と二枚貝の仲間や、今では安酒場の砕いた氷の上でしかお目にかかれないカキの類などが含まれていた。オルドビス紀のカキは、貝のベッドの上を這いずりまわるヒトデや三葉虫の餌食になっていた。クラゲや円錐形のオウムガイなどがきれいな水の中を泳ぎまわり、ウミサソリや四つ目のカブトガニの仲間が捕食者の頂点に立っていた。

この海洋生態系の仕組みはオルドビス紀後期の数百万年間、無数のプランクトンによって動かされていた。そして、大量の貝殻や骨、海底の泥などが降り積もり、この大昔の水族館の名残《なごり》がオハイオ州西部に見られる厚さ約二五〇メートルに及ぶ石灰岩や泥板岩の層を形作ったのである。池の周りに並べた石の板はどれも、かつて生きていたウミユリの茎の切れ端、貝殻の片方や完全なもの、欠けたもの、コケムシの管、ツノサンゴ、三葉虫の完全なものやつぶれたものなどからできている。

しかし、オルドビス紀から四億四〇〇〇万年経った今では、その痕跡すら見つからない。というのは、堆積物の証拠がすっかり氷河によって削りとられたからである。ちなみに、最後の氷河はこの庭から高さ約三〇〇メートル、ワシントン記念塔の二倍に達し、一万四〇〇〇年前にようやく退いたのである。厚い氷の板は融けた跡に粘土や砂、石礫などの深い堆積物の層を残し、そこはやがて広葉樹の大森林に覆われ、我々ヨーロッパ人の先祖がやってくるまで生き残っていたのである。

その後、一八世紀に入ると人間は森林に火をつけ、製鉄のために膨大な量のブナの木を木炭に変え、アメリカ原住民をオクラホマに集団移住させ、長老派教会の農民のために土地を開発したのである。ある意味「文明開化」の及ぶところは、最悪とされるリョコウバトの絶滅を含む野生生物の大量虐殺と同じことなのだ。ついに二〇世紀も終わり近くなると、開発業者が疲れ切った酪農家を札束でひっぱたいて、かみさんと一緒にフロリダの集合住宅に引きこもらせ、広い土地に道路をひいて肥えた表土を削りとって庭に運び、一番湿った場所に私の家を建てたのである。土地の排水問題にはかかわりなく、息子のアダムと私はある場所が年中湿っていることを確かめて、そこに池を掘った。何十億年もの歳月が、太陽から八・三光分《ふん》に位置する惑星にゆっくり現われるこの見世物を、じっと見つめてきたのである。

郵　便　は　が　き

料金受取人払郵便

晴海局承認

9791

差出有効期間
平成28年 9月
11日まで

104 8782

905

東京都中央区築地7-4-4-201

築地書館 読書カード係 行

お名前	年齢	性別 男・女
ご住所 〒		
電話番号		
ご職業（お勤め先）		

購入申込書

このはがきは、当社書籍の注文書としてもお使いいただけます。

ご注文される書名	冊数

ご指定書店名　ご自宅への直送（発送料200円）をご希望の方は記入しないでください。

tel

読者カード

ご愛読ありがとうございます。本カードを小社の企画の参考にさせていただきたく存じます。ご感想は、匿名にて公表させていただく場合がございます。また、小社より新刊案内などを送らせていただくことがあります。個人情報につきましては、適切に管理し第三者への提供はいたしません。ご協力ありがとうございました。

ご購入された書籍をご記入ください。

本書を何で最初にお知りになりましたか？
□書店　□新聞・雑誌（　　　　）□テレビ・ラジオ（　　　　　）
□インターネットの検索で（　　　　）□人から（口コミ・ネット）
□（　　　　　）の書評を読んで　□その他（　　　　　　）

ご購入の動機（複数回答可）
□テーマに関心があった　□内容、構成が良さそうだった
□著者　□表紙が気に入った　□その他（　　　　　　　）

今、いちばん関心のあることを教えてください。

最近、購入された書籍を教えてください。

本書のご感想、読みたいテーマ、今後の出版物へのご希望など

□総合図書目録（無料）の送付を希望する方はチェックして下さい。
＊新刊情報などが届くメールマガジンの申し込みは小社ホームページ（http://www.tsukiji-shokan.co.jp）にて

池の中の生き物

この池は大きなマルベリー（アカミグワ）の木と、小さなセイヨウトネリコや一本のニレの木に覆われている。オハイオ州にはマルベリーが多く、その果実は少しラズベリーに似ているがあまり美味しくないし、私はひどい怠け者なのでワインを作ったこともない。多くの点でマルベリーはいわゆる雑木で、薪以外に価値のない樹木である。この木の値打ちはマルベリーという種を絶やさないために生きているという以上に、ほかの生物に住処を提供するという不動産価値にあるようだ。数年前この木は根元から裂けて、二本の大枝の裂け目から茶色の樹液を流し始めた。その枝が風で引き裂かれて以来、ずっと裂け目が開いたままなので傷はいまだに癒えていない。こんなに傷つきながらも牧歌的なフィッシャー・キング（訳註：アーサー王物語に出てくる不具の王で、聖杯伝説に関係がある）は、毎年旺盛に葉をつけて樹冠を飾り、枯れ枝は一本もない。見上げても小鳥たちは樹冠の中に隠れていて見えないが、この恐竜の子孫たちの元気な様子はスズメのおしゃべりやアオカケスのギャーギャーと鳴く声、キツツキが幹を打つ音などからはっきりと確認できる。また、そこには飛び切り上等の昆虫たちも住んでいる。セミが夏の終わりから秋の初めまで演奏を聞かせてくれるが、四種類以上の鳴き声を聞き分けることができる。それは砂利道を踏むような音、小鳥のさえずりのようにチーッチーッとかミーンミーンという声、ジェットエンジンがハイピッチで回るような音、さびついたトランポリンの上で子どもがはねているようなギーッギーッという音などなど。ある日の昼下がり、これまで見たこともない大きな緑色のカマキリが木の上からポチャンと池に落ちてきた。

机の前に座ってマルベリーを見ると、割れ目のある樹皮と傷口から染み出しているチョコレート色の樹液が見える。何の変哲もない雑木だが、近づいてよく見ると次々といろんな生物が見えてくる。樹皮は灰緑色の粉を吹いたような小さな地衣類で飾られている。この斑点は菌類のコロニー、つまり葉状体で、これにパートナーになる光合成藻類の細胞がくっついている。虫眼鏡で拡大すると、この小さな生き物が形を変える。緑色の点は空中で巻くギザギザの縁を持った基盤部分だが、ものによってはパートナーの菌の胞子を飛ばすカップで覆われている。この葉状体は一年の大半をカラカラに乾いた状態で過ごすが、雨に濡れると元気づいて菌の糸状細胞が成長し、藻類の細胞も膨れて光合成によって糖類を作り始め、カップからは胞子が煙のように空中へと噴き出される。

ここでは、とりあえず二、三の最も目につきやすい、池の周りに暮らす住人を記述しておこう。マルベリーは顕花植物で、地衣類は光合成能を持った藻（緑藻）か細菌（シアノバクテリア）を詰めこんだ菌のサンドイッチ、昆虫や鳥類は一般に動物として知られている後生動物なのである。おそらく、アリストテレスとその弟子で植物学者だったテオプラストスなら動物や植物だけを認めて、地衣類とそれを構成する生物には気づかないまま、池の周りの大型生物だけを記述し、ごく簡単なリストを作ったことだろう。生物を大雑把に二分するアリストテレスの考え方は、ちょっとした異論はあったが、一八世紀にリンネが二名法による分類法を編み出したことも含めて、二〇〇〇年以上もの間ほとんど修正されることなく続いた。もちろん、一七世紀になって顕微鏡が発明されると、すぐ原生生物や細菌も観察できるようになった。それから二世紀経つと、生物学者のリチャード・オーウェンやジョン・ホッグ、エルンスト・ヘッケルらが、拡大によって目に見えるようになった生物の巨大な世界に意味を持たせようとして、顕微鏡で見える生物に独立した範疇を与える一番槍をつけた。[2] さらに一五〇年経つが、調和のとれた生物分類体系を展開するための挑戦がいまだに続いている。

生物多様性を知る方法

二〇世紀に始まった細胞生物学的研究によって、生物多様性の規模がかつて予想された以上に大きいことが明らかになった。生化学や分子生物学の発展と軌を一にした、一九五〇年代の電子顕微鏡による初期の研究結果から、光学顕微鏡のころはまったく同じだと思われていた細胞が多くの異なるパターンで作られていることが明らかになった。光学顕微鏡は一五〇〇倍まで拡大できるが、これは電子顕微鏡の倍率に比べると一〇〇万分の一か、それ以下にすぎない。光学顕微鏡で見える花粉はトゲのあるボールのようだが、電子顕微鏡で見るとそれは細胞壁のある植物細胞で、織りこまれた高分子化合物の層からできた表面は、信じられないほど複雑な模様で飾られていた。ほかの細胞を染色して光学顕微鏡で見ると、細胞質の中の粒々は明らかに対の膜を持ったミトコンドリアだと認められた。さらに倍率の高い電子顕微鏡で見ると、ミトコンドリアを浮かべている、一見透明な細胞質の中には、互いにつながった網状の膜や小胞体、タンパク質を合成するリボゾームなどが詰まっており、それがフィラメントの骨格でつながっていた。

電子顕微鏡は科学者に細胞の微細構造に現われる微妙な違いを教え、生物多様性について考え直させた、いわばゲームの流れをいっきょに切り替えてしまうスポーツ選手のようなものだった。水滴に浮かぶ二つの細胞はどちらも緑色の葉緑体を持っているが、その細胞構造は多くの点で科学者とその科学者が食べているサンドイッチのレタスほどに違っている。生物の新しい類縁関係によるグループ分けが提案されたが、あるものは妥当でほかはどこか変だった。それは進化に関する客観的な情報が欠落していたからである。電子顕微鏡で見える細胞の姿はさまざまな類縁関係を暗示したが、緑の点Aが茶色の点Bと関係があるかもしれないと思った研究者の主観に頼りすぎるきらいがあった。

一九七〇年代にDNAの塩基配列を読みとる(シークェンシング)技術が進歩したころから変革が始まり、少なくとも顕微鏡観察で判別された細胞の種類が異なる生物集団にまとめ直されるようになった。その手始めは原核生物の細菌だった。比べてみると、ある種の細菌グループ(リボゾームの一部に遺伝子情報を持っている)はすべての生物が持っている遺伝子と異なる型の遺伝子を持っていたので、そのグループをほかの細菌や真核生物と離したドメインにまとめるべきだということになった。これがアーキバクテリア、後にアーケア(アーキア)、すなわち古細菌と呼ばれる仲間である。もう一つの原核生物のグループは真正細菌、または単に細菌と呼ばれるようになった。[3]

遺伝子間の相違は、生物の相互関係を知るための信頼するに足る判定基準とされるようになった。というのも、平たく言えば進化は遺伝的放散だといえるからである。ここ三〇年ほどの間に遺伝子に関する研究が誰も予想しなかったほど生物学を変え、その結果、現在の生物多様性の図式は地球上の生命体に関する多くの基本概念に批判しようのない挑戦状を突きつけている。さて、また池に戻ってみよう。細菌や古細菌に加えて池の水はアメーボゾア、ハクロビア、ストラメノパイル、アルベオラータ、リザリア、アーケプラスチダ、エクスカバータ、オピストコンタなどの住処にもなっている。[4] この真核生物の八つの名前はスーパーグループ(上界)として記載されているが、もしこれまでに聞いたことがなかったなら、君はいい聞き手なのだ。真核生物を動物、植物、菌類および原生生物の四界に分けて教えている教科書は、長い間事実について真剣に取り組んではいなかったが、いまだにしつこく生き残っている。これは、多くの生物学の専門家がハクロビアは何に似ているのか、何を食べているのか、どこに住んでいるのかなどを教えることができなかったからである。ただし、ハクロビアにハプト藻が含まれていると知れば、専門家たちも少しは話ができるだろう。ハプト藻は大変重要な生物で炭素循環では主役を演じており、地球が温暖化して海水面が上昇するときには、ことに注意を要する存在なのだ。人類は別のスーパーグループのメンバーなのだが、何だかわかるかな。

ただ、生物のリストには興味をそそる名前だけでなく、ほとんど誰も知らない名前が驚くほどたくさんあふれているが、それが問題なのだ。しかも、スーパーグループのリストには膨大な遺伝子情報を入れる場所がない。じつは、ウイルスこそこの惑星最多の生物的存在なのだが。

系統樹から生命の輪へ

生物学者たちは生物の多様性を表わす多くの方法を編み出し、生物間の関係を示してきた。先に少し触れたように、枝先にグループ名をつけたり絵を描いたりした生命の樹（系統樹）は、エルンスト・ヘッケルのころからよく知られていた。もちろん、ダーウィンを含む一九世紀の生物学者たちも生物の系統に関する仮説を説明するのに、棒線で描いた模式図を使っていたが、一八七〇年代にヘッケルは一歩進めて、樹木の形を借りて節のある幹と曲がった枝の図を描いた。彼の系統樹では類縁の生物が同じ太枝から出る小枝としてまとめられ、推測できる類縁関係が示されている。

最近の模式図では単一の遺伝子か遺伝子群、タンパク質、最も確実なのはゲノム全体などの間の類似性を表わす尺度として、枝の長さで類縁関係を数量化して示している。この木には根があるものと、ないものがある。根がないものは祖先を明示しないまま相互関係を描いた場合、根があるものは、おそらくはるか昔に絶滅したと思われる共通の祖先を表わす節（根）に収束している場合である。根のある系統樹はアウトグループ（外群または外集団）を含んで成り立っている。アウトグループというのは、かなり離れたものだが、系統樹の中のどの部分ともつながっている、比較のために選ばれた既知の生物もしくは生物群のことである（例えば、ウサギは、霊長類の系統樹の根を支える離れたアウトグループとして使える）。水平に描かれた系統樹では、隣接した上の枝とその下のものが強い類縁関係にあることを示している。また、異なる生物や生物群の間のどの類縁関係も、太い枝をさかのぼって分かれた小枝の付け根か節にたどり着けば、見つけることができる。この水平に描かれた系統樹には時間の経過も示されており、祖先から一番離れているものが最も長い進化の旅をたどったことになる。質のよい化石が使える場合は、実際の経過時間を測ることもできる。根がない系統樹の場合は時間の手がかりが欠けているので、単に類似点によるグループ分けだけになる。最近は遺伝子の比較が常套手段になっているが、細胞生物学や発生学、解剖学などから得られる特徴も系統樹を描く際の情報源として役立つ。

先に述べたアメーボゾアやハクロビアなどのようなスーパーグループの関係を扱うときは、進化の歴史について不確かな点が多いのでとまどいがちである。ただ、生物群の起源やその相互関係に関するさまざまなモデルが提案されているという事実は、とりもなおさずこの研究領域が異様なほど活気づいていることを反映しているといえるだろう。

このような大きな生物群をわかりやすく表わす説得力のある方法は、円盤状の模式図を作って共通の祖先になるグループを車輪のハブの位置に据える描き方である。おおもとになる真核生物のことはよくわからないが、実際にいたことは確かだから、ある程度スーパーグループの間の関係を示すことは許されるだろう。ストラメノパイルとアルベオラータおよびリザリアの三者（SAR：三スーパーグループの総称）は、最初の真核生物の輪に一緒に乗っていたことを示すのに十分な遺伝的共通性を持っている。言い換えればSARに属している真核生物は、この生物群がほかのスーパーグループの祖先たちから分かれた後に、共通の祖先から分化したといえそうである。このことは図1の車輪のような模式図からも

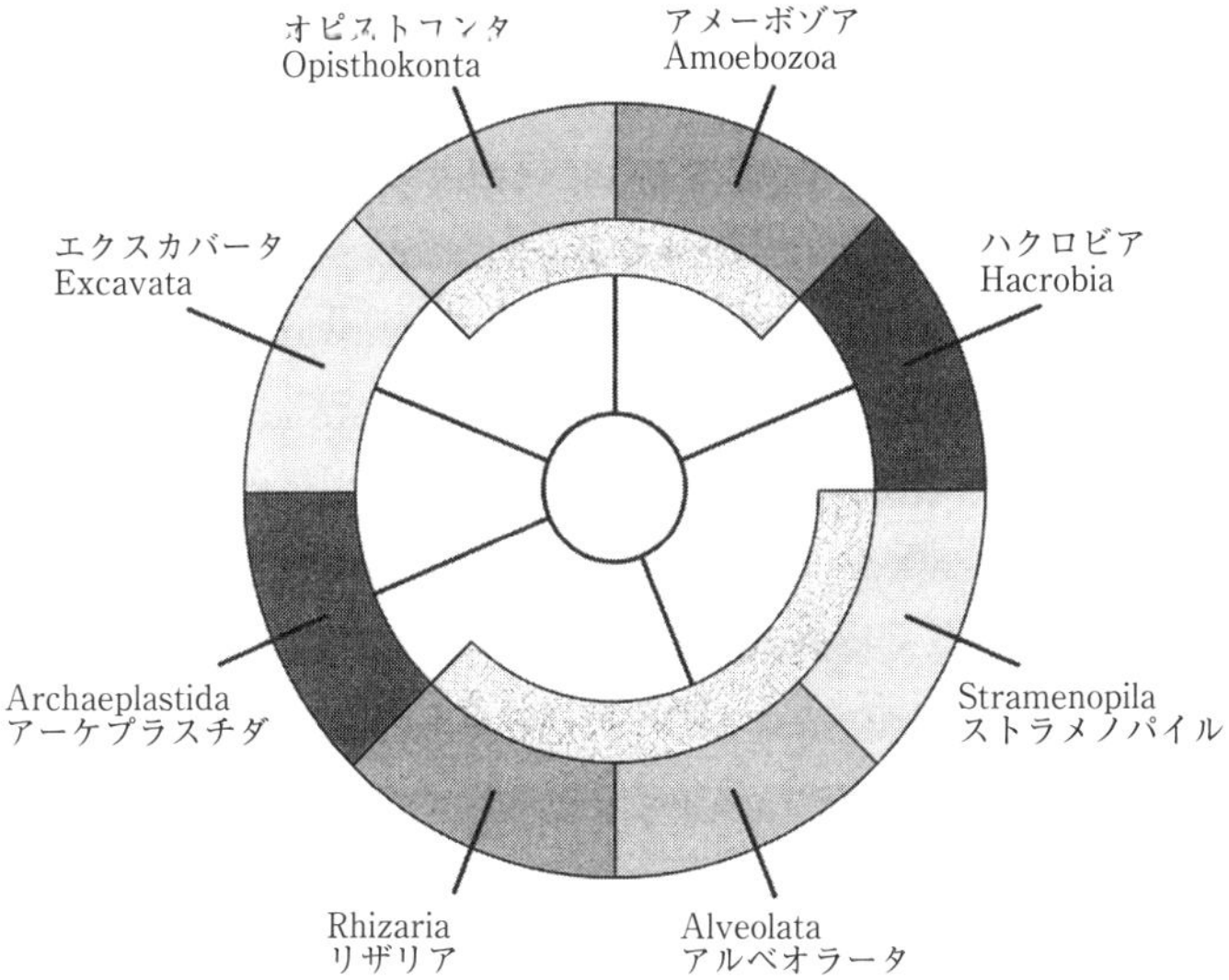

図 1　真核生物の輪

8 つのスーパーグループ（上界）は原核生物の先祖から出た真核生物の祖先を表わす、真ん中の車軸から出たスポークでつながっている円周の上に配置されている。いくつかのスーパーグループをつなぐ原型は中間の弧状の部分で示されている。

明らかで、SARの真核生物群は中心の車軸から出ている一本のスポークでつながっている。では、この模式図を手にして、ジャック・クストーとアクアラング（訳註：潜水用水中呼吸器）をつけた彼の仲間が見落とした絶好の場所、オハイオ池の探検に出かけよう。この探検に潜水器具などは無用の長物、ちょっとしたガラス瓶と顕微鏡さえあれば十分だ。

さて、まずアメーバから始めよう。中学校で生物を教わった人なら誰でも知っている単純な生き物のお手本、典型的なアメーバは、アメーバ・プロテウスというアメーボゾアの一種である（図2）。この種はよく知られている微生物で、教育・文化システムの壁を越えて認められている名のある顕微鏡サイズの生物の代表なのだ。

アメーボゾア

アメーバ・プロテウスは細胞質を仮足《かそく》と呼ばれている足に送り、前へ進みながら後ろを引っこめて、池の泥の中を這いまわる。その時々で変わるが、細胞には前と後ろがあって仮足が方向を決めている。このようなアメーバの動きはほとんど捕食衝動からきている。うまくいくと、仮足で餌になる微生物を抱きこんで御馳走をパクッと液胞の中に取りこみ、びっくりした細菌に消化酵素のシャワーを浴びせる。これは一種の捕食作用である。その後、食べかすは食べたときと逆にアメーバの後ろ側から吐き出される。口も尻もないのに、ここにはあらゆる動物に通じる生き方の基本が見られる（ちょっと言いすぎかもしれないが、大雑把に言えばホモ・サピエンスにも当てはまるように思える）。

アメーバは顕微鏡の下で、魅惑的なショーを見せてくれる。細胞は大きく、ものによって直径〇・五ミリ以上もあり、昔の生物学の教科書では「細胞」の例に挙げられていたほどである（もっとも、採集

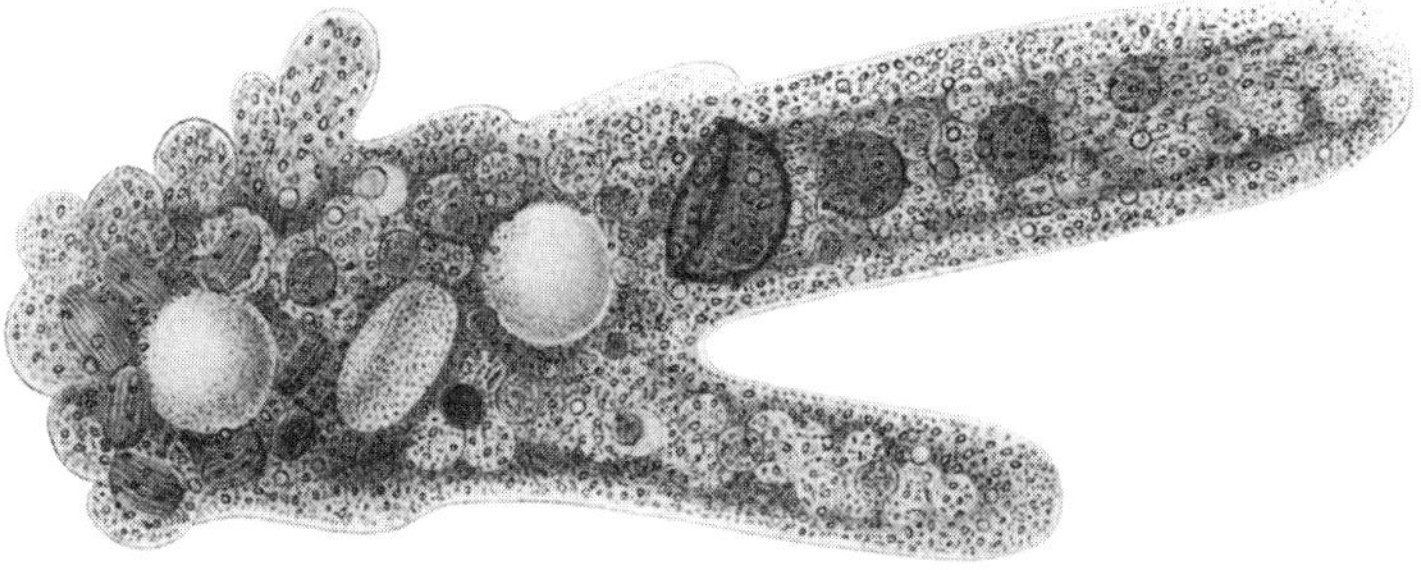

図2　アメーバ・プロテウス（アメーボゾア）
J. Leidy, *U.S. Geological Survey of the Territories Report* 12, 1–324（1879）

しやすかったという理由にもよるが）。その動きはきわめて消らかで、細胞、つまり生物体そのものなのだが、細胞質があるところからほかの場所へと流れるように動き続ける様子は、まるで顕微鏡ランプのまばゆい光から逃れようとしているかに見える。アメーバという名前は「変化」を意味するギリシャ語に由来し、種小名はギリシャの海神の一人、プロテウスからきている。ちなみに、ホメロスが、意のままに姿を変えられる「海の老人」と称したのは、このプロテウスのことである。

　アメーボゾアの遺伝的特徴は注目に値する。アメーバ・プロテウスは何百もの染色体を持っており、我々のものより一〇〇倍も大きいゲノムをコードしている。[5]ポリカオス・ドゥビウムという別のアメーボゾアのゲノムはその二倍もあって、一つの核の中にある情報源としては最大級のものである。ただし、この情報がすべて有効というわけではない。ゲノムの大きさは機能する遺伝子の数に必ずしも対応せず、これまでにゲノムが詳しく研究されたアメーバでは、いずれも我々のDNAよりもコードされた遺伝子の少ないことが確かめられている。これらの細胞にあるDNAの量がきわめて多いのは、一〇億年にわたって同じことが起こるのに都合のよい状態が続いた結果だと思われる。それは遺伝子を転写すること（重複）、転写した遺伝子をさらに転写して一連の指令を繰り返すこと（倍数化）、古い遺伝子の過剰やその機能障害（ゲノム化石）、レトロウイルスの感染とそのゲノムの取りこみ、およびほかの微生物からの遺伝子の転送（遺伝子の水平移動）などである。折があればいつでも、自然淘汰によって生命体を未来へ伝えるために有害な遺伝子が除かれ、機能のあるシークェンスだけでなく、いわゆるコードしていないガラクタ遺伝子も残されることになったのである。進化がアメーボゾアのＤＮＡを磨き上げてきたはずだが、その姿はすらっとして滑らかなのに、なぜか遺伝的には太りすぎなのだ。[6]

　池の中をちょっと覗いただけでは、それぞれのグループのほんの片鱗、いわばバットでボールをかする程度のことしかわからないだろう。この池を離れてオハイオ州南部にある淡水域に出かけ、一〇年間アメーバの新種を調べたとしても、この課題は終わらないはずである。ただし、昔の研究者はそんなことをやったらしく、一八七九年にアメーバの仲間について長ったらしい本を書いたジョセフ・ライディは、「そこに未記載の根足虫類がいる限り、なんと人生は退屈なものか」と書いている（図２のアメーバ・プロテウスはライディが描いたもの）。[7]大プリニウスが自分の百科全書『博物誌』に「全世界のあらゆる事象」を記録しようという、見込みのない計画に取りかかって以来、我々人類は長い道のりをたどってきたが、成し遂げたことはほんのささやかなものである。微生物の多様性を研究する現在の手法は、顕微鏡から自動シークェンサーへと移っている。その結果、最も小さな生物の中に驚くほど幅広い変異が存在することがわかり始めた。しかし、プリニウスから二〇〇〇年経っても、その目録が完成するところまで我々はほとんど達していない。ハーバード大学の動物行動学者、Ｅ・Ｏ・ウィルソンは自身の「生命の百科事典」プロジェクトの中で、この仕事をもう一度やってみようと勧めている。[8]二、三分もあれば、彼の企てが時代錯誤的なことは誰の目にも明らかだが、全体的評価はウィルソンの動物への偏執を崩すことができないままである。

アメーボゾアの多様性を検討するもう一つの方法は、行動の巧妙さについて考えてみることである。この仲間にはバクテリアの周りをくねくねと動きまわって食べるだけではない何かがある。アメーバ・プロテウスは孤独な原生生物で、交配もしないで膨大なゲノムを時の流れに乗って送り続けてきた。時に応じてゲノムを伝えてきた祖先から進化したはずだが、それが現在、どのアメーバとつながっているのか証拠がない。餌を追っかけて食べて消化し、細胞分裂で二つに分かれるサイクルをひたすら繰り返している。一方、ほかのアメーバは高度な社会性を持っている。粘菌類は社会性を持ったアメーバのいい例だが、中でもディクチオステリウム（タマホコリカビ）の仲間が最もよく研究されている。

ディクチオステリウム・ディスコイデウム（タマホコリカビの一種）の生活史は、生物学入門コースで教える基礎項目の一つである。このアメーバは周りにたっぷり餌があると、独立した細胞として活動するが、餌になる細菌が乏しくなるとアメーバが流れるように集まって、小さなナメクジのようなもの、つまり集合体を作る。この集合体は多細胞生物のように行動し、粘液質の塊の中に集まった一万〜二〇万個のアメーバが力を合わせて一体となって動きまわる。土の中から数ミリ逃げ出して表面が露出すると、集合体の動きが止まり、茎に変身して頭に球体ができる（子実体形成）。球体の中のアメーバは、高分子化合物で覆われていて抵抗力があるので、子実体をかすめて通る無脊椎動物に運ばれてばらまかれる。ディクチオステリウム型粘菌の遺伝子の痕跡は淡水の中でも見つかっているが、社会性粘菌が池の中で何をしているのか、それはわからない。おそらく、水際にあるべとべとしたものの上に集合体を作っているのだろう。

ハクロビア

さて長々とアメーボゾアに付き合ってきたが、まだたくさん面白いものが待っているので、鼻の孔から泥を吹き飛ばしながら、もう一度水の中に頭を突っこんでみよう。池の中のハクロビアにはクリプト藻類のクリプトモナス・オヴァータが含まれている。これは淡水生態系の中に多い泳ぐ細胞の一つで、一対の毛のような鞭毛《べんもう》を使って水中を高速で泳ぎまわっている。クリプトモナスは寒い間も活発に動き、冬の氷の下でも十分育つらしい。当時、ヘンリー・デイヴィッド・ソロー（訳註：アメリカの著名な著述家）はこの藻類を思い描いていたわけではないが、凍りついた池の氷の下にある命あるものへの思いを、その詩「ウォールデン」の中の最も美しい一節にこめている。

「水を飲もうとしてひざまずき、魚たちの静かな居間をそっと覗き見る。すりガラスの窓を通り抜けたような柔らかな光が差しこみ、砂に覆われた底は夏と同じほど明るい。そこには琥珀色の黄昏《たそがれ》の空に似た、波のない静けさがいつも漂い、それは住んでいるものの冷たさと平らかな気性によく合っている。天は頭上にあるのと同じように、足の下にもあるようだ[9]」

クリプトモナスは細胞のマトリョーシカ、つまりロシアの入れ子人形のようになっていて、長い進化の過程で多くの生物が融合してできた複合体である。そのわけは細胞の異常な構造と複合的なゲノムを見ればよくわかる（図3）。細胞の底のほうには、この藻類が真核生物であることの証拠になる大きな核がある。この核は染色体を含み、これがゲノムⅠを構成している。ゲノムⅡはずっと小さく、この藻のミトコンドリアの中に入っている。ミトコンドリアのゲノムは五〇以下の遺伝子をコードしており、

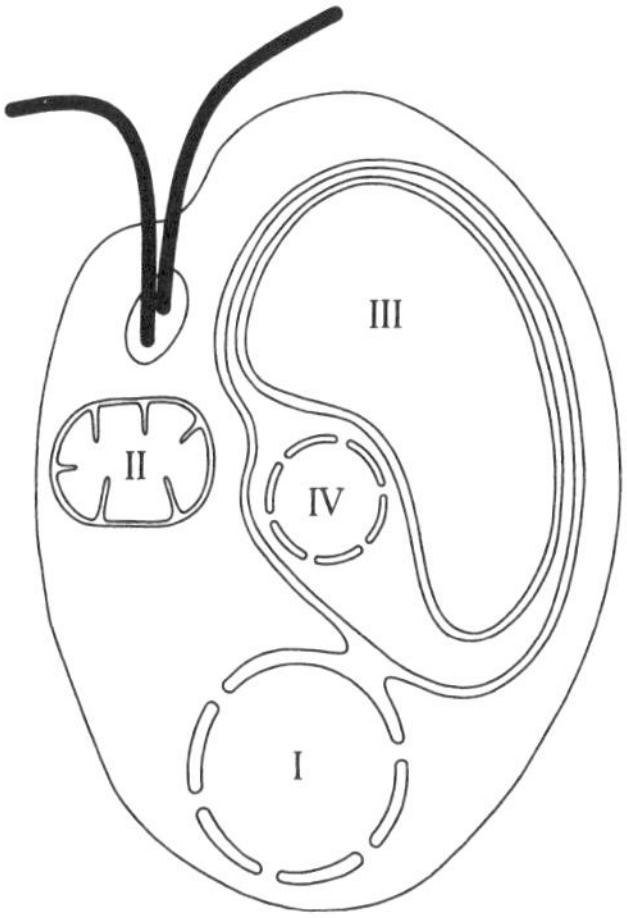

図3　クリプトモナス（ハクロビア）、アメーバの細胞と光合成能を持った紅藻類が二次的内部共生によって融合して生まれた真核生物の一例。キメラ状態だという証拠は葉緑体を囲む４つの膜の存在や、膜の間にはまりこんだヌクレオモルフと呼ばれる構造に見られる。ヌクレオモルフは紅藻の核に由来する付随的なゲノムである。

それは近くの核ゲノムに見られるイントロンという介在配列のない環状ＤＮＡとしておさまっている。この環状の染色体の大きさとイントロンを欠くことが、とりもなおさずミトコンドリアの起源が細菌だったという証拠なのである。我々の細胞についても同じことがいえるだろう。

しかし、クリプトモナスという人形には、まだ多くの中身がある。葉緑体はミトコンドリア同様、否定の余地がない細菌起源で、真ん中に細菌の染色体を持っている。これがゲノムⅢである。植物細胞はどれも同じ光合成のための細胞小器官を持っているのだから、この藻類と同じ三つのゲノム複合体を持っていることになる。クリプトモナスにはもう一つのゲノム、ゲノムⅣがあって、それは葉緑体の周りを包んでいる複層膜の間にはさまれている。ゲノムⅣはそれ自身の膜の中におさまっており、ヌクレオモルフ（訳註：二次共生起源の色素体で共生したものの核が残存した構造）と呼ばれ、五〇〇ほどの遺伝子をコードしている三つの染色体を含む小型化した核である。

ほんの数ページの中にレベルの高い難しい話が出てくると思うが、このキメラ構造は内部共生の中でもことに複雑な例として知られている。ミトコンドリアや葉緑体を取り囲んでいる膜は、取りこまれた生物の膜や取りこむ過程でできた液胞に由来している。とらえ方はまさに捕食行動で、アメーバの摂食活動と同じだったと思われる。おそらく、飲みこんだ後の摂食活動が止まったために、細胞小器官ができることになったのだろう。もし、消化が進んでいたら、ミトコンドリアも葉緑体もなかったはずである。分子生物学者たちはミトコンドリアや葉緑体にある遺伝子を解析すると、消化を免れて生き残り、現在のミトコンドリアや葉緑体になった細菌の元の姿を類推することができるという。クリプトモナスの葉緑体は細菌よりもむしろ紅藻を取りこんでできたものらしく、かなり複雑なレベルに達している。その証拠はヌクレオモルフの中にある紅藻の指令伝達系と、クリプトモナスの葉緑体が植物一般に見られる二重構造ではなく、四重の膜で囲まれているという事実に現われている。

　紅藻由来のヌクレオモルフに加えて、クリプトモナスの細胞は放出体という特徴的な構造を持っている。放出体というのは細胞表面直下についている、コイルのように巻かれたタンパク質のリボンのことである。最も大きなものは一対の鞭毛が出ている細胞表面の溝についている。細胞が刺激を受けると放出体がすばやく撃ち出され、コイルがほどけてクリスマスプレゼント用の包装紙ロールのようにパッと飛び出す。ブログオタクで野心満々の原生生物学者が、クリプトモナスの仲間を「太陽光発電装置を備えた戦艦」と称したことがある。[10] 放出体の自然状態での働きはよくわかっていないが、おそらく池にいる藻をかじる捕食者に対する防御装置として働き、ミジンコのような外敵のトゲだらけの足から細胞を遠ざけているのだろう。池にいるもののほか海生のハクロビアには、この章の初めのほうで触れたハプト藻が含まれている。

ストラメノパイル

真核生物の三番目のグループ、ストラメノパイルも、池の中でよく見かける仲間だが、中には顕微鏡なしで見えるものもある。それは水に浮かんでいる昆虫の死骸の周りに白いコロニーを作るミズカビで、水の中で泳ぐ胞子を出す胞子嚢を突き出す。[11] なお、ミズカビの胞子を遊走子という。この仲間は対になった鞭毛を持っているが、その一本だけに毛があり、二本とも毛が生えている点で藻類のクリプトキナスと異なる。数分か数時間泳ぐと、遊走子は何かの表面に貼りつき、自分で壁の中に閉じこもってシストを作る。ミズカビは絶え間なく餌をあさるのをやめて、冬の何週か何か月かの間休んだ後、栄養体へ移行する前段階としてシスト形成機能を使っている。ほかのときは泳ぐか、シストを作るか、シストから出てまた泳ぎまわるか、いずれにしろ乏しい食物を追っかけて代謝機能が衰えるまで長時間動きまわるよりも、高速で短期間動く効率のよい生き方に賭けているらしい。この暮らし方は昆虫が足を踏み外して、池を覆う木から落ちてくるのを水中で待っている生物には十分に意味のあることなのだろう。

ミズカビの大半は腐生性で、菌類と同じメカニズムによって動植物の死骸から栄養を吸収している。ワムシや線虫を襲う捕食性のストラメノパイルのことはあまり知られていないが、研究者たちはハプトグロッサが持っている恐るべき兵器のことを、感激をまじえて報告している。ハプトグロッサが放つ捕食性の遊走子は、腐生性の遊走子とまったく異なった動き方をする。ハプトグロッサも冬眠するが、細胞が移動型から攻撃用の武器に変身する前段階として、ここでもシスト形成が見られる。この場合、シストは片側に膨らんでウリのような形をした新しい部屋になり、ミズカビの細胞質がすべてその中へ移る。四、五時間経つと、細胞内容物が変形して銃細胞という驚くべき小さな大砲になる（図4）[12]。そこには円錐形の鞘に覆われた銛《もり》がおさまっており、その先端は筒の中心におさまっている。銛は管の先端

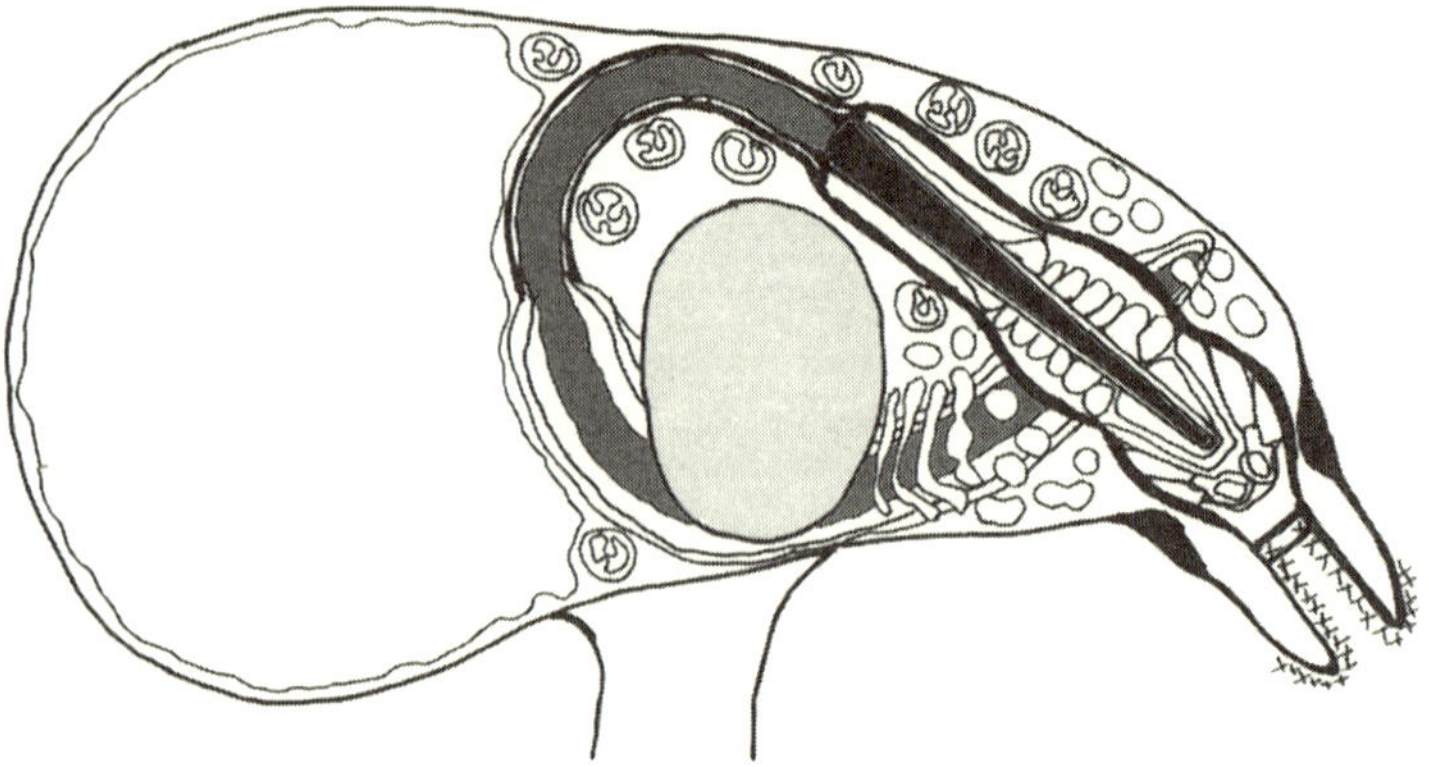

図4　ハプトグロッサの銃細胞（ストラメノパイル）
図はニューキャッスル大学のゴードン・ビークスによる。

につながっていて、その管は砲筒の後ろにある細胞の中でとぐろを巻いている。線虫が銃細胞の先端、いわばくちばしに触れると、粘着性の吸盤を出して貼りつく。線虫がもがいている間に銃が発射され、銛が線虫のクチクラ層を破って押しこまれ、後ろにある管がほどける。この管は銛を追いかけてのたうちまわり、運の尽きた動物の体内に銃細胞の内容物を送りこむ。銛が入ってから移動が終わるまでの時間はわずか一〇分の一秒ほどで、その後線虫は自由になり、寄生者を連れたままするすると滑っていく。

ミズカビは虫の体内で成長して動物の組織を消化し、ハプトグロッサの摂餌フェーズである卵形の体、つまり葉状体に栄養を送りこむ。この虫が死ぬか、死にそうになると、葉状体は胞子嚢へと姿を変え、水中へ新しい世代の遊走子を放出する。このようなライフサイクルを繰り返しながら、ミズカビはその遺伝子を未来へと運んできたのである。ハプトグロッサの仲間には、線虫よりもむしろワムシを攻撃するものがいるが、いずれにしても池の中で餌が切れることはない。

珪藻もストラメノパイルの一つで、池の底にたまった泥の上や池の粘質物で覆われた場所、垂れ下がった植物の水につかった葉の表面などに多い（図5）。生物学の初級コースで顕微鏡の使い方を学生に教えるとき、池にいる珪藻がよく使われる。光を合わせるとずっとよく見えるが、珪藻などの単細胞生物は学生の注意を引く格好の材料である。もっとも、若者に共通するひねくれ根性がなければの話だが。これを見せて教師が喜んで教室の中を飛びまわれば、一〇代の若者たちにやる気を起こさせることができるかもしれない。池にいる珪藻はカヌーのような形をしていて、スライドグラスについた障害物の間を滑りながら、小さなほかの生物をちょっと突っついたり、大きなものにぶち当たると方向を変えたりする。その動きは映画製作者がコマ数を減らしたために、動作が切れ切れになってピクピクと動く、アニメの粘土人形の動きにそっくりだ。珪藻は物の間を滑らかに動いたり、止まったり、何かに突き当たると向きを変えたり、また進んだりする。この運動は滑走運動と呼ばれ、粘質物の物性に関係があるとも思えるが、詳しいことはわからない。

滑走運動の謎は、平たく言えば、この問題を取り上げた研究者の能力によるのかもしれないが、とりあえず学生に教えるのには役立っている。なお、みながみなというわけではないが、研究者たちは珪藻を二〇〇年もの間見続けてきたのに、いまだに納得のいく説明をしていないのだ。

珪藻の殻、いわゆる弁殻は小さな穴の開いた定型のガラスの箱で、その特徴が一万種を同定・記載する手掛かりになっている。遺伝子解析によると、珪藻は最も小さいプランクトン型の生物に近く、さらにもとをたどれば、ジャイアントケルプなどの褐藻類につながっているという。この仲間はいずれも光合成生物で、葉緑体は大昔に起こった紅藻の祖先との内部共生からきたものである。これはもとになった藻類の核をたどることが不可能なほど古い時代に起こったことらしく、そのヌクレオモルフがクリプ

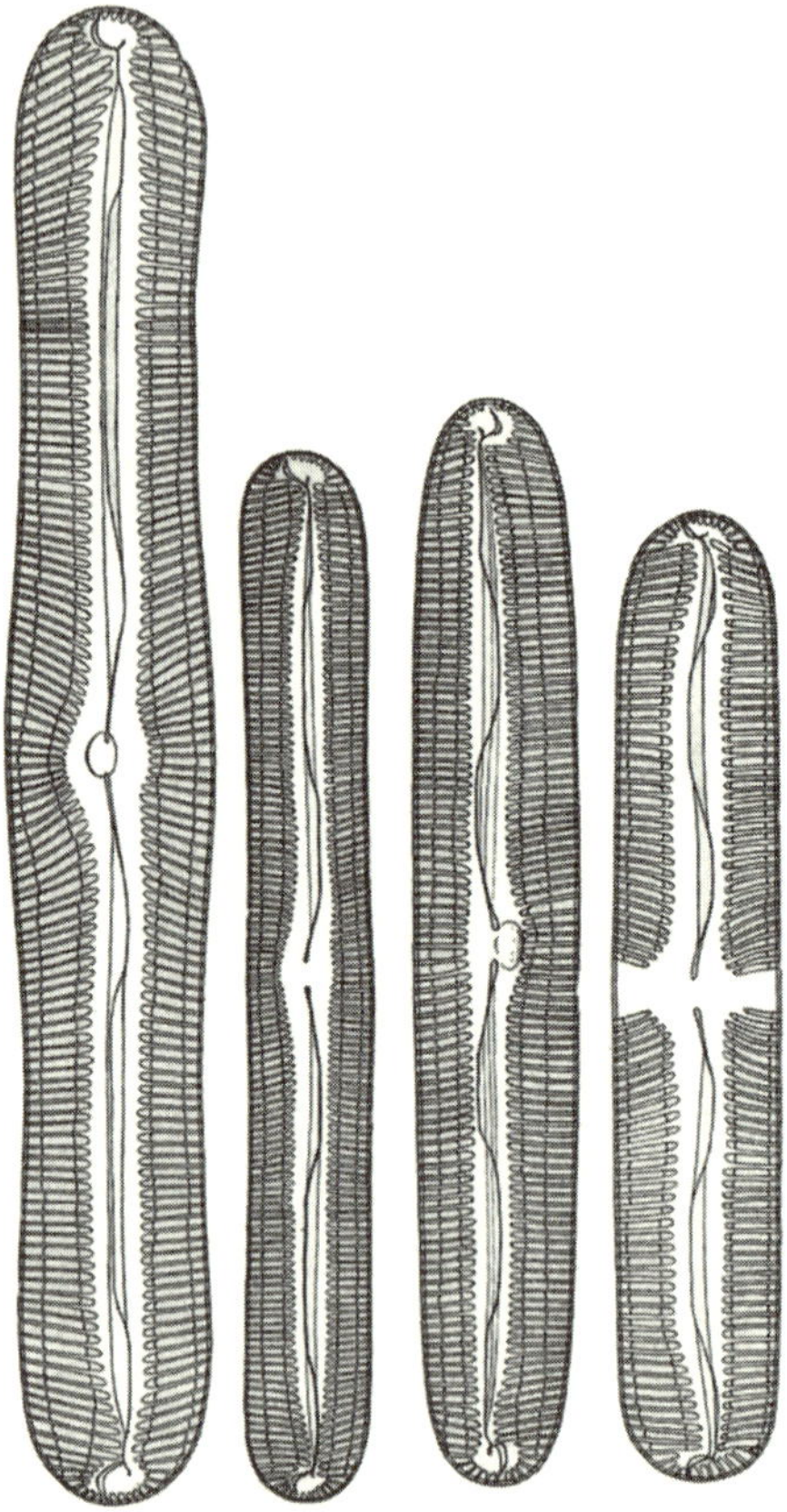

図 5　淡水生の珪藻類、ピンヌラリア（ストラメノパイル）
F. Hustedt, *Bacillariophyta*（*Diatomere*）（Jena: Gustav Fischer, 1930）

トモナスで見つかっている。このグループは裸のサルにかきまわされるより、もう少し長い間地球の生物圏の化学領域を形作っていた微生物グループの一つだから、この本の中でもう一度取り上げることにしよう。

アルベオラータ

アルベオラータも池の中でよく見かける仲間である。渦鞭毛藻《うずべんもうそう》としてよく知られているディノフィシス類は水滴の中でらせん状にくるくる回り、速く泳ぐことで人目を引いている。この仲間は池の中の最も速い泳ぎ手で、ペリディニウムはその中の最たるものである。これは珪藻のように外側というより、むしろ細胞膜の直下にぴったりと合うセルロースの板が集まった硬い鎧を持っている（図6）。この副次的な表面構造は、破裂しやすい細胞膜のもろさを考慮すると、保護装置のように見える。頭蓋骨にあたる骨が薄い皮膚の下にある様子を思い浮かべれば、渦鞭毛藻の構造を思い描くことができるだろう。プレートが二本の溝を作る。一つは細胞の腹の周りに沿って、もう一つは、これに対して直角に細胞の半分に走っている。この溝がそれぞれ一本の鞭毛を動かす。真ん中のものは溝にしっかり巻きつけられており（ベルトの代わりにスプリングを腰につけていると思えばいいだろう）、これが振動すると、細胞が旋回して、水中を進む。もう一つの鞭毛は補助的な発動機の役をして方向舵としても働き、その先端から根元にむかってうねりながら、前に押し出して細胞を渦巻き状に回転させる[13]。

渦鞭毛藻のあるものは光合成能を持っているが、ほかのものは葉緑体を欠き、珪藻やプランクトンなどを食べている。海生渦鞭毛藻の最大のものはケンミジンコのような、より大きな餌を食べる。我が家の池にいるペリディニウムは光合成能を持っており、葉緑体の起源をたどると先に書いた入れ子人形

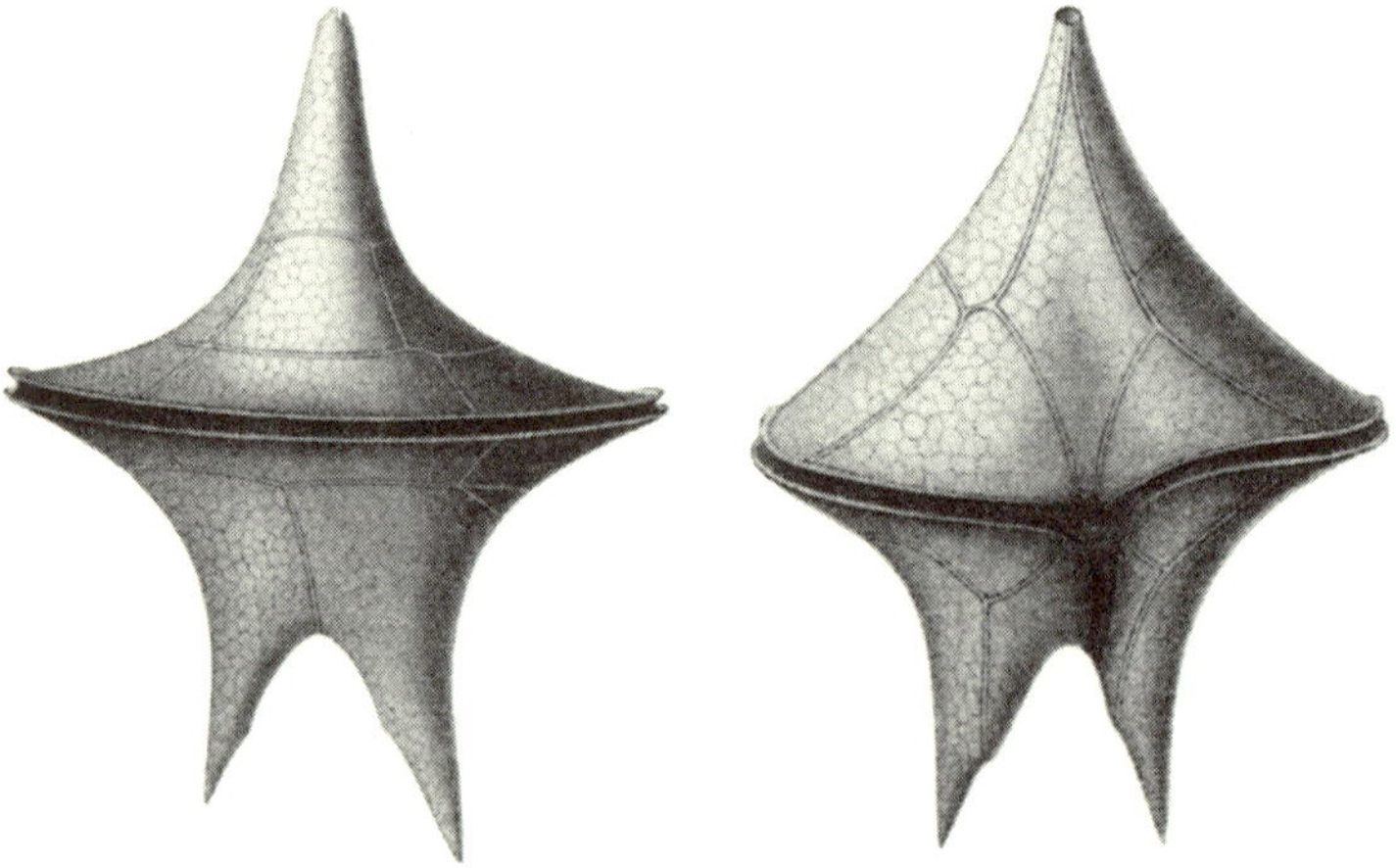

図６　海生渦鞭毛藻、ペリディニウム・グランデ（アルベオラータ）の二面を描いたもの。細胞表面にある溝が右の図に見えるつなぎ目から出てくる二本の鞭毛の誘導装置になる。ありふれた淡水生渦鞭毛藻の構造もこれによく似ている。
G. Karsten, *Das Indische Phytoplankton*（Jena: Gustav Fischer, 1907）

（マトリョーシカ）の場合と同じ推論にたどり着く。渦鞭毛藻の遺伝は葉緑体のいくつかがクリプト藻そのものだから、クリプト藻類の場合よりも複雑である。どうやら、入れ子人形の集合の仕方にいくつかのパターンがあるらしい。というのは渦鞭毛藻が緑藻や珪藻、ハプト藻など、異なった光合成能を持った原生生物を食べていたらしく、その都度新しい遺伝子の複合体が生み出されていたと思われるからである。共働するゲノムが余計な遺伝子を取り除き、ほかのものを別の場所に移して大昔に起こった合体をわかりにくくしながら、何百万年もの間遺伝子の流れを保ってきたのである。このようなバラバラになったゲノムの化石を取り上げる分子系統学的研究は、ここ数十年の間に成し遂げられた生物学上の画期的な成功例の一つである。

リザリア

リザリアはSARを構成する真核生物の一つである。海洋生態系はこの多様なスーパーグループを宿しており、その中には息をのむほど美しいプランクトン型の放散虫《ほうさんちゅう》や有孔虫《ゆうこうちゅう》の細胞も含まれている。我が家の淡水の池にいるリザリアの代表はユーグリフィッドである（申し訳ないが、名称については適当な大きさのものに名札をピンでとめたり、名前を彫りつけたりしないで、識別する手立てがないのです）。ほかの多くのもの同様、ユーグリフィッドにも通称はない。多くの研究者が認めるようなラベルをつけるとすれば、たぶん「有殻アメーバ」というのが一番ふさわしいと思われる。しかし、厄介なことにユーグリフィッドだけが「被嚢」もしくは殻を持っているわけではなく、いくつかのグループも殻を持っているのである。ユーグリフィッドの殻は細胞質でできた皿、もしくはウロコがつながったものである（図7）。この殻はアメーバが分泌したもので表面を覆っており、一方の端は開いたままになっ

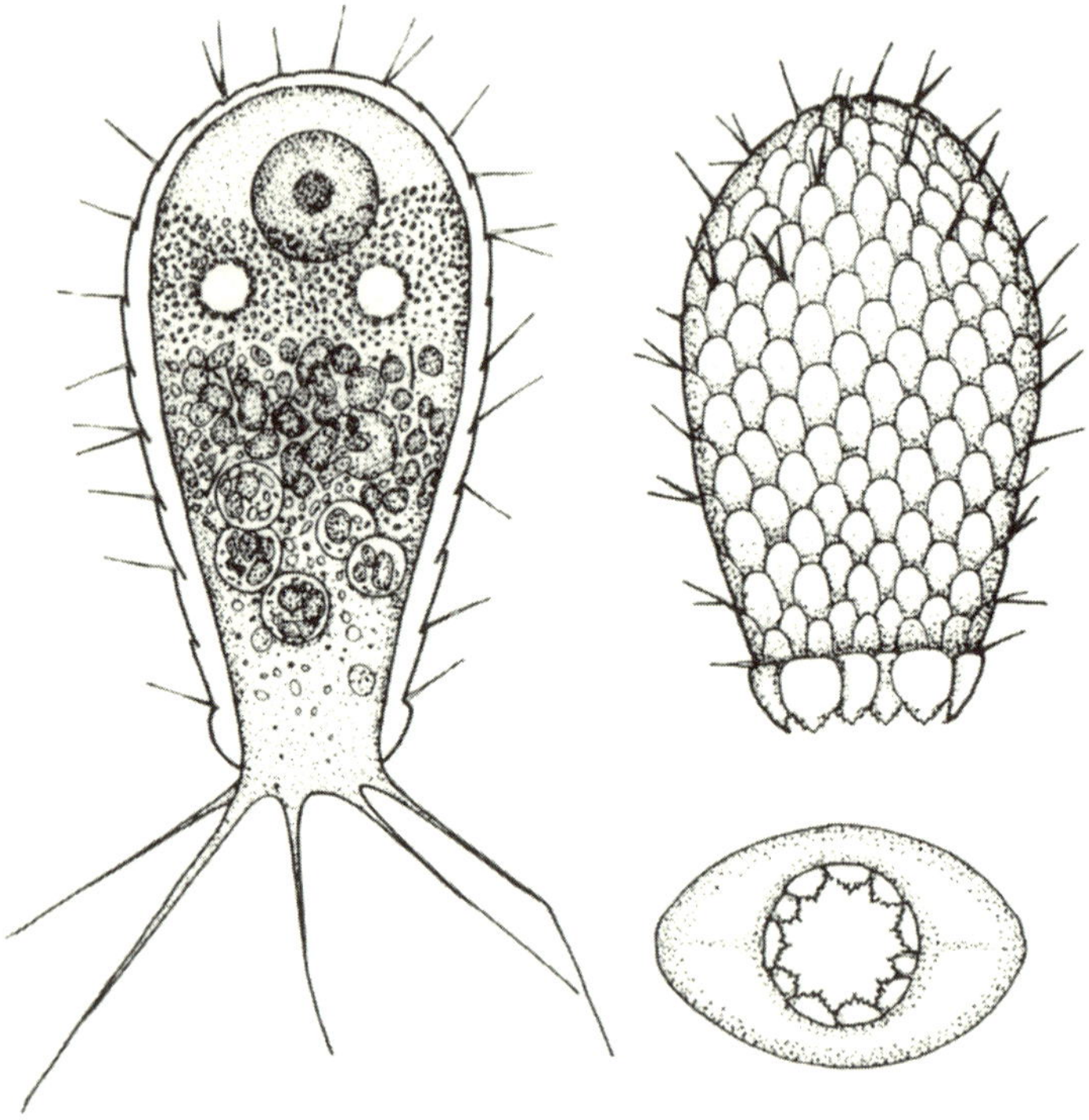

図 7　有殻アメーバ、ユーグリファ・ストリゴーサ（リザリア）。糸に似た（糸状の）仮足は殻の開口部を取り囲んだ歯列を通り抜けて出てくる。アメーバはその殻をまっすぐ立てたまま表面を滑走する。
G. Lüftenegger et al. *Archiv für Protistenkunde* 136, 153–89（1988）

ている。その形は取っ手のないギリシャのアンフォラに似ている。殻は内部を守り、アメーバは細くて動きやすい糸になって開いた口から伸びだす。仮足のように糸を動かして細胞とその口を水の表面に移動させ、細菌をとらえる。その姿はヤドカリに似ている。ユーグリフィッドの殻は珪素からできており、きれいな微化石になるので、この微生物が七億五〇〇〇万年以上もの間、今と変わらない姿で生きてきたことがわかる。

アーケプラスチダ

すべての緑色植物はアーケプラスチダに属しているが、このスーパーグループには池の水面に影を落としている傷ついたマルベリーの仲間よりも、はるかに多くの生物が含まれている。マルベリーの下には植物の祖先である緑藻が水に浸って漂っている。陸上に上がった植物が突然変異を激しく誘発する放射線にいかに対抗し、いかにして太陽にむかって葉緑体を押し上げるかを決定したとき、この緑藻の遺伝子が高く運びあげられることに決まったのである。かなり離れているが、緑藻のスピロギラ（アオミドロ）は植物が進化する基になった原生生物の一つである。なお、スピロギラもアメーバと同じように、生物学の教科書に名を連ねる常連である（図8）。これがページのトップを飾るのは、その生殖行動のためである。この藻は隔壁によって短い管状の分節に分かれた糸状体となって成長するが、分節はそれぞれ単一のはっきりした核を持った細胞である。この糸状体は光合成によってエネルギーを獲得するが、スピロギラの葉緑体は大きくて美しい鮮やかな緑色をしたらせん状のリボンで、細胞の中でぐるぐる巻いている。このリボンはピレノイドという表面に埋めこまれた小体を有し、その中で光合成によって生産されたグルコースが高分子化し、デンプンとして蓄えられる。有性生殖は、隣り合った糸状体が短い

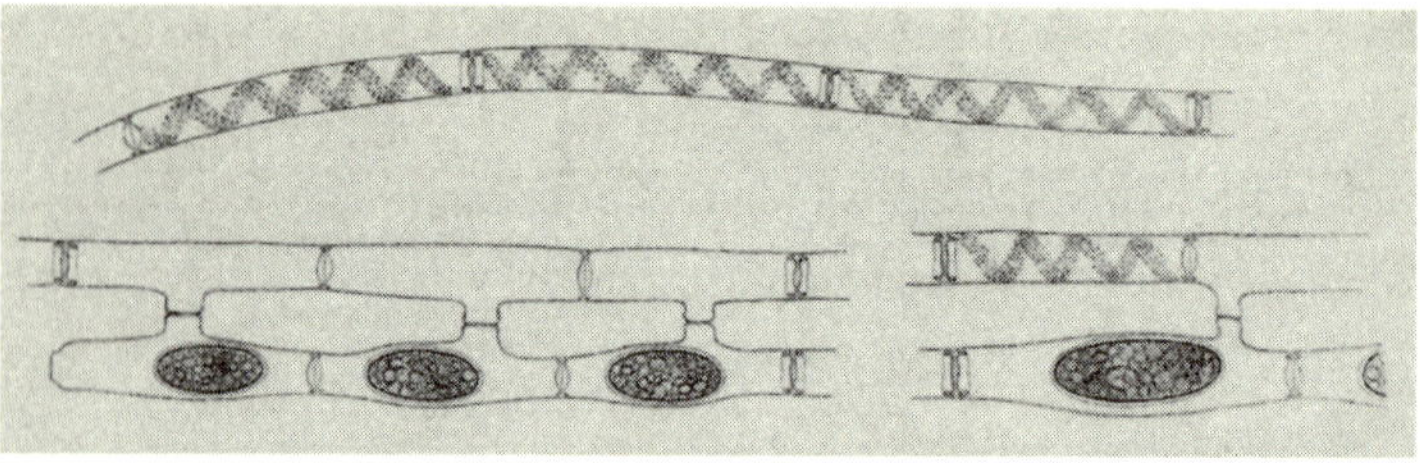

図 8　スピロギラ（アオミドロ）（アーケプラスチダ）。らせん状の葉緑体を持った 1 本の糸状体（上）。接合によって接合体になった糸状体（下）。
W. F. R. Suringar, *Dissertatio Botanica Inauguralis Continens Observationes Phycologicas in Floram Batavam*（Leovardiae, 1857）

管を出して融合し、相手になる一対の細胞の間で液状の連続体ができあがったときに起こる。一方が与える側に、もう一方が受け手になり、与える側の内容物がアメーバのように、管を通って受け手の側に流れこむ。

教科書では与える側を雄と称しているが、遺伝学的に見ればこの用語には意味がない。この有性生殖は雌雄両性を備えた糸状体の間で起こることだから、さすがのレビ記（訳註：旧約聖書の中の一書で、古代イスラエルの生活規範について述べたもの）でも、このとんでもない行為には意見をさし挟めないだろう。混じり合った細胞質は隔壁を作り、その結果できあがった塊は休眠胞子になり、藻が寒い季節を乗り切って、また新しい糸状体を作るまで生き残ることができるようになっている。スピロギラは遊走子を作らないが、多くの緑藻類は顕微鏡の視野をさっと横切って見ている人の注意を引く。淡水域や海水域にいる緑藻類は驚くほど多様なのだ。それは、水に浮かんでいる小さな球形や星形のものから、ボルボックスのようにきれいな動く多細胞のコロニーへ、また葉状体になった海藻へ、硬い血小板へ、さらに膨大な数の細胞が何千もの核によってコントロールされている緑色植物へと広がっている。このようにして、すべての緑藻類が、先に示した八つの区画の生命の輪の中のアーケプラスチダに含まれているのである。

エクスカバータ

ここで一つ断っておきたいのだが、今話している池の中の生物はそれぞれ一年のうちの異なった時期に活動しているのである。気温は、低い冬の平均マイナス六℃から、高い夏の三一℃まで変化する。そのため、微生物の数は季節に応じて増えたり、減ったりしている。春になって水がぬるむと葉を広げたマルベリーが影を作り、魚たちは日中の暑さを避けて池の底の冷たい水の中に逃れる。日が短くなるころには落ち葉が水を肥やし、池は冷たくなって凍りつき、また融けてゆく。夏の初めの週には、前年に落ちたマルベリーの葉が完全に朽ちて池の底に指の長さほど沈殿し、生態系の中にいる多くの生物を養い、水は一、二か月の間に浄化されてほとんど透明になる。晴れた日には、木漏れ日が光の柱のように差しこんで水が輝き、池の底の細かな泥をきらめかす。ただし、見かけのきれいさは時にあてにならないものだ。池の水は確かに汚れたガンジス川よりはずっとましだが、いつもペットボトルの水を飲んでいる人がモネの描いたような池の淀んだ水を少しでも飲んだら、間違いなく腸の内容物を下水に流すことになるだろう。

夏になって気温が上がると、温まった水は酸素をあまり吸収しなくなり、池の水は新しい生き物で黒ずんで濁り、一番かわいらしい藻が姿を現わす。これはファクス（フェイクス）と呼ばれており、七番目のスーパーグループ、エクスカバータの代表とされるユーグレナ型藻類である（図9）。バレンタインデーのチョコレートを入れる透明な箱を思い出してほしいのだが、今はそれが小さくなって一ミリ角の空間に五〇個ほど詰まっているように見える。ファクスの細胞は小さなハート形の箱なのだ。この藻

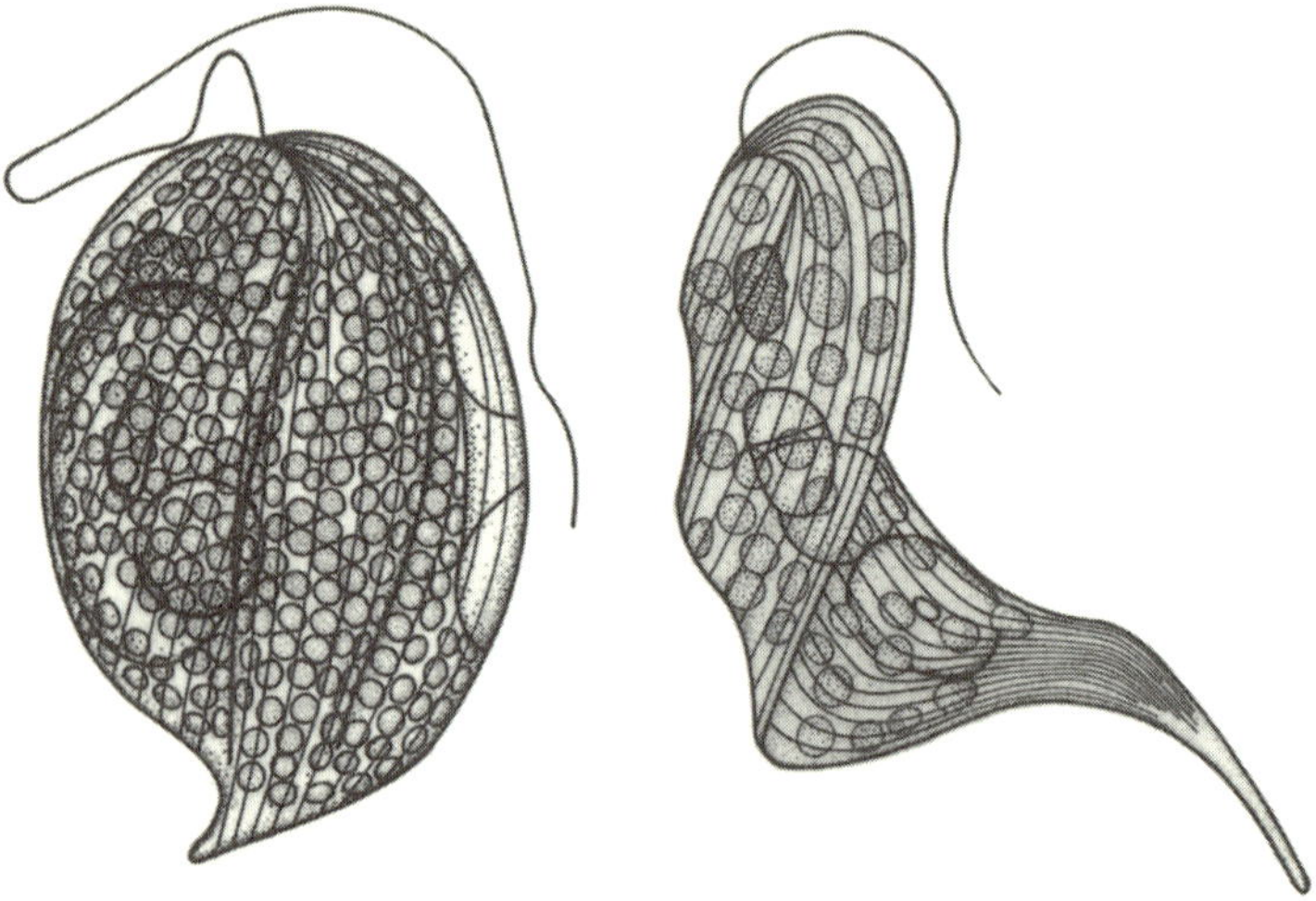

図 9　淡水生のユーグレナ型藻類、ファクス・プラティオラックスとファクス・ラキボルスキ（エクスカバータ）。
M. J. Perieira and U. M. M. Azeiteiro, *Acta Oecologica* 24, S33–S48（2003）

は薄くて平たく、泳ぐときはくるくると回転する。その透明な外皮は柔らかなタンパク質の細長い断片からできており、その帯が集まってひとつながりになっている。顕微鏡で見ると、この壁または薄膜は構造的にはアメリカの家でよく使われているビニール製の羽目板のようだ。薄膜の下には細胞小器官が入っている（甘いキャンディーのように見える）。普通の核のほかに丈夫な泡のような膜、どの真核生物の細胞にもあるミトコンドリア、葉緑体（これはさらに甘いキャンディーに見える）などがあり、ファクスの眼の働きをする明るい赤い点も見える。この藻は一対の鞭毛を持っているが、その一本だけが細胞の端にある小さな凹みから突き出ており、水中でユーグレナを動かしている。顕微鏡のスライドグラスとカバーグラスの隙間にできた水の膜につかまると、細胞の形が変わるように見えるが、これは違った面を見ている錯覚によるもので、ハート形になったり、棒状になったりと回転運動をしているだけなのだ。ファクスもほかの藻類と同じように一次生産者で、池の中の光合成能を持たない生物を養う役割を果たしているものの一つである。[14]その色は青リンゴのような緑色だが、アーケプラスチダという意味での緑藻ではない。

オピストコンタ

この池にはもう一つのグループ、もしくはスーパーグループのオピストコンタがいる。ただし、真核生物の輪のこの部分については、私は図を載せるつもりはない。もし見たかったら、鏡を覗いてみることだ。オピストコンタには動物や菌類のほか、魚の病気の原因になるメソミケトゾアのような所属不明のものも含まれているが、これは進化の過程で動物と菌類の間のどこかにはまりこんだものらしい。池には、綴りを間違えてしまいそうになる水生菌のキトリディオマイコータ、またはキトリッド（ツボカビ門）やブラストクラジオマイコータ（コウマクキン門）などの菌類が群がっている。この仲間は遺伝子の広がりや体形の変異から見て、驚くほど多様に分化している。その多くは池にいる藻類やほかの生物の内側や外側に取りついて、目に見えないほどの小球体になる。藻類の糸状体の表面についたものは、小さな根系のように細い菌糸のネットワークを作って宿主の中に入りこみ、ほかのものは精子や卵を出す生殖細胞を先端につけた、見事に枝分かれした葉状体になる。この菌の仲間はいずれも、一本の鞭毛がついた発動機を備えた遊走子を作って、水の中を泳ぎまわる上手な泳ぎ手である。

すべてのオピストコンタに共通する特徴は、尻尾を一本つけた細胞なのだ。金魚にくっついて泳いでいる菌類よりも、我々はわずかに複雑な体を持っているが、遺伝子をたどるとこの微生物との深いつながりが読みとれる。おそらく、その名残は動きまわるヒトの精子のほか、気管支や脳室、卵管などの繊毛細胞などにも残されているといえる。

オピストコンタの複雑な細胞構造について考えてみると、真核生物の輪の全体像が見えてくる。池の探検はアメーボゾアから始まったが、我々の体の中にもアメーバのように働いているさまざまな細胞がある。その中には池のアメーバが食菌作用を駆使して細菌を食べるように、免疫システムの中で働く好中球やマクロファージなどが含まれている。一七世紀に顕微鏡を使い始めた研究者たちはさまざまな生物細胞を観察したが、「人は万物の霊長」とする考え方には勝てなかった。それから四世紀が過ぎても、私たちは「部屋の中にいるアメーバ」の哲学的意義にまだ気づかないままである。

人類のDNAが池の中を泳ぎまわっているように思える。ほとんど毎週のように池のポンプを掃除しているが、排水口の網にくっついた藻をはぎとって、自分の遺伝子ができるだけ残るようにしている。ここにいる動物の数は想像を絶するほどで、適当に一覧表を作るだけでも一章が必要なほどである。水陸両用生活をする二、三匹のカエル、虫の仲間のワムシや節足動物、ミジンコ、橈脚《とうきゃく》類、甲殻類、ヒドラ、昆虫の幼虫、巻貝の仲間などなど、やたらと多いのだ。この真核生物の探検を動物の多様性という一言で片づけてしまうのは、とんでもないことのように思える。例えば、池の中にいる生き物のことを客観的に調べようとするとき、カエルに多くのスペースを割くのはあまり意味のないことなのだ。解析のために選んだ物差し、もしくは倍率――個々のスポークに分かれる生物群の間の遺伝的相違の仕切り方――に左右されることだが、おそらく動物は菌類から分かれた(スポークが多い)か、オピストコンタの中で一緒だった(スポークが少ない)ように思われる。要するに、生物グループはその先祖の根からそれぞれ生まれてきたのである。

客観的に生物界が見えるようになると、授業に出てくる生物のほとんどが意味のないものに思えてくる。動物や植物は多様な生物のほんの一部にすぎないのだ。このことは真核生物の八つのスーパーグループを見ると明らかだが、ここでは真核生物に焦点を絞って話を進めてきたため、実際に生きているもののごく一部を垣間見ただけである。生物の大部分、つまり池やほかの生物圏にいる生物に関する情報の大半は、真核生物の八つのスーパーグループの外側で生み出されているのだ。原核生物の細菌や古細菌は、数からすると真核生物より桁違いに多い。顕微鏡のスライドグラスの上で明るく光る一滴の池の水には一〇個の原生生物がいるが、細菌は一万個かそれ以上になる。この原核生物は渦鞭毛虫類やユーグレナのように派手ではないが、小さな粒の流れを作って顕微鏡の視野いっぱいに広がっている。太陽系が最大の関心事である天文学者からすれば、それは銀河系のように見えるだろう。顕微鏡の倍率を最大にすると、このもやもやとしたものが無数の桿や球となって現われ、その塵のような生き物が水の中を泳ぎまわっている。

細菌は真核生物よりよほど多いが、光学顕微鏡ではまったく見えないウイルスの中にも数知れない情報がつまっている。ウイルス感染症だけでなく、池の中にいる生物の遺伝子の多くはウイルスにつながっているらしい。生物の真実の姿は、大部分動物で占められている伝統的な系統樹とは似ても似つかないものだが、そのうえさらに無数の小さな生物がアメーバや繊毛のある細菌類のような偶像のもとで踏みつぶされているのである。アメリカの大学で基準とされる三か月のコースで生物多様性について教え、動物に多くの時間を割くことは、生物界の馬鹿げた風刺画をほめそやしているようなものである。今私たちがやっている生物学の教え方は、ハリー・ポッターだけを読んで英文学全体を語るのと同じほど馬鹿げているのだ。

第2章　レンズ

私をして、人間の眼には見えぬ
事象の数々を見、かつ語ることを、えさしめ給《たま》え、と。

ミルトン『失楽園』第三巻（平井正穂訳）

顕微鏡の始まり

ガリレオが異端審問を受けていたころ、ローマのカトリック教会は地球について宇宙的矛盾を指摘した天文学上の真実を黙らせようと懸命だった。枢機卿たちはトスカーナの天才が望遠鏡を改造してハエの背中の毛を拡大するという、途方もない罪を犯していることに気づいてはいなかった。生物学における冒険を通して、ガリレオはカトリックの髭を生やした亡霊よりも、はるかに賢い神の存在を悟っていたのだ。単に拡大して見せるというやり方で、彼は地球上に暮らす人間の価値の低さを知らしめる、新しい異端審問の方法を作り出したのである。

おそらく、人類の祖先も自然にできるレンズの効果に気づいていたはずである。我がご先祖のサルは葉にたまった雨滴の中で死にそうになっている、アリの拡大された姿に興味をそそられ、嵐が通りすぎるまで木の下にうずくまって指さしながらブツブツ言っていたことだろう。初めて水晶からレンズを磨き出したのは、アッシリアの職人だったようである。これは拡大鏡や火おこしの道具、いわゆる「燃えるガラス」として使われていたとされている。最初のメガネがヒョイと乗ったのは、一三世紀のイタリア人の鼻の上だが、その驚異のもとをたどると、一一世紀のアラビア人、イブン・アル＝ハイサム（アルハゼン）の著作に行き着く。[1]アルハゼンの『Book of Optics（光学の書）』には、眼が光を出すというプトレマイオスのドジな説よりも、視覚は目に入る光によるという説得力のある説が載っている。

最初の顕微鏡は一五九〇年代にオランダのザハリアス・ヤンセンが作ったといわれている。ただし、ザハリアスが発明したとされる年、彼はまだほんの一〇歳だったことになるので、この時期については注意を要する。まだ子どもだったザハリアスが父親に助けられて作ったといえなくもないが、その決め手となる歴史的資料は第二次世界大戦の間に失われたそうである。ヤンセンか、またはヤンセン一家がある時期顕微鏡を作ったのは確かで、その証拠――矛盾した記録や出所の怪しい現物など――から、両凸面接眼レンズと平凸面レンズ（一面が平らで、もう一方が凸面のもの）を一対の筒にはめこんで、それを組み合わせて作ったものだった。その筒は互いにはめこむようにできていて、押したり引いたりしながら対象物に焦点を合わせられるようになっていた。この手持ち型のもので見ると九倍まで拡大できたが、ショウジョウバエを爪ほどの大きさに見せたり、縫い針の頭をドキッとするほど大きく見せたりできる程度だった。息子のヤンセンは望遠鏡も発明したとされているが、これについては一七世紀初頭に装置の特許を申請した、同世代のオランダ人研究者と争ったという。いずれの発明品についてもヤンセンの優先権に関する事案が、金貨偽造の重大な罪で何度も裁判にかけられたという事実によって損なわれることはないだろう。

オランダ人たちが優先権争いに巻きこまれていたころ、ガリレオ・ガリレイは自分の望遠鏡のアイデアを顕微鏡に応用していた。自分の望遠鏡を少し改良することで見えるようになった大きな昆虫の姿に驚いて、さっそく卓上型の顕微鏡、すなわちオッキオリーノを作るために光学を勉強しなおしたという。[2] ガリレオの顕微鏡は、真っすぐ立てた金属製のスタンドに二枚のレンズをつけたものだった。[3] 対象物を卓上に置いて覗くと、三〇倍まで拡大されて「ハエがニワトリほど大きく見える」というほどになった。ヤンセンの主張を重くみなければ、一六一〇年にガリレオが顕微鏡を発明したことは確かである。[4]

　初期の組み立て型顕微鏡の光学的性能はひどいものだった。泡やレンズのしみが視界を悪くし、レンズの曲面の傷が像をゆがめ、色のついた光の輪が拡大されたあらゆるものを取り囲んでいた。しかし、欠陥はさておき、ガリレオの顕微鏡は科学上の奇跡だった。ローマでの不名誉な裁判の一〇年前、ガリレオはバチカン植物園の管理人だったジョバンニ・ファーバーに、彼の顕微鏡でハエがどのように見えるか教えていた。ファーバーはフェデリコ・チェージ公にあてた手紙の中で、自分はガリレオに「すでに創造されていたのに誰も気づかなかったものを見えるようにしたのだから、君はもう一人の創造者だ」と言ったと書いている。チェージ公はガリレオのファンで、一六〇三年に「アカデミア・デイ・リンチェイ（訳注：リンチェイは「オオヤマネコの眼」の意、すなわち「具眼の士」の集まりのこと）」という科学協会を設立したが、それはロンドン王立協会の第一回集会が開かれる半世紀前のことだった。一六一一年にはガリレオもこの協会に加わり、チェージ公に自作の顕微鏡を進呈したという。科学協会の事務局長に就任したファーバーは、ガリレオの革命的発明に対して一六二五年には顕微鏡という名称を与えてその功績をたたえた。

異端者ガリレオ・ガリレイ

ガリレオの危険な思想は、協会の友人たちに支持されていた。彼の著書『Il Saggiatore（分析者）』は一六二四年にこの協会から刊行されたが、それはイエズス会の天文学者が彗星について書いた説に対する確かな根拠のない批判だった。これに続いて協会のメンバーたちは、自分たちが書いたミツバチに関する三篇の論文を刊行したが、その中にミツバチ全体とそれを解体した部分を集めた一枚の版画を掲載した。[5]この研究ではガリレオの顕微鏡が使われ、ハチの図は顕微鏡による詳細な観察結果を示した最初の印刷物となった。『分析者』とハチに関する研究報告は教皇ウルバヌスⅢ世マッフェオ・バルベリーニに敬意を表したもので、三匹のハチは教皇の家紋を写したものだった。この見事なハチの図は協会会員フランシスコ・ステルッティの観察によるもので、会員たちはこの業績が自分たちとガリレオが認められるきっかけになればと期待した。ハチを飼う田園生活の楽しさを呼び覚まし、教皇が大切にするミツバチを褒めたたえる文書は、神に選ばれた代表者としての政治的重圧から解放される気晴らしぐらいにはなったらしい。教皇ウルバヌスⅢ世はこの敬意の表わし方が大いに気に入ったといわれている。

しかし、このハチもじつは破壊活動分子だったのだ。ステルッティの図には小さなチューダー朝風の窓のような昆虫の複眼や毛の生えた脚、複雑な小顎や下唇、蜜を吸う舌、鋭い針などが描かれていた。それは誰も見たことがないものばかりだった。創造物の隠れた素晴らしさ、つまり「神の創造物」がガリレオの顕微鏡と協会員たちの研究によって眼に見えるようになったのである。『分析者』の中で、ガリレオは数学のことを神の言葉であり、無知の「暗い迷路」からぬけ出すのに必須の道具だと語っている。代数ほど難解ではないが、拡大されたハチが自由な科学研究の飛躍的発展のきっかけになったのは確かである。

四〇〇年の時を経て理由はあいまいになったが、ガリレオはほとんど自殺に等しい行動に出て、寛大な教皇を敵に回したのだった。一六三二年に出版された『Dialogue Concerning the Two Chief World Systems（主要な二つの世界システムに関する対話）』は、コペルニクスが提唱した太陽を中心とする太陽系の見方を、ガリレオの論理によって説いた異端の書だった。彼はこの書の中で、三人の人物に語らせるという煽動的な方法を使っている。彼らはコペルニクスの支持者と中立の立場にある人、およびシンプリキオというガリレオに対して聖職者側の批判的な意見をはっきり言う人物である。[6] ちなみに、シンプリキオというのはアリストテレスの信奉者だったキリキアのシンプリキオスにちなんだ名で、当然シンプル＝馬鹿という意味にもとれたはずである。ガリレオの異端審問にあたってロベルト・ベラルミネ枢機卿は、「地球が太陽の周りを回ると主張するのは、イエスが処女から生まれたのではないというのと同程度にとんでもない間違いである」と言った。『対話』の後に続いた出版物はローマ教会を慎重に愚弄した書だった。この六八歳の科学者は異端審問に呼び出され、「はなはだしい異端の容疑者」として残り一〇年の人生をトスカーナの白宅に軟禁されて過ごすことになった（ついでに、私はモンティ・パイソンの「スペインの宗教裁判」という寸劇に出てくる恐ろしい拷問用の道具の中に「気持ちのよい椅子」があったのを思い出す）。ガリレオの宇宙論はカトリック教会にむかって放たれた、ある種の強烈な脅しだった。『主要な二つの世界システムに関する対話』はバチカンの禁書目録に入れられ、二〇〇〇年もの間そのままに置かれていたのである。なお、協会が行なったハチの解剖学的研究は異端審問ではまったく問題にされなかった。

嫌われたロバート・フック

ロバート・フックが一六六五年に出版した『ミクログラフィア』（顕微鏡図譜）に載せられた図版は、次の半世紀の間に開発された顕微鏡の意匠設計にかなりの進歩をもたらしたといえる。[7] フックの顕微鏡は同軸の四つの筒に三枚のレンズを取りつけるというように、それ以前のものに比べてかなり複雑になっている。また、日光よりもオイルランプの明かりを光源として用い、水を入れた球と半球レンズ、つまり集光レンズを用いて光が物に集中するように工夫した。この顕微鏡の外装は大変見事なもので金・革細工で仕上げられていたが使いにくく、初期の顕微鏡に共通していることだが、光学的な欠陥が問題だった。

フックが描いた図版をよく見ても、昆虫の複雑な姿やコルクの切れ端、菌などを調べるのに苦労した跡は見られない。読者の顔よりも大きいハナアブの頭が二ページにわたって出ているが、フックの描いた昆虫が見つめる側になっているので、いやおうなく見る者の目が引きつけられる。ハナアブの巨大な半球形の目玉はミツバチの巣に似ており、碁盤状の表面は真珠を並べたようだと書いている。細かな点についてはステルッティが描いたものをはるかに超えている。ほかの図版は折り畳み式で、その中には猫ほど大きい毛むくじゃらの脚を持ったノミの怪物が生き生きと描かれた有名な図や、握るように指で髪の毛をつかんでいる、化け物のようなシラミの頭の図などがある。これらの図版はフックが大見得を切っているかのようで、顕微鏡と芸術性にとんだ科学者の実力を見せつけている。フックは新しい生命観と生命の形を示し、「かつて全宇宙そのものをとらえることができたように、今や我々はきわめて多くの創造物を見つめているのだ」という。また、彼は『ミクログラフィア』の序文の中で、この新発見を「万人に通じる心の癒やし」だと書いている。

長ったらしい著作を読みこなした読者はほとんどいなかったと思われるが、この図版は人々を魅了し、ロンドン大火（一六六六）の前、ペストが流行した年にはベストセラーになったという。熱烈なファンだったサミュエル・ピープスは、『ミクログラフィア』のことを「我が人生を通じて読んだ本の中で、最も独創的な著作」と絶賛した。一方、ほかの人々はフックの研究を信ずるに足りないものとして、まったく別の見解を表わし、できたてのロンドン王立協会のメンバーもガリレオの文句にあるように、「無知の暗い迷路」に陥って満足していた。また、科学のこととなると、ロンドンのプロテスタントはローマのカトリックよりもっと腰が引けていた。

イギリス生まれの最初の著名な科学者として、王立協会でフックが行なった実験報告は当時大きなセンセーションを巻き起こした。その膨大な量の仕事は際限のない熱意と使われたエネルギーを物語っているが、彼はつまらない発明家たちとの絶え間ない論争に疲れ果て、気が小さくて嫉妬深い天才アイザック・ニュートンとの戦いに明け暮れていた。フックは見てくれが悪く、どうやら大衆受けしなかったらしい。「彼は中肉中背で少し背中が曲がり、顔は青白くてうつむき加減だったが頭は大きく、灰色の目は丸くて飛び出しているが鋭くない」と書かれている。[8] 仲間の研究者たちとの確執より、もっときつかったのは、トーマス・シャドウェルが書いた『The Virtuoso（巨匠）』という芝居によって、公衆の面前で恥をかかされたことだった。[9]

一六七六年に出たシャドウェルの作品は性的風刺や倒錯、社会風刺などをたっぷり盛りこんだ王政復古時代の典型的な芝居だった。『巨匠』の主人公は妻に先立たれ、姪にひどく嫌われた不運な人物、サー・ニコラス・ジムクラックとしてカモフラージュされてはいたが、じつはロバート・フックのことで、最近の科学的発見のせいで生活が苦しくなり、「技術者やガラス製造業者など」の取り立てに脅かされている人物として描かれていた。家長としてのジムクラックの短所は家族よりも実験に入れこんで、科学的装置に大枚をつぎこむことだった。姪のクラリンダは、「伯父さんは酢につけたウナギの姿やチーズの中にいる小さなダニから、やっと生き物だとわかったアンズについた青い斑点なんかを見るのに、二〇〇〇ポンドもの大金を使ってしまったのよ」とぼやいている。[10] 実際、フックは『ミクログラフィア』の中で線虫(ウナギ)とチーズにつくコナダニのことを取り上げているのである。なお、シャドウエルがいう「アンズについた青い斑点」については、よく調べたところ「青や白のカビのような斑点」は「さまざまな形をした小さな菌類」だったと述べている。ジムクラックの話の裏には、フックの新発見がペストの大流行やロンドン大火の後も残った伝統や信仰、迷信などに頼る日常生活を脅かすものだという思いがあったらしい。王立協会と結びついた顕微鏡や忌々《いまいま》しい新発明は、知識人たちの物の見方や人生のとらえ方を次第に変え始めた。芝居に取り上げられたことは、フックの身の不幸だった。彼は日誌の中に、「Vindica me deus(神よ、われに復讐を遂げさせたまえ)」と書き残している。[11]

フックの顕微鏡観察のおかげで生死にかかわらず、読者はノミやリンネル、雪片や鉱物など、ごく身近にあるものの驚くべき姿を目にすることができるようになった。見慣れない特例としては、チョークから取り出した有孔虫の殻の化石や生きている菌類などがあった。カビだらけの羊皮紙のブックカバーから出てきたケカビの胞子がついている茎や、バラの葉についたサビ病菌、フラグミディウムの胞子堆の図などは、生きている微生物の姿が出版された初めての例だった。実際一六六五年にいたるまで見えなかった、思いもよらないものを公開したのだから、これらの図は『ミクログラフィア』の中でも間違いなく最も重要なものだったといえる。

初めて微生物を見たレーウェンフク

フックと同時代に生きたアントニ・ファン・レーウェンフクは微生物の研究領域でさらに上を行き、自分の歯からとった大きな三日月型のセレノモナス属の細菌やいろんな原生生物、ビールからとった酵母などを初めて記載した。[12] レーウェンフクは、自分で考案した単眼顕微鏡を使って観察した。彼は磨いた穴のある銀か真鍮の二枚の板の間に小さなガラスのレンズを挟んだ装置を何百個も組み立てた。観察する材料を針の先につけて固定し、ねじを回してその位置を調節した。見る人は光にむかって材料を顕微鏡の側に置き、光に照らされたレンズを通して反対側から片目で覗いて観察した。このレンズは、サイコロの目を作るための直径一ミリの細いガラス管を熔かして作ったもので、この楕円形のレンズは円形のものよりも視野が広かった。今も残されている顕微鏡のレンズの倍率は三〇〇倍に近いので、レーウェンフクの傷んだ歯からとった大きな細菌が長さ一ミリほどに見えたはずである。[13] 彼の装置の多くはふとしたことで失われたり、意図的に盗まれたりしたが、レーウェンフクが自分の技術を秘密にしたおかげで、彼の顕微鏡のいくつかが高い解像度を保つことができたのは確かである。

レンズの前に材料を置く方法をレーウェンフクが何度も試したことはよく知られている。乾いたものは針の上に乗せたり、くっつけたりしたが、昆虫の筋肉は雲母かガラスの切れ端の上で乾かした。滴虫類や微小動物（細菌や原生動物、顕微鏡サイズの節足動物など）を含んだ池の水は、曲面が中の物体をさらに拡大する毛細管の中に吸い上げられた。また、このオランダ人は人間の組織を見たり、女中からとった血液の中の赤血球や精子を描いたりしている。ところで、私はかねがねレーウェンフクが研究熱心のあまり、自慰行為に走ったと思っていたが、自慰行為の研究者によると医学生の中には喜んで、むしろ熱中して必要な材料を提供してくれるものがいたという。[14]

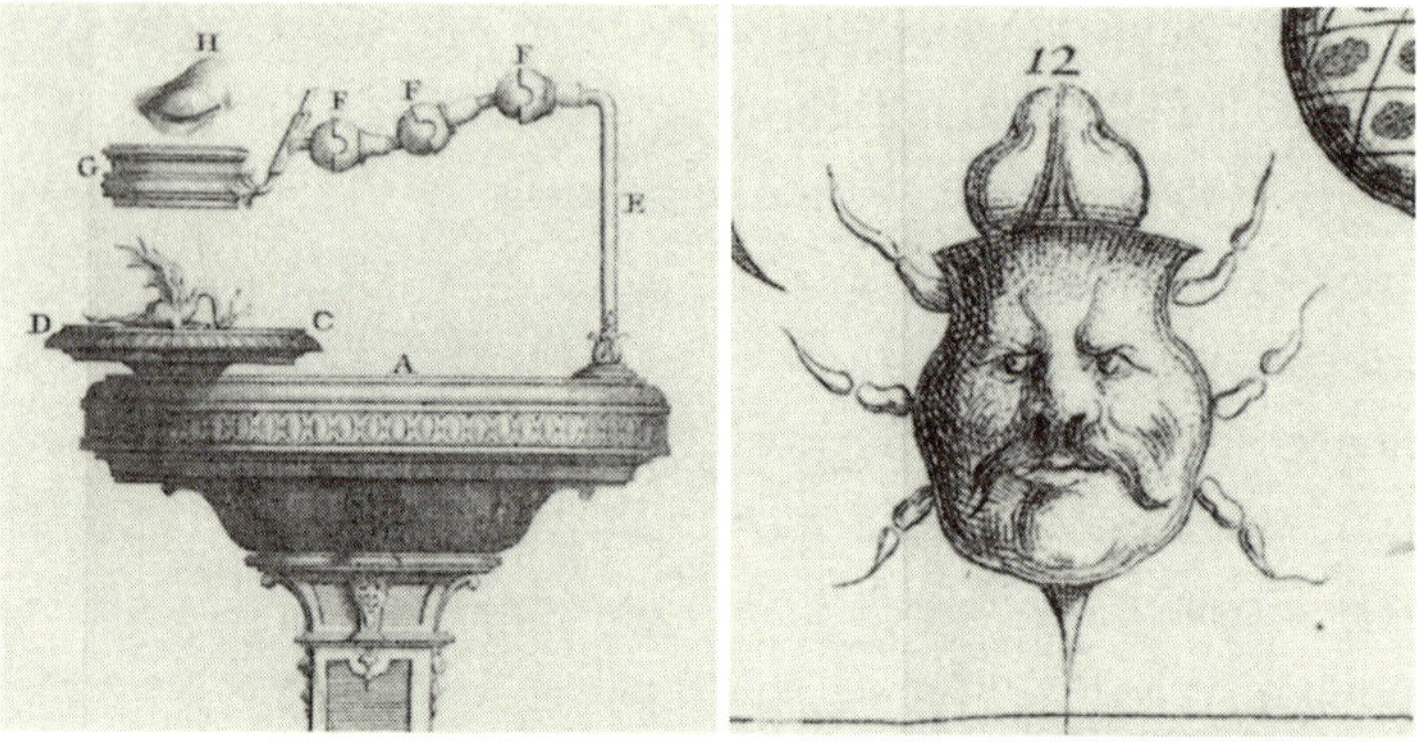

(a) (b)

図 10　フランスの顕微鏡屋、ルイ・ヨブロが描いた図。（a）ボールでつないだアームにレンズをつけた顕微鏡。（b）水のサンプルの中で見つけた変な紳士の顔のような滴虫。ロンドンの装置製造業者、ジョージ・アダムスはこの異様な顔を複写して「図に示すように、その虫の表面は人間の顔そっくりに作られた薄い膜で覆われている。また両側に三本ずつ脚があり、お面の下から尻尾が出ている」と書いている。

L. Joblot, *Observations d'Histoire Naturelle Faites avec le Microscope*（Paris: Briasson, 1754–1755）

血液がビールの中にいる酵母に似た粒子で満たされており、精子が小さなオタマジャクシのように泳ぐという事実は、一七世紀の医学者たちにとって驚天動地の大発見だった。我々の体細胞と細菌や原生生物の個々の細胞を同一視することは、ある程度理解されていた。そこには顕微鏡によって分解されて初めて、あらゆるものが球体と管と繊維として見えるという自然の均一さがあった。ほかの顕微鏡研究者たちも血液の中を泳ぐ「虫や昆虫」と称したものを記述したが、イタリアの偉大な科学者、マルチェロ・マルピーギはカエルの血管の中で脈動する「赤い微粒子」について述べている。彼らは、自分たちが生物に共通する、建物を作るレンガのような構造単位を発見したと思ったようである。

一八世紀に入ると、顕微鏡の種類が急増し、光学が進歩するにつれて、微生物世界に関する知識もゆっくりと増え始めた。ジョージ・アダムス、自称「数学的、哲学的、光学的装置の製作者」はロンドンのフリート街にある店から、美しい顕微鏡を「発明し、制作して売り出した」。この中には回転する円盤にレンズをはめこんで並列させる「新しい万能」顕微鏡も含まれていたが、これは後に世に出た対物レンズと対物レンズ台を備えた近代型複合顕微鏡の先駆けとなった。アダムスは自分の発明の数々を一七四六年に出した『Micrographia Illustrata（顕微鏡図解）』に詳述し、植物の抽出液など、いろんな液体の中にいるアニマキューラ（滴虫類に同じ）の姿を描いた[15]。確かに数多くの原生生物や節足動物も描いているが、その中には脚が六本ある変な男の顔や顕微鏡サイズの金魚など、幻想としか思えないものもまじっている（図10）。アダムスは初期の研究報告の中に描かれた図を模写し、フックの『ミクログラフィア』からきれいなハナアブの図まで盗用した。明らかにイギリスの科学ルネッサンスは、フックとニュートンで幕を閉じたのである。

菌学の創始者ミケーリ

一方、ヨーロッパ大陸では少数の研究者が顕微鏡を使って有意義な事実を発見していたが、彼らは顕微鏡を単なる観察道具というより、むしろ実験器具として用いた。その先駆者は、フィレンツェの植物学者ピエール・アントニオ・ミケーリ（一六七九〜一七三七）とスイスの動物学者アブラハム・トレンブレー（一七一〇〜八四）の二人だった。この二人は一九世紀に興った生物学の華々しい発展の陰に隠れてはいるが、生物学史上活力がなかった、いわば幕間《まくあい》ともいうべき時期に、その独創性によって大きな決定的事実を明らかにした点は十分認める価値があるだろう。

一七二九年に出たミケーリの大著『Nova Plantarum Genera（新しい植物類）』は、いまだに認められていないが、生物学書の傑作の一つだといえる。[16] ミケーリの著書の表向きの目的は、植物の新しい分類群を公開することだった。そこに載せられている図版はどれもこれも『ミクログラフィア』に載っていた昆虫の姿と同じくらい、わくわくするものばかりである。最初にコケ植物、マルカンティア（ゼニゴケ）の図が出てくる。ミケーリが顕微鏡を使うと、この植物の気孔や芽皿（杯状体）、さらに茎の先についた小さな傘に似た生殖器官から垂れ下がった胞子嚢などが、立ちどころにはっきりと見えてきたのだろう。その後、ツノゴケなどの小さな植物、そしてランなどの顕花植物が続き、次いで九〇〇種の菌類の記載になる。ミケーリは菌類を原始的な植物ととらえ、胞子を出すキノコのヒダや管を花弁がない花とみなして記述した。その素晴らしい図版はきれいなチャワンタケの仲間から、みっともない男根に似たスッポンタケにいたるまで、広い範囲に及んでいる。また、彼は顕微鏡を使って、大きい子実体の胞子や『ミクログラフィア』に描かれた腐生性の微生物を参考にして、ケカビから飛び出す胞子を描いている（図11(a)）。さらに、彼はアスペルギルスやボトリティスについて、それぞれが鎖状やブドウ

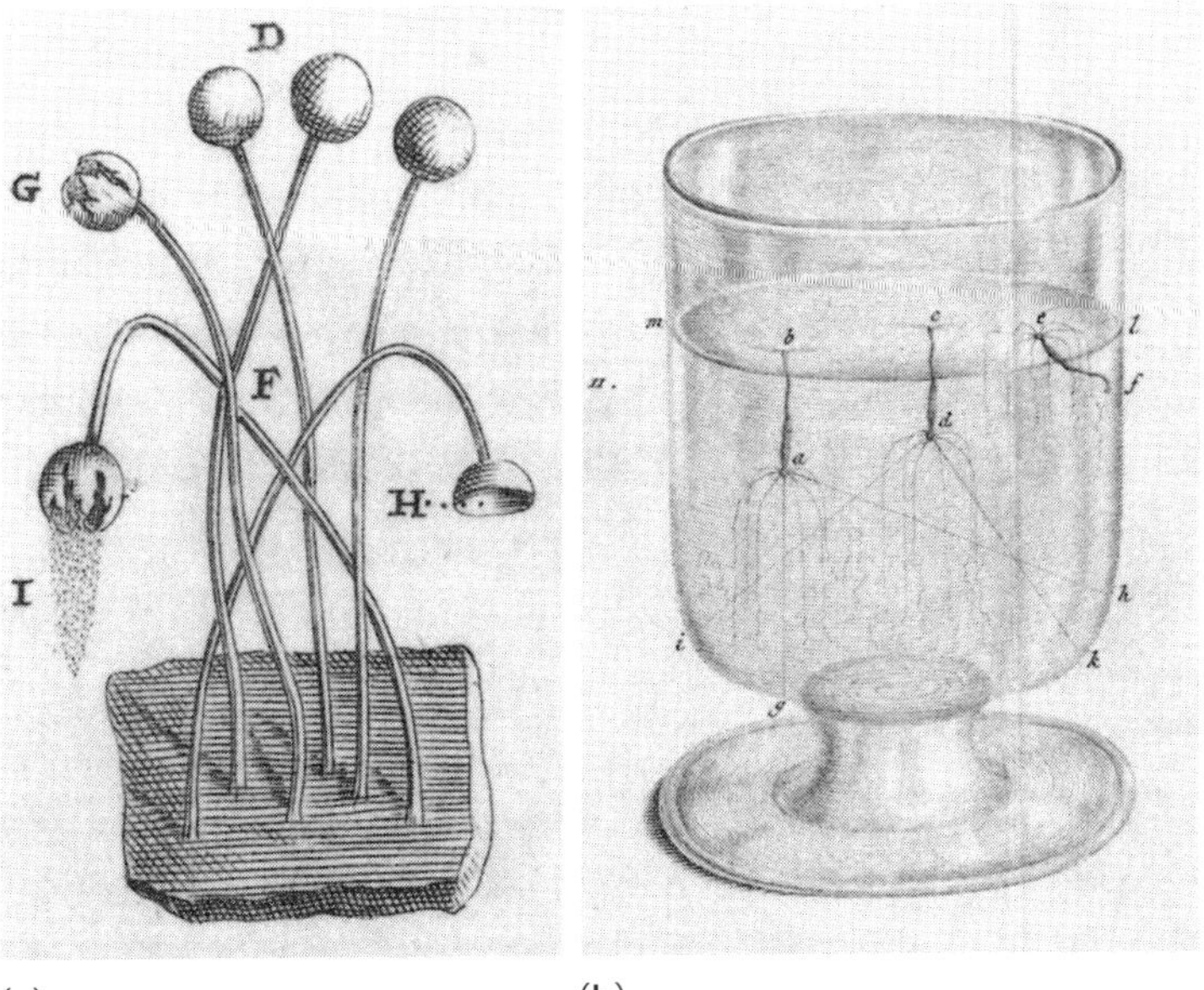

(a)　　　　　　　　(b)

図 11　顕微鏡を使った 18 世紀の研究の中で最も重要な図版。（a）ミケーリが描いたケカビの一種（オピストコンタ）。（b）トレンブレーが描いたヒドラ（オピストコンタ）。

（a）P. Micheli, *Nova Plantarum Genera, Iuxta Tournefortii Methodum Disposita*（Florence:Bernardi Paperinii, 1729）(b) A. Trembley, *Mémoires, Pour Servier á L' Histoire d'un Genre de Polypes d'eau Douce, à Bras en Forme de Cornes*（Leiden, the Netherlands: Jean and Herman Verbeek, 1744）

の房状の胞子の塊を作ることを明らかにして記載した。

しかし、『新しい植物類』は分類目録の域をはるかに超えており、詳細な実験結果の記述にあふれている。その中で最も意義深いのは、顕微鏡で見た特定の菌の胞子を落ち葉の上にまいておくと、数か月後に同じ菌のキノコが生えるのを実証して、自然発生説を否定したことである。また、ケカビやアスペルギルス、ボトリティスなどの胞子を集めて軟らかい刷毛で果物の上に塗りつけ、同様の実証実験を試みた。二、三日すると、なんとこの微小菌類は新しい世代の胞子を作り上げたのである。これらの実験はいずれも単純でわかりやすく、パスツールの画期的な仕事に一世紀も先駆けていた。

ドイツ人植物学者のディレニウスは、ミケーリのことを「生涯を通して悪意に満ちていた」と非難した。[17]三〇〇年も経つと精神病理学的影響から症状を判断することは難しいが、このイタリア人は仲間からやさしい扱いを受けなかった。ミケーリが大学教育を受けていなかったことや終生金に困っていたことから、スイスの解剖医アルブレヒト・フォン・ハラーは彼のことを「無学な貧乏人」と中傷した。一七三七年北イタリアでの採集旅行の途次、ミケーリは胸膜炎を患って亡くなった。彼の直接の弟子は顕微鏡に興味がなかったので、その発見や観察結果はまったく顧みられなかった。ただ、仲間の植物学者たちからは無視されたが、ミケーリの生涯はフィレンツェでは褒めたたえられ、サンタ・クローチェ聖堂にミケランジェロやガリレオ、ダンテ、マキャベリなどと並んで葬られた。なお、フィレンツェ植物園の外の通りは、ピエール・アントニオ・ミケーリ通りと名付けられ、ウフィツィ美術館の中庭には『新しい植物類』（その書名は背表紙に彫られている）を持ったアントニオの美しい像がガリレオ像の隣の壁龕《へきがん》におさめられている。

ヒドラとトレンブレー

これに比べれば、アブラハム・トレンブレーは評判のよい人生を送ったといえそうである。[18] 彼の『Memoirs Concerning the Natural History of the Polyps（ポリプの自然史に関する覚書）』は一七四四年に出版されたが、その中でクラゲやサンゴに近い触手を持った捕食動物のヒドラの仲間を紹介して次のように述べている。

「私がここに生活史を紹介する小さな生き物はきわめて異常で、一般に動物の性質として知られている概念と明らかに大きく異なるというのは事実であり、それを受け入れるためにはきわめて明瞭な証拠を示さなければならないほどである[19]」

ヒドラの仲間は長さわずか数ミリなので、飼育用の粉壺の内側に貼りついたポリプを見るために、トレンブレーはボールでつないだ腕に取りつけたレンズを用いた（図11(b)）。彼はポリプが陽のあたる側に集まることに気づき、水をかきまわすとひどく収縮するのに驚いた。もし、この生き物が植物だとしたら、切っても生きているはずだから謎は解けるはずだと思った。トレンブレーは園芸家というより生体解剖学者を自認していたので、「切られればポリプは死ぬはず」と思ってこの動物を小さな鋏で二つに切り分けた。ところが、二、三時間後に「私はそれ（頭の端）が触手を動かすのを見て」、次の日には「それが前へ動くのを見た」といい、尻尾のほうから「頭が出てくるなんて、誰が想像できるだろう」と興奮している。

トレンブレーの切断実験はセンセーションを巻き起こした。切り離された体の一部から動物の完全な体が再生したという最初の報告は、不信感をもって迎えられた。この疑惑に対抗するため、トレンブレーと友人のルネ＝アントワーヌ・フェルショウ・ド・レオミュール（摂氏温度計の目盛の発明者）は、興味津々の聴衆の前で実験して見せることにした。この話題はすぐさまフランス社交界に広がった。「一八世紀を通じて最も賢くてウイットに富んだ女性の一人」と言われたマダム・ジョフランは、じかに実験の説明を聞こうと、レオミュールの研究室を訪ね、見てきたことをパリのサロンで学者たちに報告した。当時、生命の起源に関する問題と格闘していたディドロは、どこかの惑星には「ポリプ人」がいるかもしれないと考え、「男からは男が、女からは女が分かれて出てくる」、そして「男社会が作られ、国全体が一人の男から分かれた人間で占められる」と空想にふけって楽しんでいた。[20] ヒドラはヨーロッパ人の意識の中にしっかりと根付いたらしい。拍手喝采はロンドンからも届き、その研究成果が公表される前にトレンブレーは王立協会の会員に選ばれた。ところが、いやおうなしに称賛とともに中傷もやってきた。フックが『巨匠』で馬鹿にされたのを見てもわかるように、トレンブレーもオリヴァー・ゴールドスミスにからかわれ、「取るに足りない、えせ学者がポリプの中に未発見の宝物を見つけたが、彼の心は顕微鏡同様、自然をちっぽけなものとしてしかとらえていない」と書かれた。トレンブレーが発見した最初のヒドラが緑色だったことを取り上げて、ヴォルテールは「それは動物に近いというより、ニンジンやアスパラガスに似ている」と主張した。

ミケーリと同じようにトレンブレーも伝統的な信仰心を抱き、自分の実験結果を神の創造物を実際に調べたものとみなしていた。しかし、顕微鏡で見える驚異的な世界が広がるにつれて、人類の特殊性について、多くの疑問が出てくるのは避けられないことだった。目の届く限りどこにでも、思いもよらない生物が存在することを知るにつれて、自分自身の価値をもう一度見直す動きが出てきた。ヒドラは聖書に載っていないのだ。前世紀にルネ・デカルトはすべての生物を機械ととらえ、人間だけに不滅の魂が宿ると考えた。生命あるものの機械論的モデルはロボット工学に対する興味をかきたてた。どこから出た話か知らないが、あるときデカルトがフランシーヌという名の女のロボットと一緒に旅行に出かけたが、彼女は旅の間ずっと船室の衣装箱の中でじっとしていた。ところが、フランシーヌは船長には魂を持った普通の女性のように反応したので、船長は彼女を海に投げこんでしまったという。トレンブレーの時代には、さらにもっともらしいロボットの話が作られていた。その一つにジャック・ド・ヴォーカンソンが作った本物の鳥をまねた装置で、餌を食べて糞をする金メッキのアヒルがいたという話がある。哲学者の中には糞をする鳥も魂を持っているという者もわずかにいたかもしれないが、大方はポリプのほうが大問題だと気づいていた。トレンブレーの従兄弟の自然主義者で哲学者だったシャルル・ボネは、「それに魂があるとすべきか、ないと考えるべきか」とポリプの再生能力の意味に頭を悩ませている。[21] 王立協会と関係があったボネは、「では、この虫のどこに生命の原理があるというのか、この虫は単なる機械なのか、はたまたより完璧な動物なのか、ある種の複合体に近いものなのか。その動きの源は魂にあるのだろうか」などと思い悩んだ。また、レオミュールは、もしポリプが魂を持っていたら、分割できるだろうかともいう。

もちろん、ほとんどの人は魂の不可分性に関する議論には無関心だった。ヨーロッパの知識人たちは顕微鏡を通して観察し、驚くべきことの存在に気づいていたが、しばらくはこの装置も笑い話のタネにすぎなかった。一七三二年に『Female Inconstancy（女の気まぐれ）』と題した小冊子を書いた匿名の著者は「The Microscope（顕微鏡）」というポルノチックな詩をものしたが、その中身は二人の姉妹が父親の顕微鏡を借りて、弟のペニスと自分たちの性器を拡大して覗くという変な話だった[22]（訳註・詩は卑猥にすぎるので省略）。

もっと突っこんだ顕微鏡の描写は一七〇六年に脚本家のスザンナ・セントリバーが書いた、復古時代の喜劇『The Basset Table（トランプ台）』の中に出てくる。[23]この芝居のタイトルはレベラー夫人の友人たちがバセットというトランプ遊びをする机からきている。彼女の従妹のヴァレリアはトランプよりも科学に興味があって、船長との結婚話に耳を貸そうともしなかった。彼女は自分の部屋を寝室から実験室に模様替えし、顕微鏡を覗いて魚などの動物を切り刻んで楽しんでいた。金持ちの女性たちのごく一般的な娯楽よりも、彼女が研究を好むことについて、登場人物の何人かが『巨匠』に出てくるサー・ニコラス・ジムクラックの姪のように、ヴァレリアを馬鹿にしている。ただし、この芝居にはまだ先がある。科学はヴァレリアにとって男性に隷属することを避ける手だてであり、結婚して研究を止めることに同意するつもりがまったくなかったことは確かである。[24]この意気軒昂たる女性科学者は、女性解放論者の先駆けだった。

生命の本質

人間界とヒドラはそんなにかけ離れているわけではないが、一八世紀の人にとって生物多様性の本当の大きさは思いもよらないことだった。一七四二年に『Of Microscopes and the Discoveries Made Thereby（顕微鏡とそれによってなされた発見）』という本を書いたヘンリー・ベーカーは、顕微鏡が机上から新しい世界を探検できる可能性を秘めていることに気づいていた。[25]彼はどれもが一対の鞭毛を持った五万個の細胞からできている緑色をした丸いボール、すなわち藻の群体であるボルボックスに夢中になった。ベーカーは明らかに興奮した調子で The Globe Animal（球体動物）について、今日の科学論文には見られないような記述をしている。

「一七四五年の七月ごろ水を入れた瓶が三つ、ヤーマスのジョセフ・グリーンリーフ氏から送られてきた。その中には私が見たことのない数種類の生き物が入っていた。二、三日のうちにみんな死んでしまったが、それまでに運よく詳しく調べることができた。その形は確かに球体で、頭や尻尾、ヒレなどはなかった。前後、上下どの方向にも動き、ボールのように転がったり、コマのようにくるくる回転したり、まったく方向を変えずに滑ったりしていた。まるで、短い動く毛か、剛毛で取り囲まれているようで、何かヒレのような装置がすべての動きのもとになっていると思われた」

生きているボルボックスを見た人は誰しも、ベーカーの記載の通りだと思うだろう。彼は輪形動物についても、「形が異なる輪のような虫（ワムシ）」「漏斗《ろうと》状の虫（ラッパムシ）」「ツリガネソウか、羽根飾りがついたポリプのような動物（ツリガネムシ）」、さらに「カラスムギのような虫（珪藻）」の「殻は非常に薄い」と記載している。同時に、アメーバも顕微鏡の視野に飛びこんできたもう一つの原生生物だったが、魂はあるのだろうか、ヒドラほど時間もかからず生き生きとした二つの娘細胞に分かれたという。[26] ベーカーはこの発見が、「我々が生命と称するものの本質とその属性について、無知であることを悟るのに役立った」と書いている。

フックとレーウェンフクの発見から数十年のうちに顕微鏡は見えなかったものを見えるようにし、人類は物を拡大して池の中にうごめく生物まで見ることができるようになった。この新しく世に出た明快さを備えた機械を用いて、我々は自分自身が雑多な微生物や微小動物から作られていることを悟るようになった。初めのころ、研究者たちは宗教的迷信の束縛を逃れて自然をとらえようとしたが、先に触れたようにその進取の気性も一八世紀にはまだためらいがちだった。ミケーリとトレンブレーはすぐ忘れ去られ、我々自身に関する掘り下げた見直しや自然の中での位置づけも消え失せてしまった。この問題に集中しなかった過ちのつけは途方もなく大きく、パスツールがそれを解決するまで、さらに一世紀もの間自然発生説に振りまわされ、「人類は万物の霊長」とする主張が続いたのである。

この長く続いた停滞の原因を探るのは難しいが、私はミケーリとトレンブレーの後に続いた研究動向に答えがあるように思う。ミケーリの業績が無視された一つの理由は、冗長だったミケーリの記載法を植物学者たちがより単純なものに置き換え、それにしたがって植物目録の作成に乗り出し、ミケーリの仕事を不要なものとしたことにあったと思われる。ミケーリが植物や菌類に用いた正式名称は、対象となる生物を簡単に描写したものだった。[27] 先に述べた男根のようなキノコ、スッポンタケの記載はちょっとした絵のようである。ミケーリは「*Phallus vulgaris, totus albus, volva rotunda, pileolo cellulato, ac summa parte umbilico pervio, ornato*（ありふれた男根〈スッポンタケ〉、体は白色、円い壺を持ち、部屋のある飾り立てた帽子、そのてっぺんにへそがある）」と名付けた。

この熟語を並べる面倒な命名法（多名法）は、一七五三年にリンネが植物を二名法で記載した『Species Plantarum（植物の種）』の初版が出るとすぐ消えてしまった。男根キノコはファルス・インプディクスとなり、先につけられた名前が八秒から一秒に短縮され、以来ずっとそのままである。リンネはミケーリの研究に敬意をはらいもしなかったが、一八世紀におけるスウェーデン植物学の隆盛はフィレンツェの忘れられた天才のお陰なのだ。もしミケーリが分類学に専念していたら、これほど無視されることはなかったと思われるが、分類学の二名法への傾倒が『新しい植物類』に書かれたあらゆる研究成果を覆い隠し、自然発生説を否定した決定的な実験結果も二〇〇年もの間無視され続けた。目録作りへの執着は賢明な研究を阻害し、自然史の研究は発展しないまま切手集めの時代に入っていった。第

1章で触れたように、今日でもなお多くの生物学者たちがこの段階に踏みとどまっている。

進歩する顕微鏡と微生物

一八二〇年代になると技術改良が著しく進んで、拡大された像がさらに鮮明になり、研究者たちはその恩恵をこうむった。というのは、このころ球面収差と色収差を補正する最初の顕微鏡が世に出たからである。[28] 球面収差というのは、レンズの中心を通って送られる光とレンズの曲面の端を通る光が異なる点で焦点を結ぶため、拡大された像がゆがむことをいう。新しい顕微鏡ではレンズを組み合わせることによって焦点距離の違いをなくし、絞りでレンズの真ん中に光線を狭めることによってこの問題が処理された。色収差というのは光が修正されていないレンズを通過したとき、異なる波長の光が散乱して、拡大された像の周りにハローが生じることをいう。この問題は種類の異なるガラスで作ったレンズを融合させて（フリントグラスとクラウングラスをくっつけたもの）、レンズを通ったときに「二重レンズ」に光の虹を収束させることで解決できた。ドイツのカール・ツァイス社が開発したエルンスト・アッベのコンデンサー（集光器）は後の改良品だが、この付属品は普通の顕微鏡のステージの下に置かれ、今でも視野の真ん中に強い光を集中させている。

このような光学上の進歩が実験科学に対する清新な気風を送りこんだこともあって、ヴィクトリア朝時代の科学者たちはさまざまな障害に打ち勝って、生物の構造と機能を知ろうとする意欲に燃えた。自然発生説を信奉していた頑固者たちも、一八六〇年代になって、スープを殺菌して空中の微生物から隔離すると、いつまでも腐敗しないというパスツールが行なった公開実験によって沈黙せざるをえなくなった。このような一連の実験は病気の原因を微生物とする説、もしくは医学における病原因論を裏づけるのに役立った。ちなみに、これより五〇年も前にもう一人のフランス人研究者ベネディクト・プレボーが特定の微生物が特定の病気を引き起こすという、実験にもとづく証拠を公開していた。[29]当時プレボーはクロボ菌によって起こるコムギの黒穂病を調べていたが、小さな子どもが狂犬病（これもパスツールの手柄〈訳註：パスツールは狂犬病ワクチンを開発した〉）で死んだという報道価値のある話と一緒のタイミングだったため、誰も彼の説に耳を傾けようとしなかった。

このほか一九世紀の微生物学のハイライトとしては、アントン・ド・バリーが書いた菌類や細菌類に関する素晴らしい解説書『Comparative Morphology and Biology of the Fungi Mycetozoa and Bacteria（菌、粘菌および細菌の比較形態学）』と、エルンスト・ヘッケルによる単細胞の原生生物が動物と植物の間の枝を占めている系統樹の提案を挙げることができる。[30]いずれも一八六六年に出版され、顕微鏡的生物の多様性に関する研究の端緒を開いた。ド・バリーはその著書の中で細菌について触れ、「細菌については核がまだ認められていない」と書いている。核のある真核生物と核のない原核生物の基本的な違いは、エドゥワール・シャットンの報告が一九三〇年代に出るまで公認されていなかったのである。[31]

光学の進歩は細菌や原生生物、菌などの細胞の働きをあてずっぽうではなく、よりわかりやすくし、初期の顕微鏡では動く粒子としか思えなかった微生物の細胞以下の構造まで、はっきりと目に見えるようにした。あらゆる生物種を扱う専門家たちが新しい装置を使いこなし、想像もつかなかった細胞生物学の領域を開き始めた。私のお気に入りの菌を見た研究者たちの中でも、とくにテュラン兄弟やドイツ人植物学者のオスカー・ブレフェルトが描いた、菌類の顕微鏡観察図の素晴らしさには圧倒される。[32]彼らの図版の質は後世の写真の域をはるかに超えている。というのは、彼らがレンズを上下させていくつかの位置に焦点を合わせ、数多くの個々の細胞の特徴をとらえ、そこから一つの姿へと仕上げているからである。

ほかの顕微鏡的生物を扱った専門家たちも同じように、葉緑体のある原生生物やそれがないもののきれいな姿を上手に描いていた。しかし細菌の多くは小さすぎたので、研究者たちは細胞が球形か、桿状か、糸状か、らせん形かといった形態の違いや、群がってまとまるか、単独で泳ぎまわるかといった違いなど、ほとんど意味のないグループ分けをしていた。油浸または水浸レンズを使って細胞を最大限一〇〇〇倍まで拡大しても、細部はほとんど見えなかった。一方、染色によって細胞の化学成分や細胞壁の組成を判別し、細胞構造の違いを知ることができるようになった。例えば古典的なグラム染色法によると、バチルスやクロストリディウムなどのグラム陽性細菌の厚いペプチドグリカンの細胞壁はクリスタルバイオレットで青紫色になり、大腸菌などのグラム陰性細菌の細胞壁から、この染色剤を洗い落として別の染色剤で染めると、ピンク色に変色することがわかっており、この方法は一八八四年に公表され、今も広く使われている。

見直される生物界

一九世紀の終わりごろになると、すべての生物を動物と植物に分ける二〇〇〇年も続いた間違った考えに、博物学者たちがようやく幕を引き始めたが、それでもあらゆるものを動物と植物に分けるやり方は長い間そのままだった。[33] 葉緑体のない原生生物は単純な動物として位置づけられ、動物学者の研究対象になり、光合成能を持った原生生物、もしくは藻類は細菌類や菌類と一緒くたにされて植物学の一部になった。微生物学は自ら研究を深化させ、細菌の大部分と病原性菌類を扱う学問領域が立ち上がった。

しかし、植物学者たちは依然として光合成能を持った細菌のシアノバクテリアを取り扱い、それを藍藻と呼び続けていた。原核生物は一九三〇年代にヘッケルによって原生生物から分けられ、四番目の界としてモネラ界と名付けられ、研究が進むにつれて細菌とほかの生物の細胞構造の間には基本的な差異があるとされるようになった。[34] 細菌は原初的な細胞だが、原生生物や植物、動物などの細胞は核を持ったより複雑な複合体だったのである。

次の大発展は菌類が植物から離れて菌界として独立した一九六九年にやってきたが、これは同年七月、人類が月面に降り立ったのと同じくらい重要な科学的業績だった。[35] この改変は植物生態学者のロバート・ホイッタカーによって提唱されたものだが、彼は菌類を特徴づける腐生的生活法が、太陽光に依存する植物の生活型と異なる点を指摘して論じた。この違いは当たり前のことだが、それでもいまだに菌類は植物の変わり種とされ、菌学者は理学部植物学科の隅っこで研究を続けているのだ。そんなことを誰が決めたのだ。菌類とその研究者たちが抑圧された少数派として甘んじている地位は、どの植物学入門書にも載っている「キノコとその仲間」という短い章を見ればよくわかるはずである。

ホイッタカーの生物五界説は、原核生物を細菌と古細菌に分けるカール・ウーズの説が出るまで生き残った。[36] ウーズは原核生物の構造よりもむしろ、リボゾームの構造の一部をコードしている単一遺伝子のDNAシークェンスに関心を抱いた。リボゾームは新しいタンパク質の合成に働くRNAとタンパク質の複合体からできている細胞小器官である。すべての細胞はリボゾームのRNA部分に組みこまれた関連遺伝子のセットを持っている。ほかのすべての遺伝子同様、リボゾームRNA遺伝子のシークェンスに見られる変化は、何百万年もの間、進化上の改良を重ねて現われたものである。これは、例えばハムスターと人間やアメーバを比べてみるとよくわかることだが、ある生物がほかの生物から離れれば離れるほど、遺伝子バージョンのシークェンスの間の相違が大きくなることを意味している。ウーズは原核生物の遺伝子のシークェンスを調べて、細菌と古細菌の間の遺伝子コードに見られる差異が非常に大きいので、それらは互いにかなり古い時代に分かれて、それぞれ別個の進化過程をたどったにちがいないと考えた。この推論に立ってウーズは古細菌、細菌、真核生物の三つのドメインが「原初的系統」を代表していると主張した。

真核生物を四つのグループに分けるという体系はそのままにして、古細菌と細菌を加えたことで、生物界は六つのグループに大別されることになった。その結果できあがった六界説は、あまり勧めたくないが、いまだに多項目選択試験のために大学の教養課程で教えられている。ウーズの遺伝学的研究の重要な成果は、微生物の本当の姿を明らかにしたことと、動植物を広く枝分かれした系統樹の小さな枝先に移したことだった。批判的な人たちは原核生物を分けることに反対した。[37] 彼らの大きな間違いは、進化がはっきりと目に見える線に沿って進むと思いこんでいたことだった。要するに、彼らはある種の原核生物がほかのものとまったく同じに見えるのだから、単なる遺伝子の違いは正しい分類の決め手にはならないと主張したのである。真核生物も同様の視野の狭さによって読み違えられ、今や生物学は原生生物の新しい進化の考え方が、動植物の多様性のとらえ方にも及んでいるという事実に圧倒されている。

垣間見た生物学的思考の歴史を離れる前に、話をガリレオに戻そう。一六三八年のこと、この偉大な天文学者はトスカーナの自宅にジョン・ミルトンを迎えた。ミルトンは三〇歳、ガリレオは高齢で目が見えなくなっていた。その二〇年後ミルトン自身も盲目になったが、『失楽園』の創作に取りかかった。この偉大な詩の第一巻の冒頭で、素晴らしいイタリア旅行を思い出しながら、悪魔の盾をガリレオの望遠鏡を通して見た月になぞらえている。[38] 本書の各章の冒頭を飾る詩の一節は、ミルトンが自然の働きに感動した様子を表わしたものである。この章の要は第三巻にいう「人の眼に見えないものを見て、語ることができる」という一節なのだが、残念ながら顕微鏡に関係があるわけではない。ただし、「生命や宇宙など、あらゆるものへの究極の問いかけ」(詩人、ダグラス・アダムスからの引用)について語ろうとするこの詩人の心を映しているといえるだろう。ミルトンは多くの点でアリストテレス流の世界観にとらわれてはいたが、宗教上の検閲に邪魔されない研究や自由な意見を支持する熱烈な庇護者だった。私たちはミルトンやガリレオが抱いた大胆な夢を超えて、科学が自然の真実の姿を明らかにしてくれる、二一世紀に生きていることに感謝しなければならない。幸か不幸かはその人の見方によるが、ここ数十年の間に我々人類のとらえ方が王政復古時代に見られたのと同じくらい大きく変わるように思える。思想における切り替えは、我々人類が視界からほとんど姿を消す、完全に客観的な自然探究を受け入れる方向にむかわざるをえないだろう。

第3章　大いなるもの、リヴァイアサン

生けるものの中でも最も大きな
リヴァイアサンが、あたかも岬《みさき》のように海上にその巨体を
横たえ、時として眠り、時として泳いでいたが、その泳ぐ様は
まさに動く陸地であった。そして、一つの海を充たすにたる
水をその鰓《えら》から吸い込み、胴体から吐き出していた。

ミルトン『失楽園』第七巻（平井正穂訳）

大きな目玉

最も大きな目玉は、南極海に生息する巨大なイカの一種、軟体動物のメソニコテウティス・ハミルトニの眼である。この頭足類の二つの眼球は直径三〇センチほどで、レンズはオレンジほどの大きさである。網膜は入ってくる光に向き合い、球形のレンズを前後に動かして焦点を合わせる（我々の網膜は脳のほうに向いており、レンズの形が網膜の桿状体や円錐体（網膜にある感光細胞）の上に光を集めるために変化する）。このイカの並外れた感覚器官は、魚のヒレのきらめきや潜ってくるマッコウクジラの

恐ろしい陰に反応しながら、暗い海の底で餌を探すのに適応した結果できあがったものである。

一方、最も小さな目玉も海の中で見つかっている。それは渦鞭毛虫（訳註：葉緑体を持ったものを渦鞭毛藻類ともいうが、ここでは渦鞭毛虫類としておく）のワルノウィア類やエリスロプシディニウム、ネマトディニウムなどの近縁種の単細胞の内側についている。この眼は細胞の表面に飛び出していて、暗紫色をした光に反応するカップの上に光を集める透明なレンズがのっている（図12）[1]。渦鞭毛虫類の目玉は動物の眼に似ているが、どんな働きをしているのか、まだよくわかっていない。その眼は、この奇妙な原生動物が獲物にぶつかるのを待っているより、むしろ捕食者として探すときに有利に働くのかもしれない。もう一つ、トゲのような刺胞か、ワルノウィアが使えるほかの細胞質の武器を用いて、確実に獲物を捕らえるために、眼が距離計として働くという説がある。[2] さもなければ、何億年もの間渦鞭毛虫類を悩ませてきた天敵の甲殻類の危険な姿を、眼でとらえて細胞に警告を発しているのかもしれない。一つの細胞に一つの眼がついているのだから、画像処理は二進法のスイッチをパチッと入れるだけで事足りる。つまり、「網膜の七五パーセントが暗くなったら、できるだけ速く泳いで影から逃げろ」というように読みとる反復操作ができるのだろう。この眼は三〇度の視野を持っているので、二ミリメートル離れると視野が一ミリメートルの甲殻類でいっぱいになり、この原生動物は一〇〇〇分の一秒で捕食者が立てる渦巻き、すなわちプランクトンを口へ吸いこむ水流から逃れることができるらしい。[3] もしかすると、その眼は物を見るための眼でないかもしれない。この小さな「集光ガラス」は、渦鞭毛虫の網膜の色素に光を集めてカップを温め、未知の行動に必要な生化学反応を引き起こしているようにも思える。おそらく、葉緑体のように働いて光の粒子を集め、化学エネルギーを作っているのではないだろうか。[4]

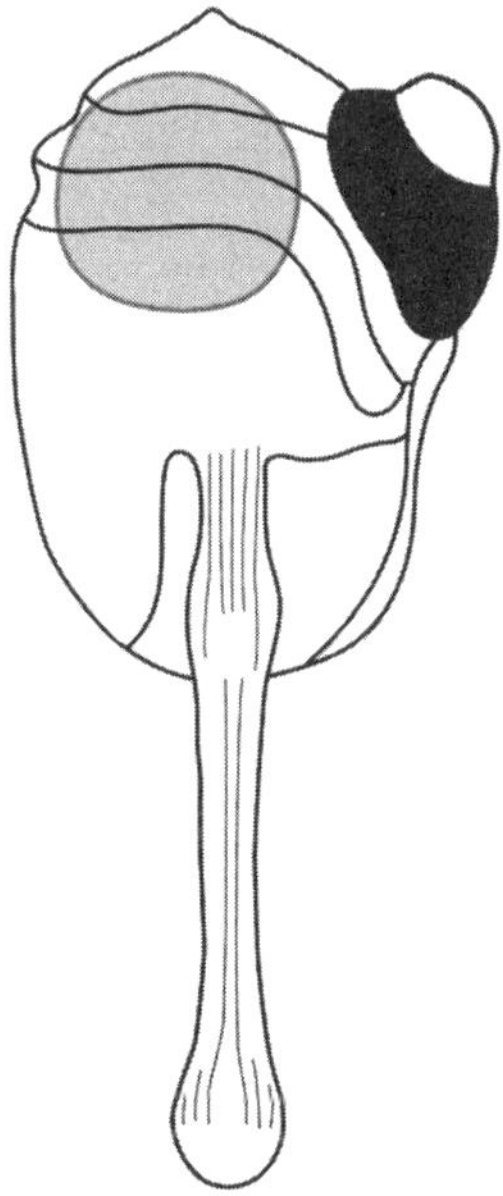

図 12　ワルノウィア渦鞭毛虫類、エリスロプシディニウム（アルベオラータ）
眼（オセルス眼）は半球形のレンズとその下にある暗色の光に反応するカップからできている。ぶら下がっている触手は餌をとるのに使われているらしい。

ワルノウィアの眼が餌をとるためか、警戒のためか、カップを温めるためか、エネルギーをとるための仕掛けなのか確かなことはわからないが、とにかくイカの大きな目玉同様、驚くべきものである。ダイオウイカとも呼ばれている巨大なイカを見た科学者はごくまれだが、この大きな生物やその近縁種の存在は、大自然の魅力に関心がない人にとってもなじみ深いものだろう。[5] ところが、一五〇〇種もいる渦鞭毛虫類の場合は、どれ一つとしてスターになるパワーを持ち合わせていない。ただ、夜光性の種がクルーズ船の後ろにできる航跡を光らせるときや、海岸の赤潮の中でツーリストが泳ぐと、その周りに青く輝く光の輪ができるときだけ、表舞台に躍り出す。渦鞭毛虫類は目立たない存在だが、少なくとも頭足類と同じくらい面白く、これから話すように地球の健康に深くかかわっているのである。

渦鞭毛藻類（訳註：光合成能を持っているので、ここからは渦鞭毛藻類という）は沿岸の海水の中で大量に光合成を行なっており、プランクトンネットで採集される単細胞生物のうちでは最大のものである。三〇年前、私はブリストル大学の藻類学の授業でフランク・ラウンド氏からこの原生生物のことを教わった。[6] 毎年彼がイギリスのプリマス海洋研究所で海藻類の野外実習コースを受け持っていたので、我々は研究所のトロール船でドックに運ばれてきたプランクトンの新鮮なサンプルを調べることができたというわけである。当時の目玉は、プリマス海洋研究所の客員研究員で名高い動物学者のJ・Z・ヤング先生に教えてもらえることだった。彼は一九三〇年代に神経インパルスの研究に使われたイカの大きな神経細胞の軸索《じくさく》を発見した人である。いつも彼は血のついた実験衣を着て、ベルトのような紐に長い金属製の棒をぶら下げていた。フランク氏によると、それは魚などの哀れな生き物の脊柱に突っこんで脳の中に滑りこませ、解剖の前に暴れる生き物を一気に処分する「刺し棒」だという話だった。ヤング先生が脊椎動物を処理している間に、我々学生はケラティウムやペリディニウムの殻に覆われたきれ

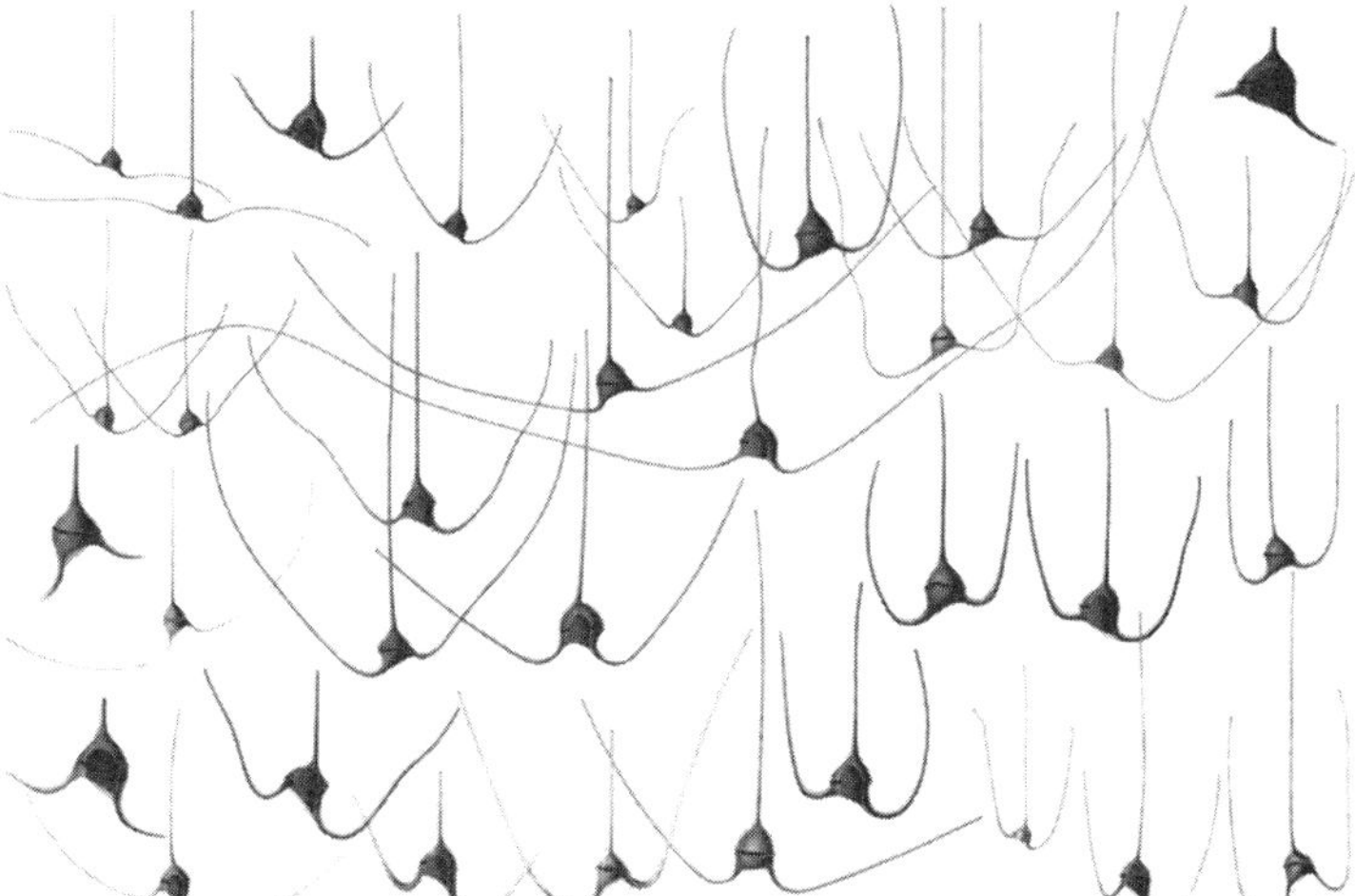

図 13　海生渦鞭毛藻類、ケラティウム・トリポス（アルベオラータ）のスケッチ
G. Karsten, *Das Indische Phytoplankton*（Jena: Gustav Fischer, 1907）

いな細胞が、顕微鏡のスライドグラスに置かれたピカッと光る一滴の海水の中でらせんを描いて泳ぎまわるのを見て興奮していた（図13）。

サンゴ礁と渦鞭毛藻類

渦鞭毛藻類は最速の藻類で、水の中を時速一メートルで泳ぎまわり、水に溶けているビタミンなどの栄養物の濃度に的を絞りながら、日中の明るさに応じて十分光を浴びることができる高さに陣どる。第1章で触れたように、渦鞭毛藻類は葉緑体を獲得するために進化の過程で、光合成能を持った原生生物を取りこんできた。一方、葉緑体のない種は相手とうまくいかなかったか、初めの段階でとらえ損なったままプランクトンの捕食者になったと思われる。[7] 我々は葉緑体を持った者を植物プランクトンに、捕食者になったものを動物プランクトンに振り分けている。ただし、これは意味のある分類学的位置づけというより、むしろ機能による区分であることを知っておいたほうがよい。また、ある種の渦鞭毛藻類は光合成能を持っていながら捕食者でもあるため、これは混合栄養生物と呼ばれている。これらの独立栄養性鞭毛藻類は餌のとり方のいかんにかかわらず、いずれも海生微生物で海水の上層部に生息しているのである。

海生渦鞭毛藻類は生物学の入門コースでは無視されているが、サンゴの中にいる共生性の近縁種のことは、サンゴ礁の光合成による生活法を知るうえで話しておく必要がある。サンゴと共生する渦鞭毛藻類、ズークサンテラはシンビオディニウム属の一種で、共生相手にエネルギー源としてグリセロールを与えている。[8] シンビオディニウムのクローンは広い範囲にわたってサンゴをとらえているが、サンゴ礁の間には大きな遺伝的変異が見られる。共生とはいっても、その中には寄生的と思われるものがあり、ある種の渦鞭毛藻類は見返りがほとんどないのに、光合成した糖類の九〇パーセントを共生相手に与えて奉仕している。[9]

シンビオディニウムの遺伝系統は非常に複雑で、その属は今では種というより、むしろはっきりした多くの系統、またはクレードに分かれている。海水温の上昇はサンゴの白化現象の増加と関係が深く、渦鞭毛藻類が離れるとポリプが飢餓状態に陥ることが知られている。中には白化に対して強い耐性を示す系統があるので、研究者たちがこの藻類の遺伝に強い興味を示している。白化していないサンゴ礁の見事な光感受性やそれが壊れたときの、ぞっとするような様子は注目されやすいが、セレンゲティ国立公園の哺乳類同様、サンゴ礁は大きな微生物世界全体から見れば、ほんの気晴らし程度の存在にすぎない。実際、全海洋面積三億二五〇〇万平方キロメートルに比べて、サンゴ礁が覆っている面積はわずか三〇万平方キロメートルにすぎないのだから、この章の大半をそれ以外の場所に暮らす生物にあてようと思う。[10]微生物は冷たい海底や噴出孔などの海の底にある、いわゆる底生生態系の主役なのだが、底知れぬ深い海底の世界を覗くのは、ちょっと後まわしにしよう。

意味のある海洋生物学の話をするために、しばらく動物学者たちが研究してきたことをさておくとして、同業者をしのごうとする寿司屋は、必要な頭の切り替えに役立つことだろう。この夜食（訳註：著者にとって寿司は軽食で、ゲテモノらしい）では、海洋生物の切り身を次々と食べなければならない。アナゴにヤツメウナギ、サメやエイなどの硬骨魚の身が短冊状に切られ、粘っこい米飯に乗せたり、海苔で包んだりして醬油をちょっとつけてクイッと飲みこむ。クジラやアザラシ、イルカ、マナティー、セイウチなどの赤い肉が上等の刺身になり、ウミガメのスープも出てくる（訳註：日本の寿司屋ではお目にかからないものばかりだ）。生ガキを冷酒の助けで一気に飲み下し、イカはどれも細く刻まれ、オレンジ色のウニの生殖巣は海苔で巻いた飯の上に乗せられ、クラゲは天ぷらになる。カニやイセエビはタコやフジツボ、シャコなどと一緒に茹でられて出てくる。なんとも大変な量の海産物だ。魚やクジラ、南極のオキアミまで入れると一〇億トンを超えそうだ。もっとも、海綿やクシクラゲ、ペニスワームなどの虫やマッドドラゴンのような変なものはないが、この悪食は行きすぎだ。そのためか、海が以前に比べてひどくきれいになったように思える（訳註：この記述は著者の誤解と偏見のように思える）。さて、ようやく顕微鏡なしでは見られない、海洋生物の九〇パーセントを占める海の微生物に目を向けることができそうである。

海のシアノバクテリアと地球環境

海のいたるところに住んでいる生き物はプロクロロコッカスと呼ばれているシアノバクテリアだが、おそらくその細胞数はほかのどの生物よりかなり多いだろう。[11] 海の中には一〇の二七乗個ともいわれている青緑色の細胞が、地球上の日光が当たる水面に浮かんで漂っているのだが、その数は人間の体に組みこまれている原子の数と同じほどだという。[12] プロクロロコッカスは可溶性の養分濃度が比較的低い外洋で、大規模に光合成を行なっている。このことはとりもなおさず、シアノバクテリアが地球上の養分循環に大きな役割を果たし、大気中に増えた大量の二酸化炭素を細胞に取りこんでいることを意味している。膨大な量の炭素がこの微生物によって固定され、同時に大量の酸素が放出されているのだから、もしプロクロロコッカスがその働きを止めたら、この惑星は耐えられないほど暑くなり、空気を吸っている生物は窒息死してしまうだろう。おそらく、ほかの微生物がその間隙をぬって二酸化炭素を引きずり下ろし、我々をうまく生かすのに十分な酸素を吐き出してくれるとは思うが、これにはしばらく時間がかかるだろう。もし、プロクロロコッカスがいなくなったら、私は快適な余生を送ることもできず、孫たちの暮らしもどうなることやら。要するに目には見えないが、我々人類はこの細菌に首根っこを押さえられているのだ。

プロクロロコッカスなどの光合成細菌や光合成能を持った原生生物は、地球上における二酸化炭素の取りこみ量の半分を受け持っており、それは陸上の細菌や原生生物、藻類、植物などが光合成によって固定する量に等しいとされている。また、プロクロロコッカスとともに現われる無数のシアノバクテリアが空中窒素を固定してアンモニアに変え、水を富栄養化することがある。トリコデスミウムは重要なシアノバクテリアの仲間で、大量発生した場合は海のオガクズともいわれた[13]。プロクロロコッカスなどの微生物を餌にする光合成能を持たないプランクトンは、酸素を消費して二酸化炭素を放出するので、大気中の二酸化炭素の量を減らすのには役立たない。

よく知られているように光合成は二酸化炭素を消費して酸素を生産し、呼吸は酸素を消費して二酸化炭素を作り出す。生産と消費のバランスは、定常的な流れの中にある。光合成活性は海の表面近くで最も大きく、そこでは酸素の生産量が消費量を超える。この関係は水深が深くなるにつれて逆になり、そこでは呼吸から出る二酸化炭素の量が、薄暗がりで動きまわる弱光耐性の藻類が出す、わずかな酸素量を上まわる。海洋化学の研究者たちは、消費が生産を上まわる事実をつかんでおり[14]、海洋は収支が赤字になるように決まっているという。この明らかに持続性のないやり方は、補助的な働きをする光合成生物の定期的な大発生、つまり爆発的な増殖によって補正されているらしい。その結果、膨大な量の酸素が発生して、無慈悲とも思える捕食と死んだプランクトンの分解という、次に来るサイクルを支えているようである。

海の珪藻

海生珪藻類は大気中から二酸化炭素を除くのに、とりわけ効果的に働き、海水から大量の酸素を発生させる。彼らはプロクロロコッカスが暮らしている養分に乏しい場所よりも栄養豊かな水中で繁殖し、大発生すると浜辺の波を赤茶色に変える。年間二〇〇〇億トンもの二酸化炭素を吸収することで、これは地球全量の五分の一にあたるが、熱帯雨林よりも強力に温暖化する地球を冷やしているのだ。[15] 大量の炭素は森林の樹木の組織にも蓄えられるが、その多くは代謝のない死んだ木材組織に隔離されている。反対に珪藻は顕微鏡サイズの細胞にすぎないが、日光を浴びている限り空中から二酸化炭素を引きずりおろしているのだ。

世の中に珪藻ほど美しい細胞はない。いずれも蓋つきのガラス皿のようで、蓋と皿の間に腰帯のようなものが挟まっている。その形はカヌー形から、角の丸くなった三角形、卵形、完全な円形と変化に富んでいる。珪藻を美しいと感じるのは、細胞が左右相称で精巧なピアスのように見えるからだろう。この整った形はヴィクトリア朝時代の顕微鏡好きに大いに受けたらしく、彼らはブタの毛やネコのひげなどを使ってスライドグラスに珪藻を配置し、それを卵白やカナダバルサムで固定して、生物の奇妙な販路を生み出した。この骨の折れる仕事は、特定の場所で採集された多種類の珪藻を知るという科学的研究に役立つこともあったが、これを専門に扱う標本屋は、ダンサーなどの装身具としての売れ口を見つけた。

珪藻の細胞壁はガラスの殻でフラスチュール（被殻）ともいうが、少し水和したシリカからできている。珪素は地殻にある元素のうちで二番目に多く（酸素が最多）、珪藻は水溶性の珪酸濃度が高い水の中でよく繁殖する。細胞として見ると、この殻は細胞にとって異常とも思えるが、おそらく、このような印象は植物学者にとって珪藻がまだなじみが薄く、細胞壁はセルロースだという通説が植物学の中で優勢だった時代からきているのだろう。ちょっと植物から離れてみると、非セルロース性多糖類やグリコプロテイン、キチン、ペプチドグリカン、チョークなどなど、さまざまな化合物からできた細胞壁を持った生物が見つかる。ガラス製の細胞壁は珪藻にとって理にかなった選択だった。というのは、糖類をベースにした殻を作るのに要するエネルギーの一〇分の一で間に合うからだといわれている。[16]

珪藻が細胞分裂をするときはいつでも、細胞質の中に新しい殻ができて二つになるのが普通だから、できてくる娘細胞はそれぞれ母細胞の殻を一つずつつけており、新しくできた細胞は元のものより少し小さくなる。母細胞から上側の被殻を受け継いだ娘細胞は、親と同じ大きさになるが、下側を受けとったほうは幾分小さくなってしまう(細胞が分裂するのを記述する際に女性形を使うのは、たぶん自然科学者の大半が聖職者だったころの名残だろう)。ということは、集団の中で分裂を繰り返すたびに細胞が小さくなっていくことになる。被殻の合成は効率よく進むので、条件がよければ珪藻はすごい勢いで分裂し、その結果可溶性シリカが減るにつれて、細胞はどんどん小さくなってしまう。この集団自殺現象は、珪藻が持っている驚くべき性行動で回避される。

円形か、角が滑らかな三角形をしたプランクトン型珪藻は中心類珪藻と呼ばれているが、精子を出す雄細胞と卵を宿す雌細胞を作る。海に漂う温室の中の生活は、奇抜な愛情表現への挑戦に適していたのか、雄細胞の被殻が分かれて水の中へ精子を吐き出し、雌は帯を緩めてそれを受け入れることになる。一本の鞭毛で泳ぐ精子細胞は、腰帯がサッと動いてむき出しになった胴体の膨らんだ部分に溶けこんで卵を受精させ、小さくなり続ける系統を生み出す普通サイズの細胞を作る。新しくできた被殻の双方が受精した卵の周りで最大の大きさになるので、この有性生殖によって細胞の大きさが、もとに戻るというわけである。[17]

親細胞からはがれた被殻は、死んだ珪藻の殻と一緒に海水の中を落下し、最後に弱い光を受けて輝きながら海底へと沈んでいく。重力の方向に逆らって水の粘性が働くので、その沈み方はゆっくりしている。被殻の降下速度は一日に一メートルにも足りないほどだが、これに有機物が付着するので深海に降り注ぐマリンスノーはもっと重くなる。シリカでできた被殻の大半は降下する途中で溶けてしまい、海底まで達するのはほんの二、三パーセントにすぎない。ただし、厚さ数百メートルに達する珪藻の堆積物は、数百万年の間にできたものとされている。中新世にできたペルー沖の厚さ八〇メートルの堆積物の中には、見事に保存された何百頭ものクジラの化石が含まれているという。[18] 実際、何頭かのクジラはほかの動物に喰い荒らされていないので、骨の顕微鏡的特徴まで見えるが、このように見事な埋葬が可能だったのは、クジラの死骸が圧縮されていない珪藻の深い粉の中に沈みこみ、それが経帷子《きょうかたびら》のように死骸を覆ったためらしい。

珪藻からできた土、いわゆる珪藻土は世界各地に露出している。アメリカ合衆国は年間六億トンの珪藻土を産出している、世界最大の生産国である。[19] その鉱物はフィルターになり、塗料や化粧品の添加物にされ、研磨剤としても利用されている。市販されている珪藻土の大半は淡水湖に堆積したものだが、カリフォルニアの巨大なロンポック鉱床の珪藻土を含めて、ほかは中新世に大繁殖した海生の珪藻が作ったものである。大きな鉱山にある珪藻だけからできた厚い堆積物層を見ると、今も海洋の中で続いている珪藻の生と死のスケールの大きさをうかがい知ることができる。地質学的に見た計り知れないほど高い海洋生態系の生産性は、炭素の埋蔵量や細胞数の推定値よりもはるかに理解しやすい。海に生きる微生物の偉大さを教えてくれる原生生物のもう一つの仲間、それが植物プランクトンの円石藻なのだ。

ホワイトクリフと円石藻

ドーバー海峡のホワイトクリフ（白亜の絶壁）はヨーロッパの奇観の一つだが、それを見るといつも、私の脳裏に巨大な大英帝国や帝国空軍の誇りが浮かび、凝った白い磁器のカップに注がれた上等の紅茶を飲みたいという抑えがたい欲求が湧いてくる。一〇〇メートルの断崖には、八〇〇〇万～八五〇〇万年前の白亜紀後期に堆積した軟らかいチョークの層が露出している。そのころ、地球は温室効果の強い時期にあたり、二酸化炭素濃度は現在の四倍に達し（産業革命以前の六倍）、大気の三〇パーセントは酸素（現在は二一パーセント）だったとされている。そのため、海水面の温度は約三八℃になり、モササウルスのような海に住む怪物には都合のよい状態になっていた。海面の高さは現在より二〇〇メートルも高かったといわれている。このチョークの堆積層は、円石藻（コッコリソフォリド）の細胞を包んでいた炭酸石灰質の鱗片の沈殿物からできている。天地創造説を信奉していた「地質学者」たちは白亜の壁を見て恐れおののき、さかんに議論を重ねてノアの洪水のときにできた生物の栄枯盛衰の跡だとした。しかし、このような途方もない絶壁は、妄想に陥りやすい見学者以外のあらゆる人に対して太古の地球について語る際、非常に説得力のある拠りどころとなるにちがいない[20]。

珪藻と同じように円石藻も光合成藻類だが、ストラメノパイルの珪藻からは系統的に大きく離れたスーパーグループのハクロビアに属している。この二つの藻類はいずれも精巧な殻を作るが、その化学的性質や構造は大きく異なっている。円石藻の鱗片は、炭酸カルシウムの結晶からできている。それはミニチュアの盾に似ており、円石藻は一五ほどの盾で自分の体を覆っているが、この様子は亀甲状の大盾を並べて守備に就いたローマの亀甲軍団に似ている（図14）。藻も歩兵もちょっと貧弱に見えるが、生物学でも戦争の場合でも、見てくれより戦闘力のほうが大事なのだ。理屈からすると、鱗片には防御機能があるように思えるが、この凝った仕掛けにはもっとほかの意味があるのかもしれない。一つは、鱗片がそれぞれレンズとして働き、細胞が水の中を漂っている間葉緑体に光を集めているという説である。鱗片はそれぞれ別個に細胞の中で組み立てられ、表面に押し出されてくる。

広範囲に分布している円石藻の一種を顕微鏡レベルで調べて、ある研究グループは三時間で一つの鱗片ができあがるという事実を見つけた[21]。また、この藻が細胞表面に皿状の鱗片を押し出すとき、その分泌に二、三分かかるが、その過程で「内部の連続的な痙攣と緩慢な回転運動が起こる」と報告している。この場面を微速度撮影で撮ったビデオを見ると、ひどい便秘が治ったときの動きに似ている。

この藻の働きが何であれ、円石の形成は気候の調節にとってきわめて重要な過程なのだが、また、それは逆に気候の変化に左右されやすい。二酸化炭素が海水に溶けると炭酸（H_2CO_3）が生じ、炭酸分子は時に応じてそれぞれ分裂して重炭酸イオン（HCO_3^-）と陽子になり、さらに反応が進んで重炭酸イオンから炭酸イオンと陽子ができる。これは可逆的なイオン化反応で、その比率は海水の温度やアルカリ度などさまざまな要因で決まる。二酸化炭素は比較的低濃度で水に溶け、重炭酸イオンのほうが比較的多くなる。円石藻の細胞は重炭酸イオンを吸収し、それがカルシウムと結合して次に示す反応によって鱗片を作る。

$$2HCO_3^- + Ca^{2+} \rightarrow CaCO_3 + CO_2 + H_2O$$

この反応は、海水に溶けた二つの二酸化炭素から生じた二つの重炭酸イオンが行き着く先を示している。この原生生物は二つの重炭酸イオンに対して一個の二酸化炭素分子を放出し、一つの炭素原子をその鱗片の中に取りこむ。藻類の活性が高い場合は大発生の際の増殖期を通して、光合成反応を駆使して莫大な量の二酸化炭素をかき集めている。円石藻の異常発生、言い換えれば爆発的な細胞数の増加が海

図 14　円石藻。エミリアニア・ハクスレイ（ハクロビア）
デビー・メイソン（http://www.debbymason.com）より提供。

洋の広い範囲に及んだ場合は、人工衛星写真で水面下の雲のように見えるほどである。[22]濃い異常発生域は毎年一〇〇万平方キロを越えて広がっている。光合成と鱗片形成の組み合わせによって、この異常発生域が莫大な量の二酸化炭素を吸いとるスポンジの役割を果たしているのである。ただし、異常発生した藻類の活動が低下すると、逆に働きが悪いガスを放出する方向に切り替わる。物質循環から永久に炭素を取り除くには、鱗片をつけた円石藻が海底に沈殿するしかないのだ。ほかにも、この藻類の異常発生は気候に大きな影響を与える。チョークで覆われた細胞が作る白い雲は海面の光の反射率を高め、細胞が死ぬと、揮発性の硫黄化合物であるジメチルサルファイド（ＤＭＳ）が放出され、それが核になって雲の発生を促す。このような光の反射と雲の発生には、地球を冷やす働きがあるとされている。

円石藻が地球の気候をコントロールしている事実を知れば、海水の酸性化が藻類の生存に与える影響を研究する人が多いのも驚くにあたらないだろう。我々人類が化石燃料を燃やすようになるまで、海水のpHは八・二だったが、過去一五〇年ほどの間に酸性化が進み、pH八・一まで下がってしまった。pHの尺度は対数で示すのだから、これはpHで二〇パーセント減少したことになる。この酸性化は先に示した反応式によって起こる、大気中の二酸化炭素レベルの増加と関係している。つまり、二酸化炭素が水に溶けたときに起こる反応によって、陽子が放出されるのである。海水がさらに酸性化すれば、溶解した炭素の形が変化してその比率が変わり、ひいては鱗片の形成を妨げることになりかねない。

ある研究によればpHが低下すると、この藻は脆くて見てくれの悪い鱗片を作るようになるというが、ほかの研究では同じ条件下で、円石藻はより分厚い鱗片を作ることができるともいう。現在多くの専門家が認めているのは、円石藻の種が異なれば、酸性化に対する反応も異なり、このような大規模な海洋化学的変化が長期間続けば、別のタイプの藻類が比較的多くなるという説である。[23]この結論は化石の研究に裏打ちされている。イギリスのホワイトクリフが極端な温室状態で形成されたことを思い出してほしい。白い壁は、鱗片の形成が、近い将来やってくると思われる二酸化炭素の濃度レベルよりも、ずっと高い状態で起こったことを示しているのである。

とはいえ、気候変動に対して楽観的な態度をとり続け、この藻が環境変化に適応して、世界中のあらゆるものが調子よくいくと思いこむのは間違いだろう。人類の活動は恐ろしい速度で大気の化学組成を変化させており、何百万年も前にチョークの厚い壁を築かせたような適応現象が働くには、途方もない長い時間がかかるのだ。短期間に起こる環境の変化は多くの生物を絶滅させる可能性が高く、わずかな大気の化学的変化に反応する海洋微生物の高い感受性にすべての人が注意を払うべきである。

海にいる無数の微生物

一九七〇年代以前の教科書には、食物を作る珪藻から、それを水からすくいとって食べるオキアミやミジンコ、そして食物連鎖を完結させる魚やクジラなどにいたるエネルギーの流れが載っていた。[24]その見方はまさに動物学そのものだった。一九四〇年代に作家のジョン・スタインベックは生物学者のエド・リケッツと一緒に採集旅行に出かけて、その楽しい思い出を『コルテスの海』に書いている。[25]六週間の旅行を通して、リケッツと彼の助手はカリフォルニア湾からカニやイソギンチャク、カサガイ、フジツボなど、五〇〇〇種類の動物を採集して瓶詰にした。当時の海洋学者たちは顕微鏡サイズの海の住人には、ほとんど関心がなかった。藻類を研究する専門家、いわゆる藻類学者たちはほとんどいなかった。生動物を詳細に記載してはいたが、この単細胞生物の生態に取り組む人はほとんどいなかった。研究手法は一九世紀以来まったく変わらず、チャールス・ダーウィンがよみがえったような研究者たちは、何の訓練も受けないまま、リケッツやスタインベックと肩を並べて研究していた。相も変わらず、寿司屋に出てくるような動物にだけ関心が集まっていたのだ。このような図式は過去四半世紀の間に大きく塗り替えられ、微生物が海洋バイオマスの大半を占め、生態系全体を動かしていることが認められるようになった。

今日では我々は微生物が海洋生態系の養分循環を動かし、複雑な食物連鎖を牛耳って、人間による破壊活動を抑えていることを知っている。海洋微生物学は、自然科学研究の重要な位置を占め、その研究手法はエド・リケッツと同じ次元の人を大いに驚かせることだろう。[26]

現代的な調査研究方法は、人工衛星を使ってプランクトンを探すリモートセンシングや、水中カメラを使って自動的にプランクトンを同定する方法、神の啓示のような分子生物学的手法など、盛りだくさんである。ゲノム研究者たちは二〇〇四年に行なわれた調査でショットガン・シークェンシングという方法を用いて、バミューダに近いサルガッソ海の微生物叢《そう》を調べた。[27] 海水から採取した特定の生物の遺伝子についてシークェンスを調べるよりも、微生物集団の遺伝子情報を調べるメタゲノミクスという解析方法を使えば、採集試料の中にあるすべてのDNAのシークェンス情報を知ることができる。研究者たちは四つの異なるサンプリング地点から採集した二〇〇リットルの水をろ過して、細菌サイズの粒子を集めることから始めた。次にDNAを抽出して細かく切断し、それを実験用細菌（分子生物学者の使い走りをする大腸菌）に挿入して、海水から抽出した遺伝子情報の生きた貯蔵庫を作り出した。それから、このDNAライブラリーに入れたもののシークェンスを調べ、コンピューターでシークェンスを重ねてつなぎ合わせ、ありそうな機能を確定するために意味のある長さに並べて、既存のデータベースと比較した。

この研究から、既知の遺伝子にまったく似ていない一二〇万もの、信じられないほど大量の遺伝子が得られた。このように大量に見つかった理由の一つは、ショットガン・シークェンシング法を用いたことで、おそらく培養可能な生物に関係するすべての情報が除かれたためと思われる。言うなれば、目録に載せてもらおうとして、細菌が海水の中でずっと生き続けていたというだけのことである。同じサンプルの中のリボゾームRNA遺伝子を分析すると、そこからも海水からろ過された生物に関する情報が得られた。プロテオバクテリア門の細菌が最も多かったが、光合成能を持ったシアノバクテリアやグラム陽性のファーミキューテス門のほか、古細菌を含むいくつかの細菌グループがサルガッソ海の主要な細菌群だった。種の多さについて、研究者たちは遺伝的差異の閾値《いきち》を幾分任意の尺度で表わしたとしながらも、少なくとも一八〇〇種の海生細菌や古細菌からDNAを増幅したという。

今や、いわゆる分子生物の釣り人たちは、より大きいゲノムを持った原生生物を懸命に追いかけている。シアノバクテリアのプロクロロコッカスのゲノムは二〇〇〇の遺伝子をコードしているが、珪藻のタラシオラの核にある遺伝子は一万一〇〇〇に達し、円石藻のエミリアニアでは三万九〇〇〇にもなるという[28]。真核生物の多様性を探る一つの方法は、スーパーグループがいる海水のサンプルからとった特異的なシークェンスを増幅させるやり方である。この方法を使えば、新しいストラメノパイルや未同定の海生菌類などに加えて、ピコビリ藻類を含む既知のグループ以外のものの塩基配列を拾い上げることができる。海生原生生物の最もよく知られているグループの場合でさえ、実験室で培養された生物のものと一致する塩基配列が見つかることはごくまれである。二〇〇八年に行なわれた調査でインド洋から回収されたシークェンスの九八パーセントは、まったく知られていない新しいものだったという[29]。

ピコビリ藻類は培養できないので、その遺伝子特性以上のことは何もわかっていない。それはクリプト藻類の遠い親戚のようだが、円石藻を含む真核生物のスーパーグループ、ハクロビアの中に潜んでいるのかもしれない。研究者たちはこの生物についてさらによく知りたいと思って、メイン湾の海水からとったサンプルに入っていた、三種類のピコビリ藻のゲノムのシークェンスを調べることにした[30]。彼らはフローサイトメーターを使って、この藻の細胞をほかの何百万もいるプランクトン型原生生物から選別し、そのDNAを抽出・増幅して切断し、DNAライブラリーに集めてシークェンスを調べた。研究者の多くはこのプランクトンの隠された成分には光合成能があると予測していたが、そのDNAは葉緑体遺伝子の痕跡をまったく欠いており、研究対象とした生物が従属栄養生物だったことが明らかになった。もう一つの驚きは、ある細胞のゲノムが未知のDNAウイルスの遺伝子に侵されていたという発見だった。そこで研究者たちは、ウイルスのDNAと細菌のDNAを持っている二つの細胞が、ピコビリ藻に食べられたのかもしれないと考えた。海に浮かぶ三種類の細胞から引き出された多くの情報は、分子工学の大きな力だけでなく、海洋生態学から多くのことが学びとれることを暗示している。

海の微生物の生態

我々はプランクトン型原生生物の遺伝的多様性の広がりを、まだ垣間見たにすぎず、変化に富むゲノムが海の環境条件の三次元的構造の中で、どのように配置されているか何も理解していない。幾種類かの微生物はほかのものより気難しく、ある種の藻類は太陽の光がある限り元気にしているが、ほかのものは、生息域が適当な温度で栄養分がある水中の特定の高さに限定されている[31]。動ける原生生物は自分で生息域を決められるが、ほかのものは条件が許すときだけ増殖し、冷たい水底へ沈んで命を終える。深さの異なる位置で海水を採取すると、層状に変化する生態系が見えてくる。プランクトン型原生生物の大きさは、ゆっくりした沈下に見あうようにできているが、ある種のものはほかのものより長い間日光を受けて楽しめるように、浮揚力を身につけている。珪藻のガラスの被殻は海水より重いが、細胞質のイオン含有量が重い被殻に見合うように調節されているらしい[32]。また、ある種の細菌や古細菌の中には、気胞を作って浮いているものがいるといわれている[33]。水中の光合成細菌の雲のように見える大集団は、それを食べて生きる捕食性の原生生物を養っている。これらの生物は摂食行動に沿って進化したと思われるが、アシカがサバなどの魚を食べるのを見るほどたやすく、単細胞生物が捕食するところを見ることができないので、どれが高頻度に働いているのか確かめることができない。プランクトンの大群を拡大して見るための水中カメラがあるので、オキアミや珪藻の集団は観察できるが、誰も一つの細胞が一つの藻を飲みこむところを追跡することはできない[34]。要するに、培養できる海生微生物がきわめて少ないという点に問題があるのだ。せいぜい我々にできることは、モデルになる少数の生物を研究し、隠された仲間のワクワクするような冒険を想像することぐらいである。

モデルになる捕食者の一つは渦鞭毛虫類のオキシリス・マリナだが、これを実験室で培養すると細菌や藻類の細胞、さらに自分に似た小さな渦鞭毛藻などを食べる[35]。また、脱皮時期になって弱ると、ずっと大きい端脚《たんきゃく》類や甲殻類まで攻撃することがある。オキシリスは攻撃的な捕食者で、別種の細胞が口に入らないときは共食いするほどである。餌を探して泳ぐとき、オキシリスはほかの細胞の密度に応じてらせん状に動く速度を変え、細胞の密度が低いとゆっくり泳ぎ、群れに出会うと旋回運動の速度を上げる。丸い眼のないワルノウィア渦鞭毛虫類では、餌から出る化学物質が情報源となって、その泳ぎ方を決めているらしい。その様子はどこか、風の匂いを嗅ぐ雌ライオンに似ている。もっとも、実験室の中でさえオキシリスが殺そうとして動くとき、何が起こっているのか知るのはかなり難しい。なぜなら、泳ぐ速度がほとんど秒速一ミリなので、顕微鏡の視野の中で追跡しにくいからである。犠牲者に近づくと渦鞭毛虫類は狭い輪を描いて泳ぎ、接触して刺胞を餌の中へ撃ちこんで表面に取りつき、食作用でその中身を飲みこむ。この恐ろしい虐殺は一五秒で終わるが、その水中で展開される残忍さは、映画監督のサム・ペキンパーが作る惨殺シーンをおとぎ話と思わせるほどである。

生物の生息密度が最も高くなるのは、光合成活性が最大になる海面近い水中である。水深一〇〇メートル以上になると、海は冷たく暗くなって、古細菌が微生物群の大半を占める。[36] 古細菌が別個の集団として細菌から分けられた当初は、この原核生物は温泉の中や塩性の強い場所など、極限環境の中でも生き残ることができる生物だと思われていた。その後研究が進むにつれて、古細菌は淡水湖や土壌、海域全体で発見されるようになった。海生古細菌の代謝についてはほとんど知られていないが、多くのものは食物生産者と捕食者（自養性と他養性）と組んで繁殖しているように思われる。太陽光が差しこむ水の層から沈殿してくる有機物は、冷水域生態系の主要なエネルギー源であり、古細菌は硝化作用によって栄養を補っている。つまり、水に溶けたアンモニアから出る電子で代謝系を動かしているのだ。[37]

やたら多いウイルス

たとえどこに住んでいようとも、海洋にいるすべての細胞はウイルスの餌食になっている。一九八九年にノルウェーの研究者たちが、電子顕微鏡を使って海水中のウイルスの粒子を測定するまで、海生ウイルスに注意を払う人はほとんどいなかった。[38] 彼らは『ネイチャー』誌に載った短い論文の中で、北大西洋の海水一ミリリットル中に一五〇〇万個のウイルスがいると報告した。通常の微生物学的手法を用いた初期の研究では、ウイルスの濃度はかなり低く見積もられていたが、その値は従来法によって培養

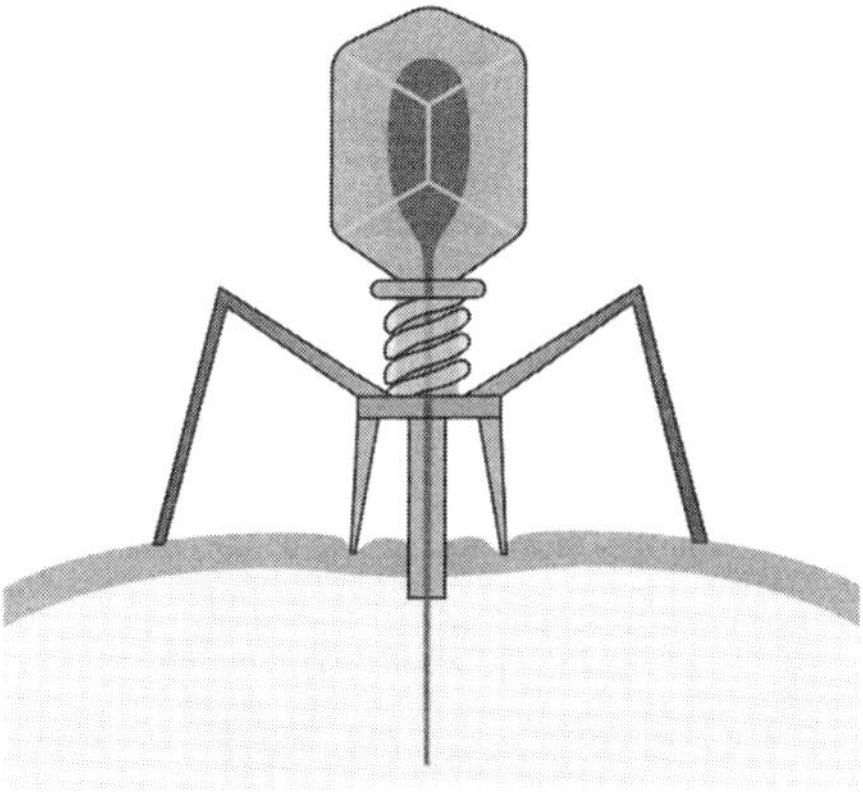

図15　宿主細胞の中へDNAを注入するバクテリオファージ。

した細菌をどれほど殺すか、その頻度を測定して求めたものだったからである。一個のプロクロロコッカスの細胞は海水一ミリリットル中に一〇万個いるシアノバクテリアのクローンと一緒に漂っており、またバクテリオファージともいわれる一〇〇〇万個のウイルスがすぐ側にいて、破壊活動の準備を整えている。最近の研究によると、このペラジファージというウイルス集団はペラジバクター・ユビクエなどの腐生性細菌SAR11グループを攻撃することによって増殖し、高い数値を保っているとされている。[39] また、海水中のウイルスは毎日全細菌の二〇〜四〇パーセントを殺しているのだそうだ。[40] 細菌やウイルスの驚くほど多い数を見ると、海がDNAのスープのように思えてくるが、これほどの濃度でも日の当たる生産性の高い海水表面は塩からい薄い培養液なのだ。海水の表面を作っているスープのレシピを大雑把に言えば、海水一〇億に対して細菌が一〇、ウイルスが一といったところだろう。[41]

　プロクロロコッカスなどのシアノバクテリアに感染するバクテリオファージは、シアノファージと呼ばれている。これらの粒子または分子生物はタンパク質からできた構造を持っており、どう見てもアポロ月面探査機に似た格好をしている。遺伝物質は二〇面体の頭部におさまっていて、その頭から管状の尾が出ている。その下には鞘に包まれた基盤があって、そこから細いクモ脚状に尾部繊維が出ている（図15）。この尾部繊維は細菌の表面に接触すると、まるでバレリーナが膝を曲げて腰をかがめるように曲がり、宿主の細胞壁に基盤を引き下げる。基盤が細胞壁につながると尾が収縮し、ウイルスのＤＮＡが細菌の中へ移動する。ウイルスのＤＮＡは宿主の分子機械を使ってウイルスのタンパク質に読みこまれ、数分もしないうちにシアノバクテリアの中で一〇〇個を超えるファージが作られ、細胞壁を破って海水の中へ飛び出す。

　シアノファージは宿主細胞の働きに依存しているのだから、シアノバクテリアのゲノムを構成している遺伝子が数千なのに対して、ファージのそれが一〇〇程度だというのも驚くにあたらない。しかし、ウイルスの遺伝子の中にはかなり複雑なものがあることも知られている。例えば、シアノファージのゲノムには宿主の光合成活性を助ける遺伝子が含まれている。[42]その中には水分解反応で酸素を放出する光合成に不可欠なタンパク質を作る働きを指示する遺伝子も含まれている。これと同じタンパク質は宿主のゲノムにもコードされているが、シアノファージでの取りこみも必須だとされている。というのは、死んでいく細胞の全エネルギーがウイルスのタンパク質合成に集中するのを、このウイルスが宿主の遺伝子に確実に止めさせることができるからである。海生ウイルスの変異の幅は信じられないほどで、ある研究によるとカリフォルニアの海水二〇リットルの中にいるウイルスは七〇〇〇種にもなったそうである。[43]細菌を侵すファージのグループも多く、その中には光合成藻類を侵すマルナウイルスやエビに感染するラブドウイルス、アザラシなどの呼吸器疾患の原因になるヘルペスウイルス、クジラの皮膚病のもとになるポックスウイルスなどなど、多くの種類が知られている。彼らは、海に暮らす生物の中でも、

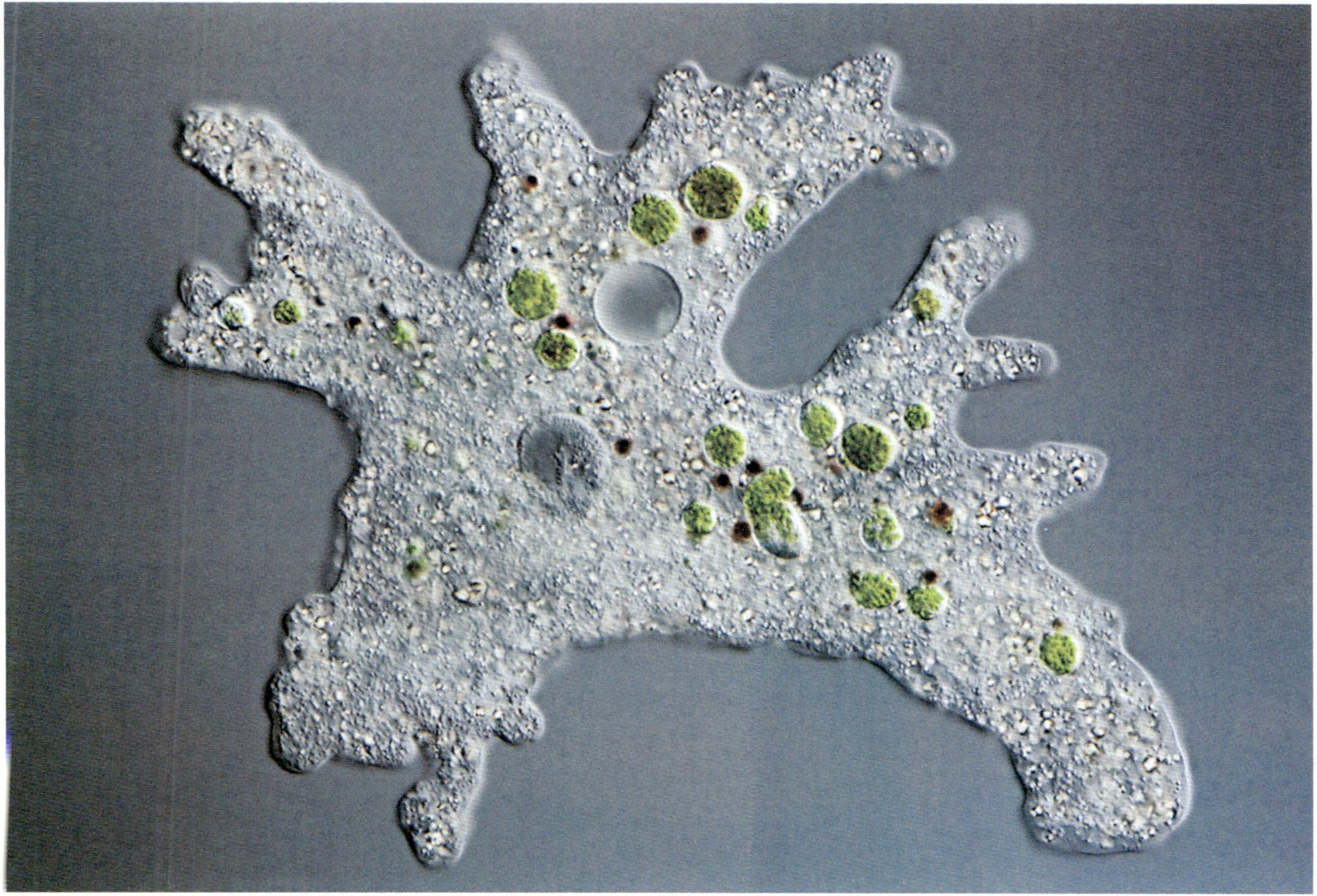

図1　アメーバ・プロテウス　系統樹の中に描かれている典型的な単細胞生物　スーパーグループ　アメーボゾアに属している

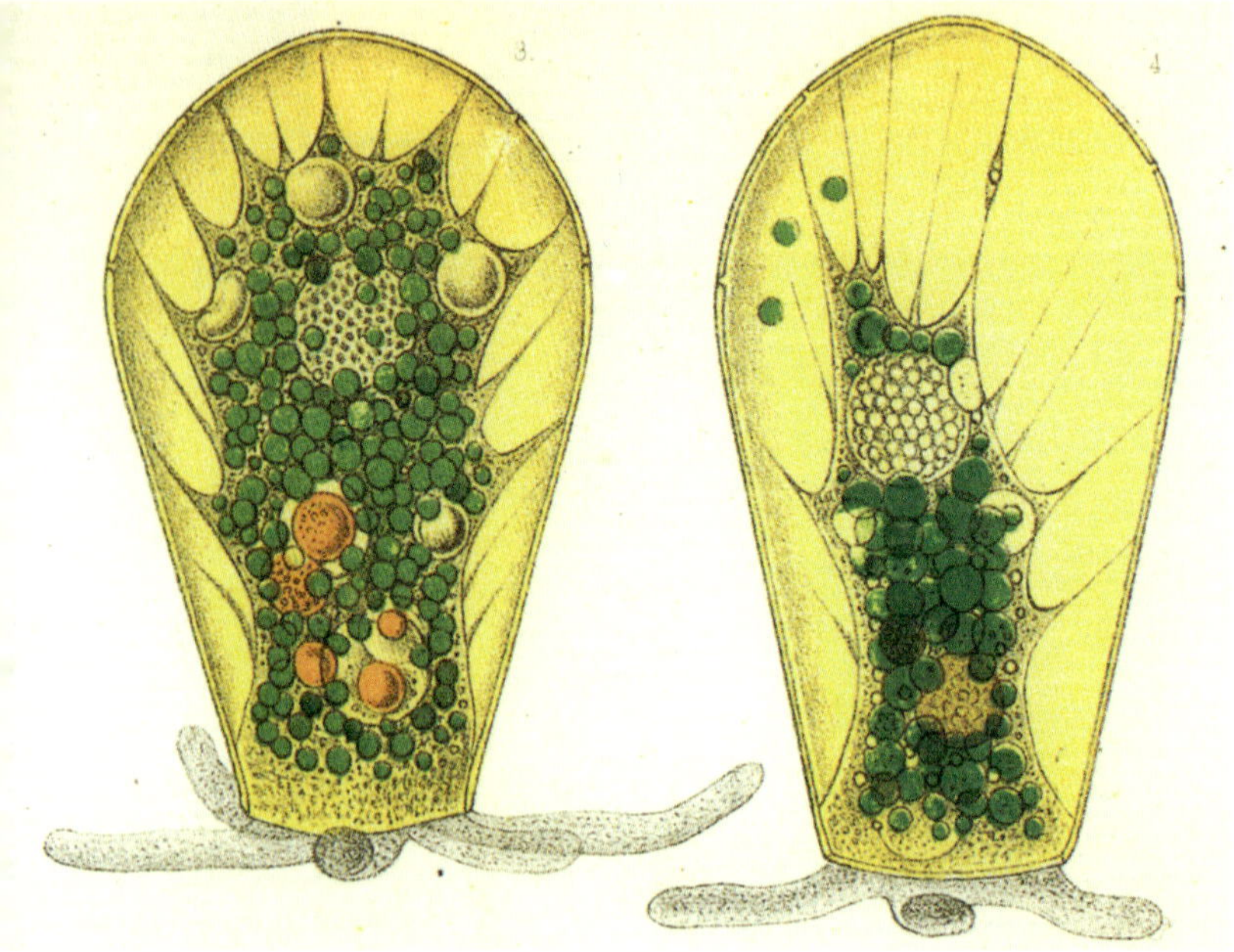

図２　ジョセフ・ライディが描いた有殻アメーバ、ヒアロスフェニア・パピリオ。仮足が殻または外殻から出て、物の表面を滑るときは、この防護用の花瓶のようなものがまっすぐに立つ。アメーバの中にある緑色の粒子はズークロレラという共生藻類である。ライディはこの生き物にすっかり魅了されて、「その繊細さ、透明さ、明るい色や形などから、それがミズゴケの葉やチリモ、珪藻などの間を動くときは、まるで花から花へと飛び回るチョウのようだ」という。

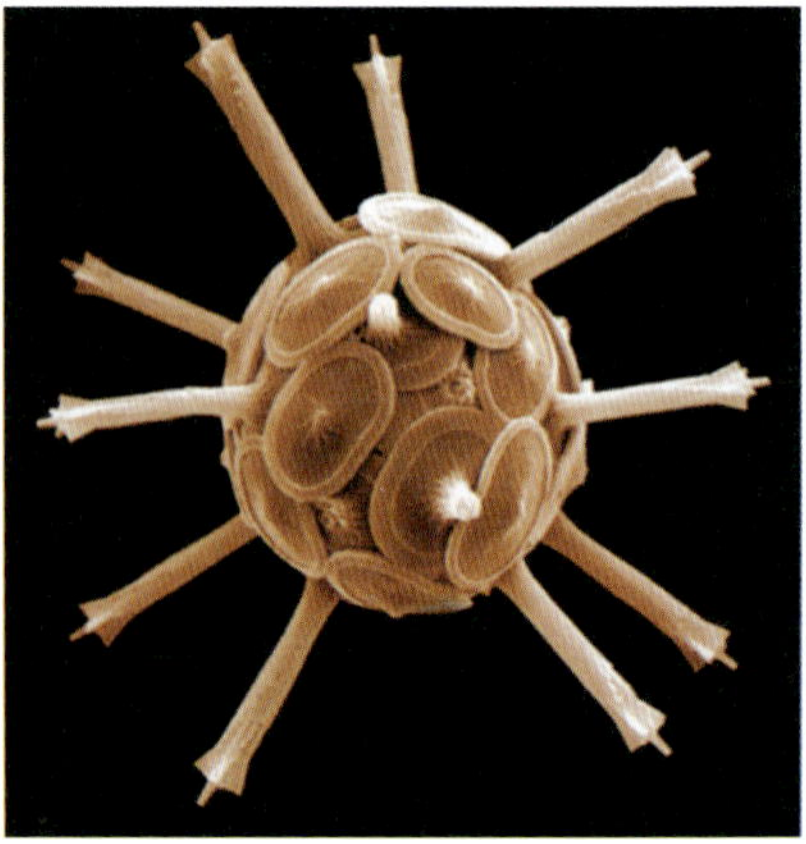

図３　炭酸カルシウムでできたスパイクや丸い石のような鱗片で覆われた円石藻。これはスーパーグループ、ハクロビアに属している。

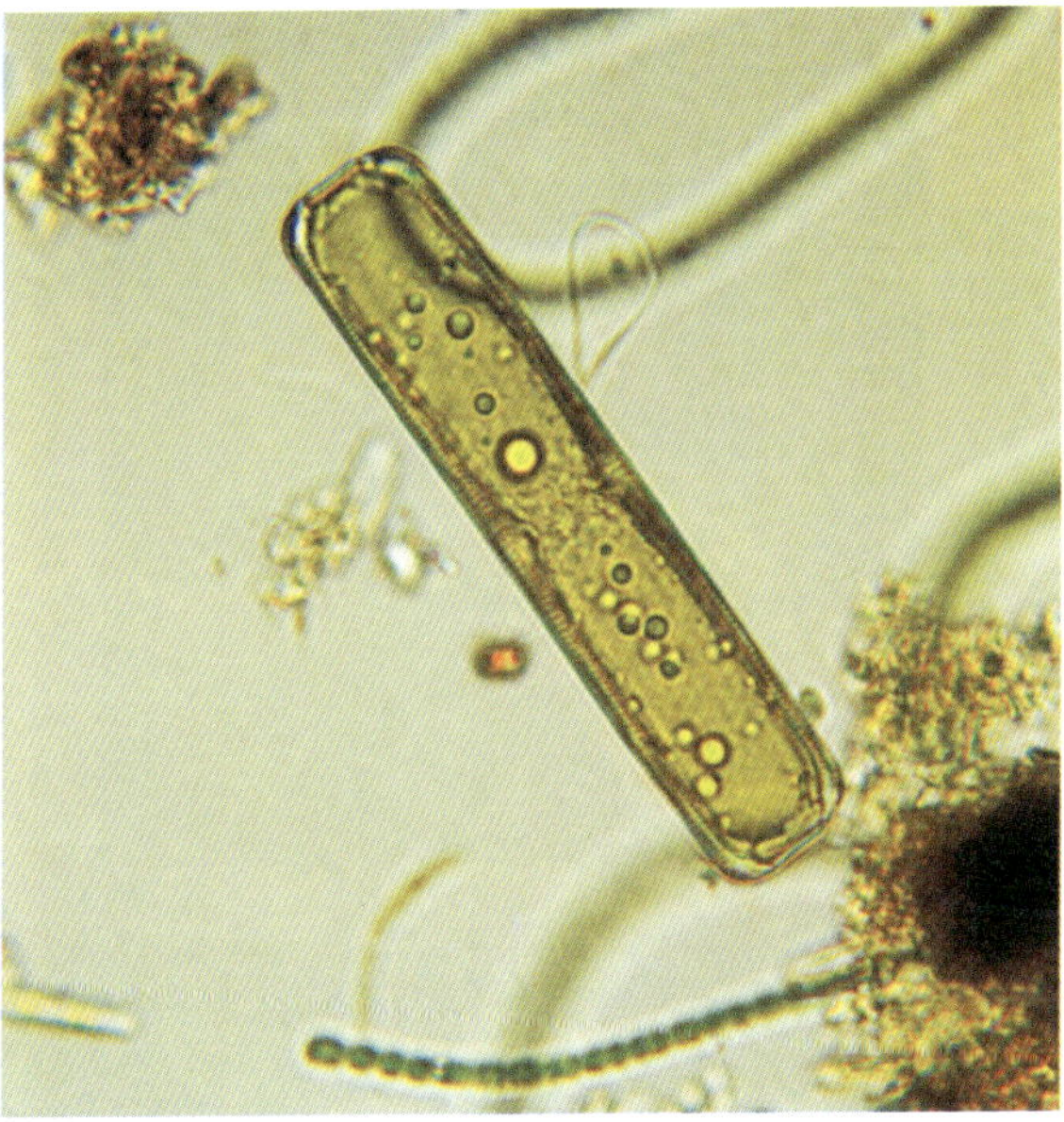

図４　シアノバクテリア
そばにいる淡水生珪藻。
藻の黄褐色の色素とバク
リアの緑色が対照的。珪
類はストラメノパイルの
つだが、その中には水生
や褐藻なども含まれてい

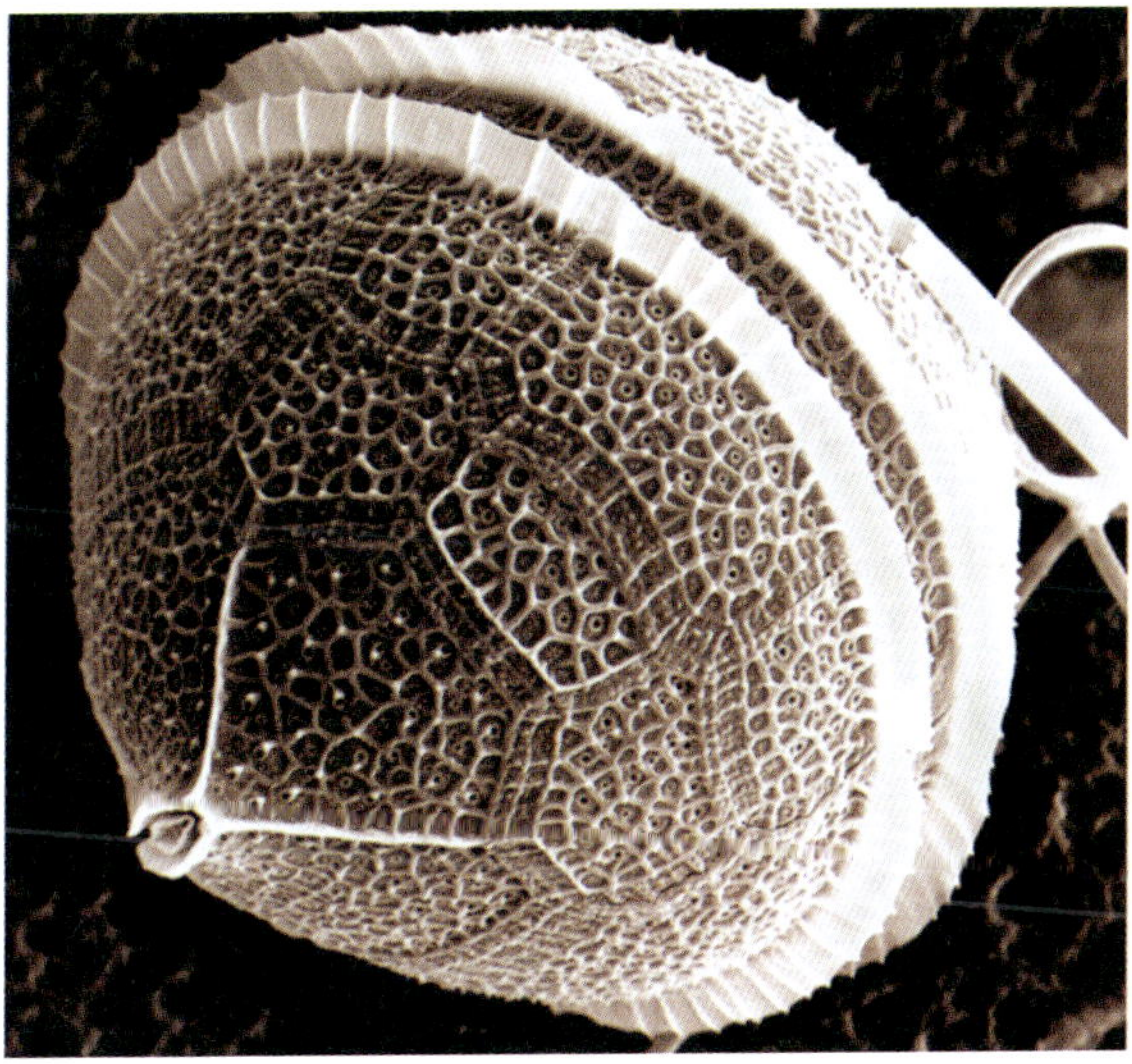

図５　細胞膜の下に精巧
シリカの鱗片を持った海
の渦鞭毛藻。細胞の中心
取り巻く溝にはリボンの
うな鞭毛があり、泳ぐ細
の後ろについている二番
の鞭毛は舵のような働き
する。渦鞭毛藻類はスー
ーグループのアルベオラ
タに属している。

図6　プランクトン型放散虫の左右相称のガラスの骨格。この美しい枠が生きた細胞の中に埋めこまれている。海底の沈殿物の中にたまったものは、5億年前に進化した海生放散虫のものである。放散虫はスーパーグループのリザリアに分類されている。

図7　ポルトガル沖の水深4000メートルにある海底山脈で撮影されたクセノフィオフォラという巨大アメーバ。クセノフィオフォラはスーパーグループ、リザリアに属するフォラミニフェランの遠い親戚。

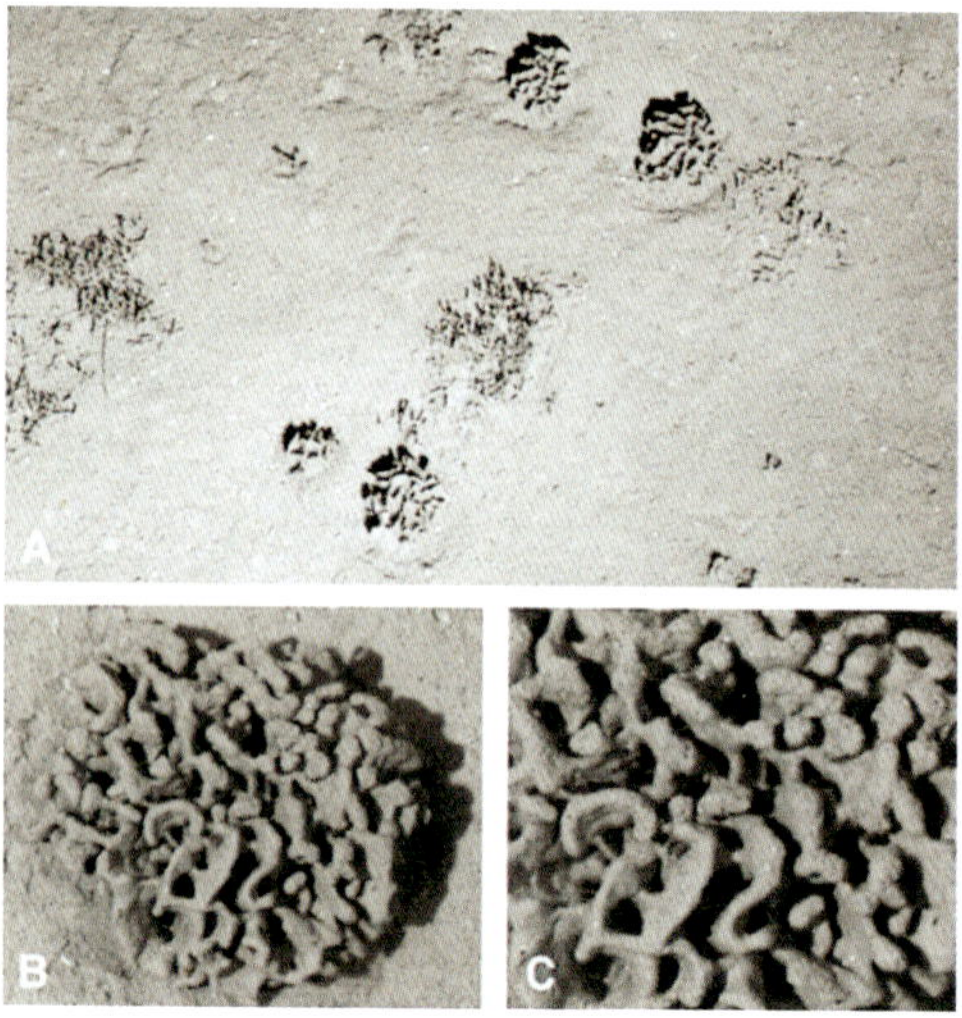

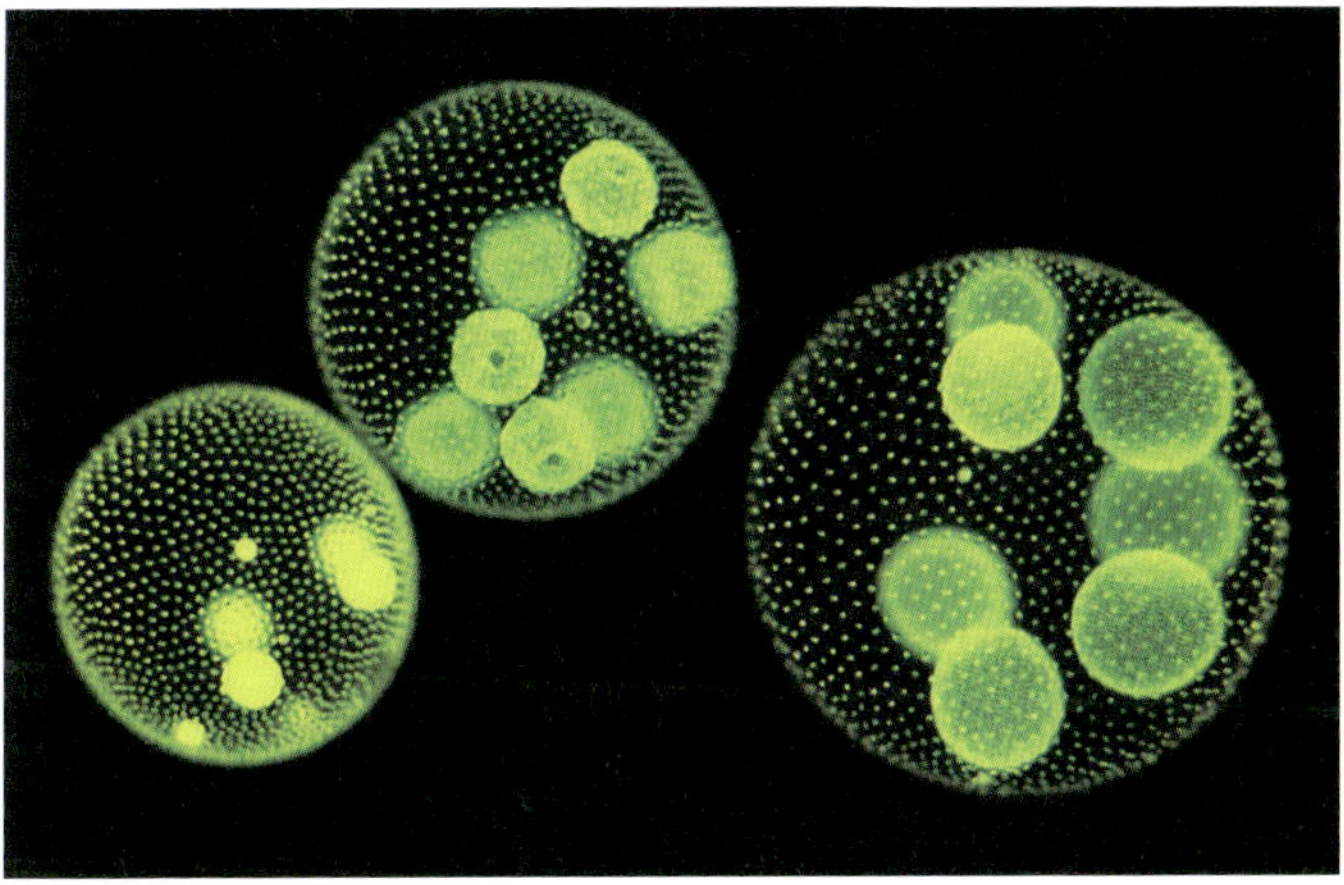

図8　緑藻、ボルボックス・アウレウスの動くコロニーは、明るい色をした次世代の球体を中にはらんでいる。これは淡水生で、スーパーグループ、アーケプラスチダに属している。

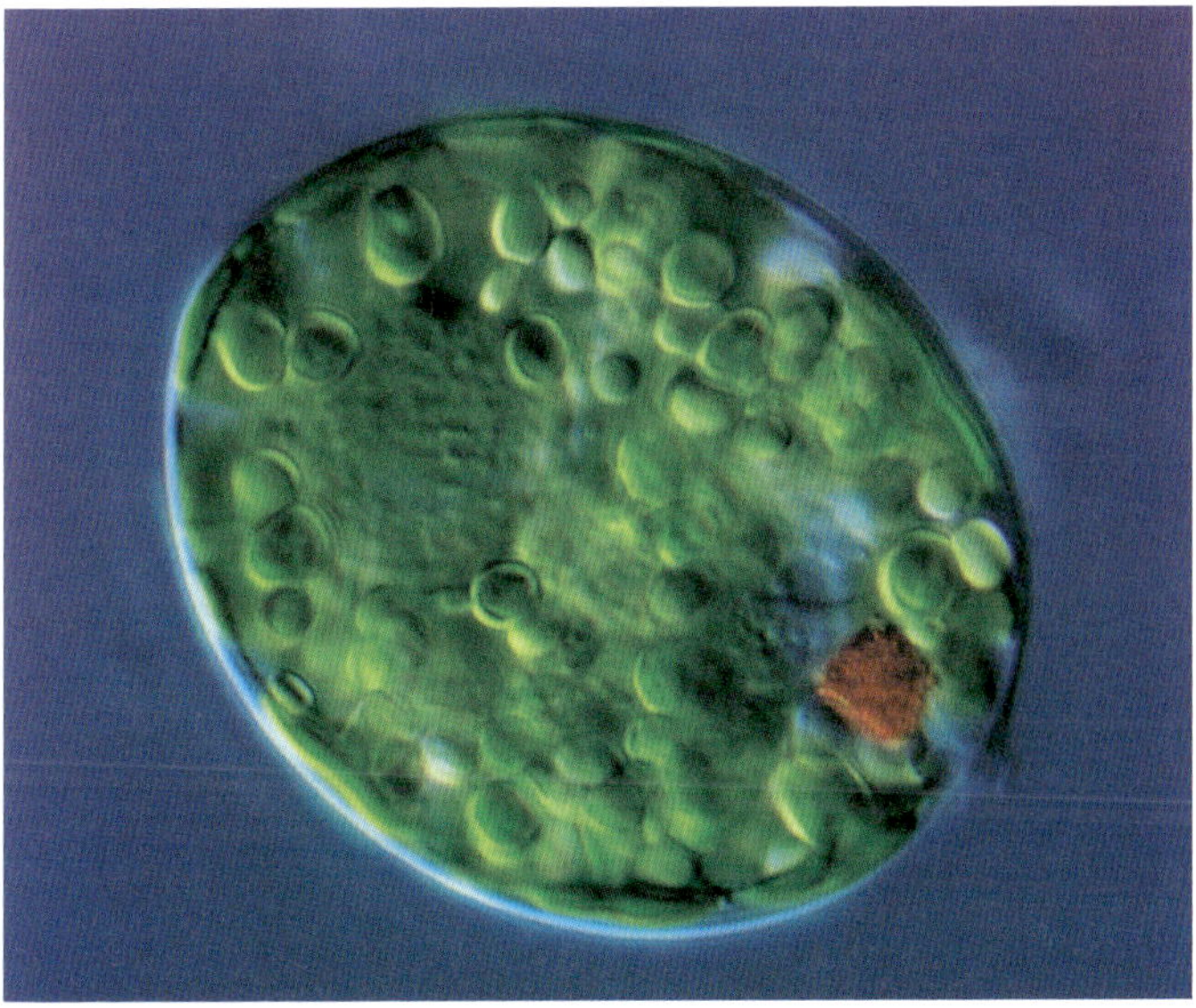

図9　明るい緑色の葉緑体と赤い眼点を持った淡水生のミドリムシ様の藻類、トラケロモナス細胞には光合成能があるため、この眼点で光の吸収に適した場所を探す。ミドリムシ様の藻類はスーパーグループ、エクスカバータに属している。

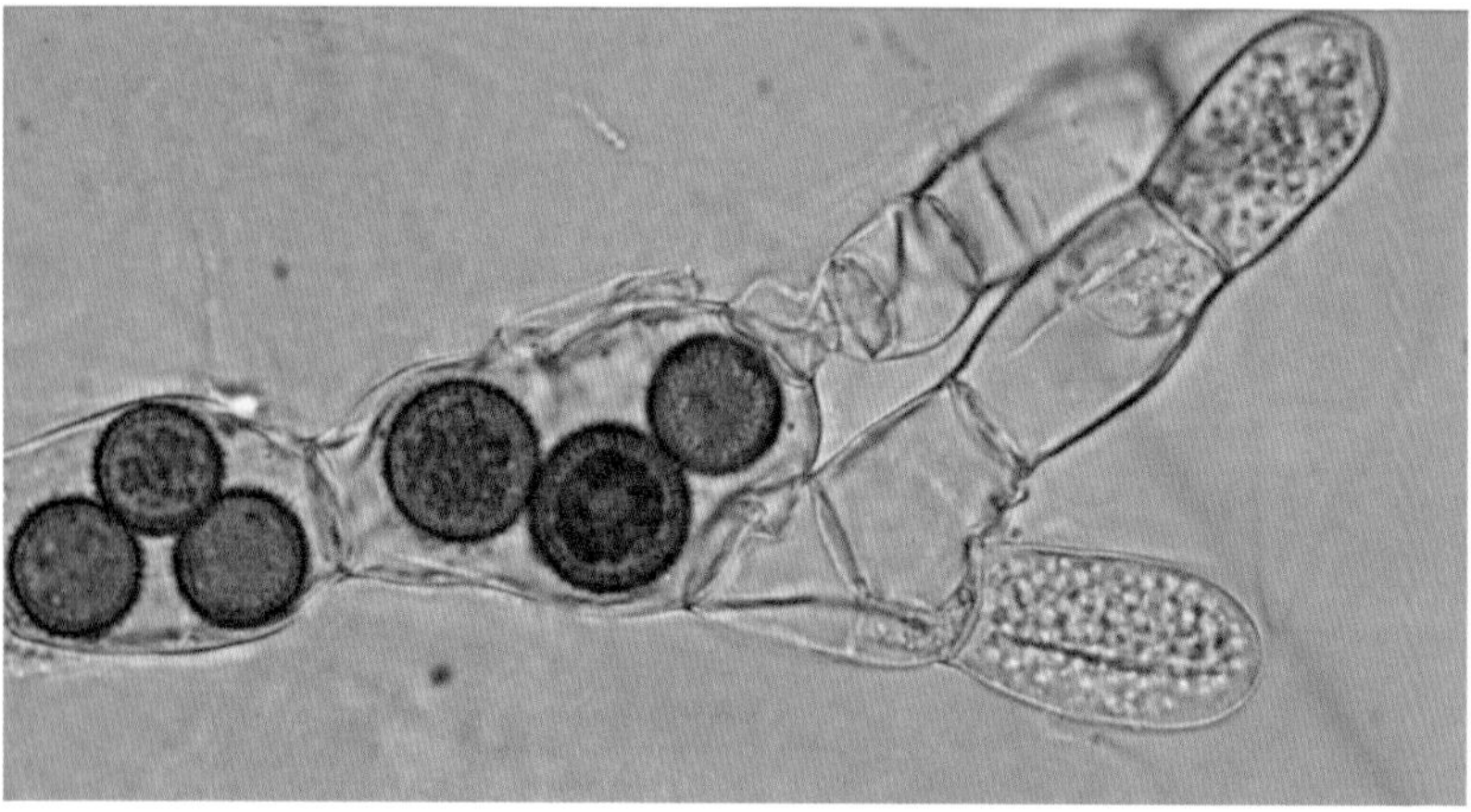

図 10　ツボカビ類、アロマイセスの菌糸に寄生したロゼラ・アロマイシスの胞子。ロゼラは 2011 年に分子生物学的手法によって決められたクリプトマイコータという菌類の門に属している。クリプトマイコータの遺伝子の痕跡は川や池、河口、塩素殺菌した飲料水の中などからも見つかっている。

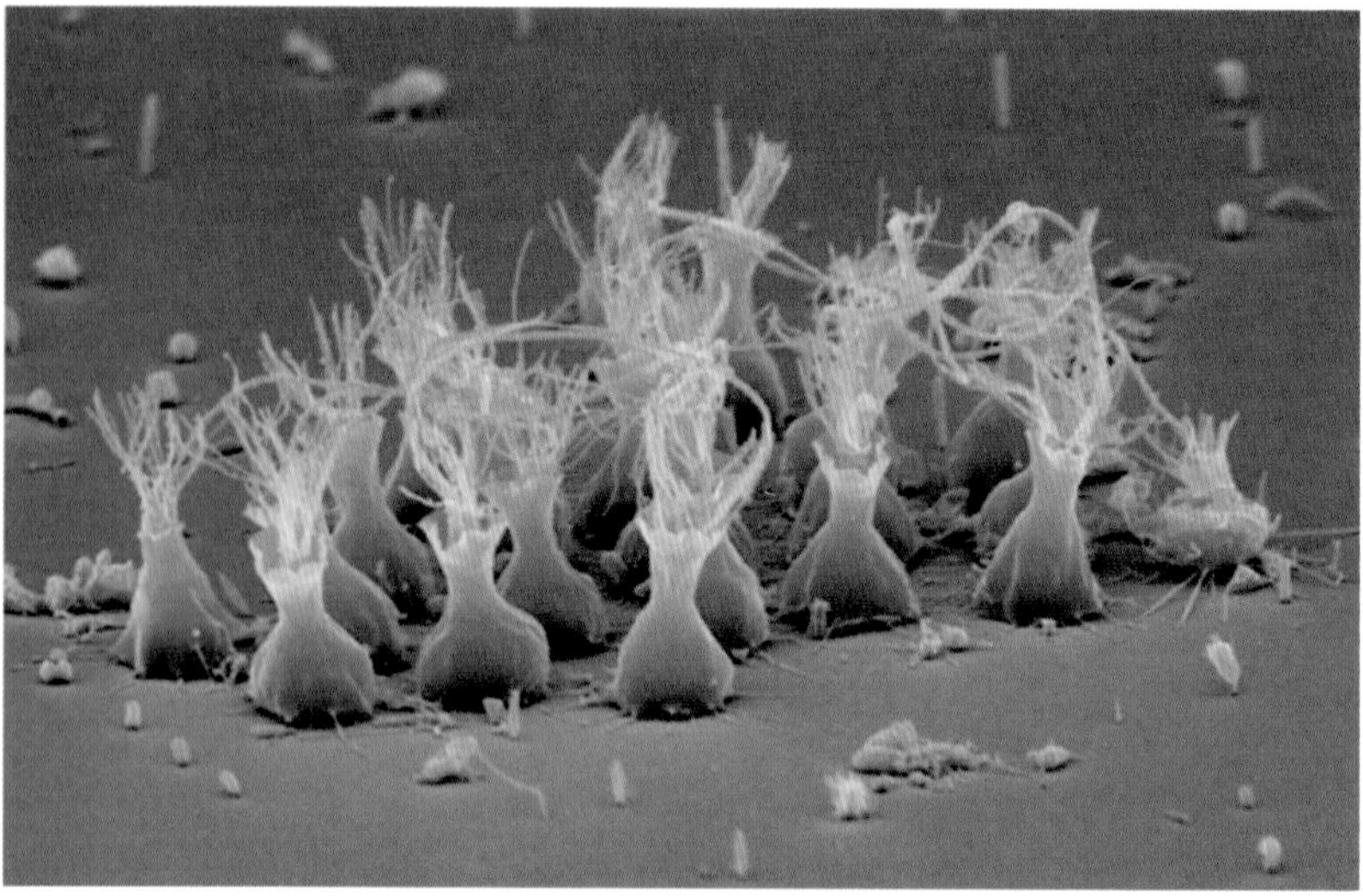

図 11　微繊毛の襟を立てた襟鞭毛虫類の塊。一本の長い鞭毛が襟の真ん中から出て、緩やかな波を立てて細胞の中へ餌を引きこむ。襟鞭毛虫類は動物や菌類が属しているスーパーグループ、オピストコンタに分類されている。生物多様性を広くとらえると、襟鞭毛虫類は我々に近い存在である。

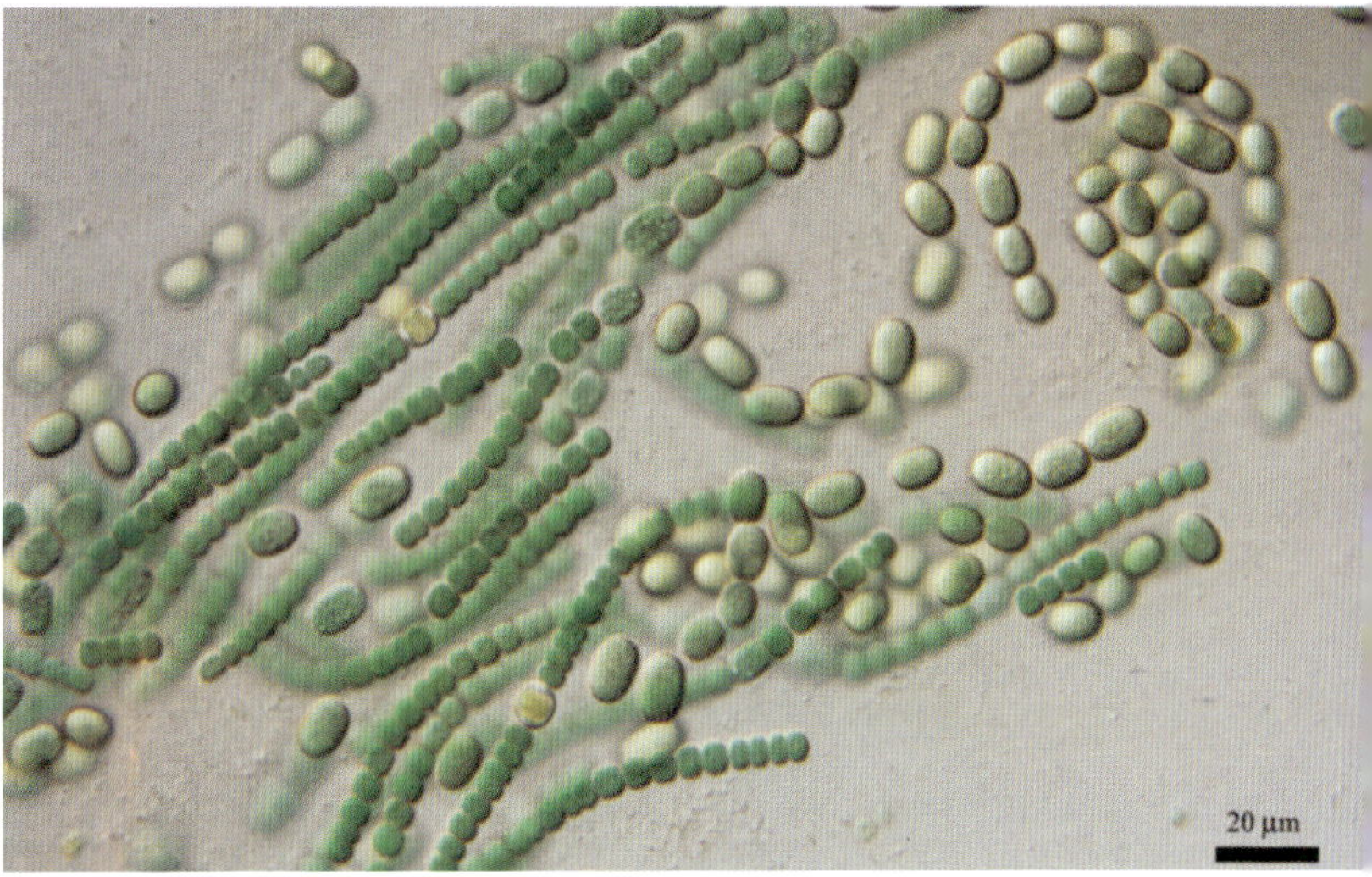

図 12　ビーズのネックレスに似たシアノバクテリア、トリコルムス・バリアビリスの糸状体。葉緑素などの光合成にかかわる色素は緑色の細胞の中に集まっている。糸状体の中にある厚い細胞壁を持った二つの細胞（中央左）はヘテロシストと呼ばれ、タンパクや核酸の合成に必須の窒素をとらえる働きをしている。光合成をする真核生物の葉緑体は、10 億年以上前に現在の藻類の遠い祖先に取りこまれたシアノバクテリアの細胞から進化したものである。

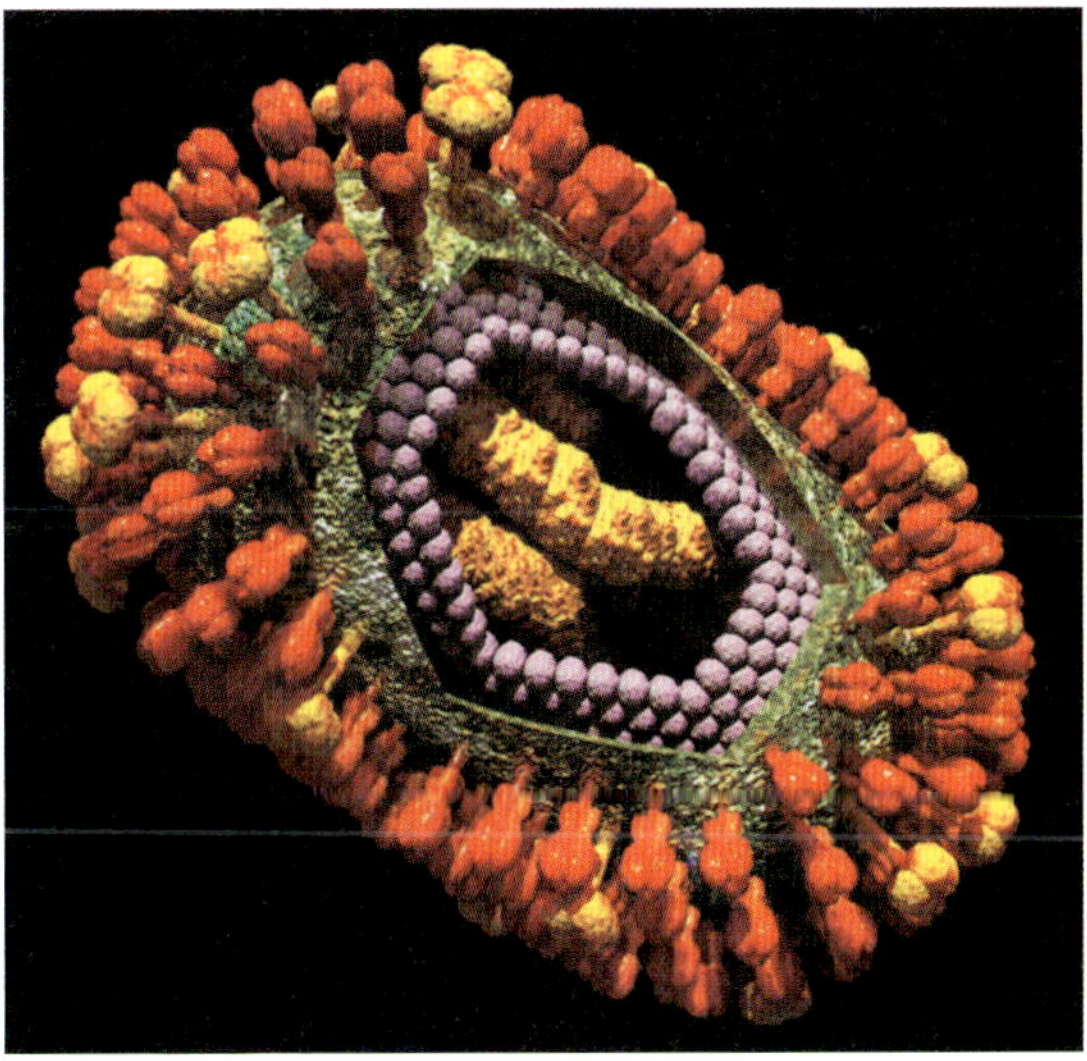

図 13　インフルエンザウイルスの模型。赤や黄色のグリコプロテインの鋲を打ったように見える外側の脂質の包みと紫色のプロテインカプシド、および RNA の紐にコードされた微粒子の真ん中にある黄色いゲノムなどを示している。

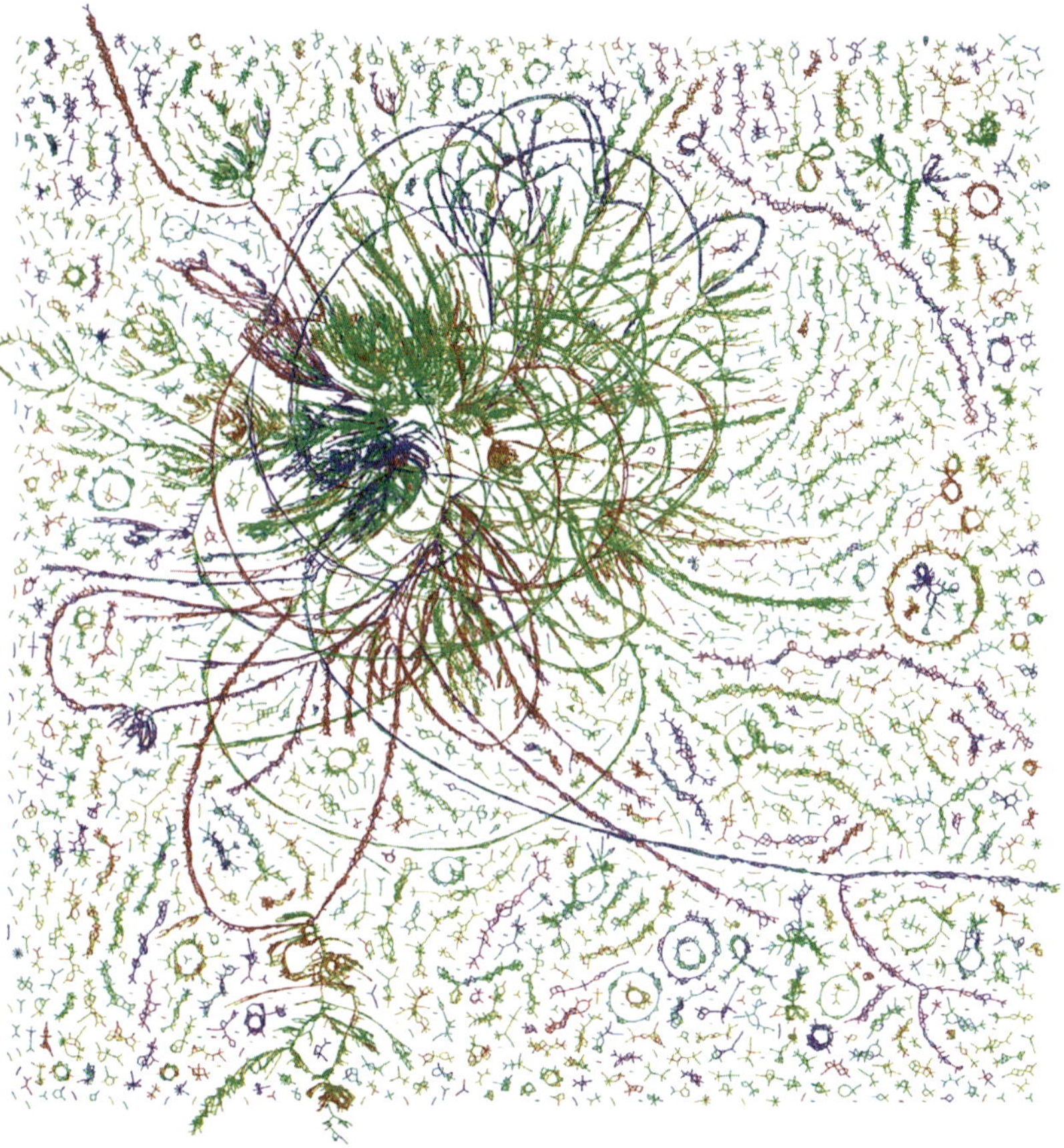

図 14　ワシントン州ピュージェット湾の海水表面のサンプルからとったメタゲノムの複雑さ。この色とりどりの図は、原核生物やウイルスから得られたシークェンスの断片の小宇宙を示し、シークェンスをつないでいる長い糸は、個々の種のゲノムを表わしている。

莫大な量の核酸を持った存在なのだ。地球規模の気象にかかわる珪藻や円石藻も自分自身のウイルスに襲われ、その死滅がほかの原因による原生生物の死や分解と相まって、二酸化炭素を大気中へ戻す結果を招いているのである。円石藻の代表ともいえるエミリアニア・ハクスレイは、巨大DNAウイルスに侵されるが、その中にはセラミド合成にかかわる遺伝子が含まれている。[44] セラミドは老化防止用クリームに入っている脂質の構成成分だが、研究者たちは海生ウイルスによるセラミド合成の促進が、そのウイルス集団が完成するまで感染した藻類の寿命を長く保たせているかもしれないと主張している。

二〇〇三年に巨大DNAウイルスの新しい種類が発見されると、海洋ウイルス学は一気に活気づいた。研究者たちはこの病原性粒子を完全な生き物としてとらえ、その性質について互いに研究を深めながら、進化上の起源について異なる結論を導き出した。[45] このウイルスがあまりにも大きかったので、皮肉なことに海水からとったサンプルは見過ごされていた。ほとんどのウイルスは細菌の細胞よりも小さいので、二〇〇ナノメートルの目の篩《ふるい》で濾《こ》し分けることができる。つまり細胞はこの篩の上に残り、ウイルスはそれを通り抜けるというわけである。通常の篩を通って濾された液体の中で巨大ウイルスを探すのは、水きり用のボウルでゾウを洗い出すのと同じように馬鹿げたことなのだ。最も大きいDNAウイルスは、論文発表の際メガウイルス・キレンシスというラテン名で記載された。[46] その直径は七〇〇ナノメートルもあって、多くの種類の細菌よりも大きい。そのゲノムも同様に際立っており、DNAの複製や操作、修復、合成、折り畳み、タンパク質の化学的修飾などにかかわる酵素も含めて一一二〇個のタンパク質をコードしている。ウイルスは単純で非生物的なものとした、かつての概念にもとづけば、これらの遺伝子の多くは本質的に非ウイルス的性格を備えているといえるだろう。この怪物はチリの海岸で採取した海水から淡水産のアメーバを餌にして分離された。巨大ウイルスの自然状態での宿主は不明だが、おそらく複数の原生生物だと思われる。もっとも、そのほかにも海の中には多くの生物がいるのだが。

系統樹を揺さぶるウイルス

細胞生物を殺す以外に、ウイルスは遺伝子の組み換え役を演じており、その遺伝子を原核生物や真核生物に取りこませながら、生物間の遺伝子組み換えにおける運び屋として働いている。このような働きを通して、ウイルスは比較的緩慢な突然変異や有性生殖による遺伝子変異を加速させているのである。さらにウイルスは、ダーウィンが描いた着実な遺伝的修正が系統樹の新しい枝を増やし、古いものを消滅させて、垂直的な進化系列のパターンを生み出すという系統樹の概念を壊し始めている。

この一九世紀的発想は、我々世代の生物学者の頭の中に長い間生き残っていた。私たちは単一の遺伝子を比較したり、高度に保たれた複数の遺伝子を解析したりしながら、お気に入りの動・植物を中心とした系統樹を作りかえて満足していたのだ。驚くにはあたらないが、近代的遺伝学は大きな多細胞生物をモデルとした系統樹を支持し、種、属、科、目、綱を置くリンネの体系に従った、がっちりとした分類体系を支えてきたのである。

しかし、莫大な量の顕微鏡的生物の中では、無秩序であることが明らかになっており、遺伝的な大枝はウイルスの介在による寄生、相互依存的共生、内部共生などを経て、互いに水平的につながっている。このような考え方は、巨大ウイルスを発見した芝居好きのディディエ・ラウールに「系統樹というようなものはない」とまで言わせることになった[47]。天地創造説の信奉者たちよ、このニュースを聞いてもシャンパンの栓を抜いてはならない。ダーウィンは「生物は働き、そして殖《ふ》える」という過程を完全に把握していたが、我々は一八五九年以来学んできた遺伝情報の本質とその流れに関するすべての事柄を、自分たちの言葉で覆《くつがえ》す必要があるのだ。

量子力学は傾けた板の上でボールを転がす実験を初等教科書に追いやり、非常に小さなものときわめて不確かなことを現実のものとして認識させ、二〇世紀に物理学者たちが抱いていた宇宙のとらえ方を変えてしまった。生物学も顕微鏡の発明によって同じような革命的変革を成し遂げようとしたが、どうしても自分の目のよさと大きな生き物のわかりやすさに惹かれて脇道にそれてきたように思う。海洋生物学の場合、それはサメやアザラシ、クジラなどが見世物になっていることによく表われている。ここでちょっと、これまでに見た海のドキュメンタリー番組を思い出してほしい。子どものころ、私はジャック＝イヴ・クストーが大好きだった。彼は姉と私が詩だと思いこんでいた文句「陸上では不細工だが、水の中では素早く動く（ここでセイウチが水の中に滑りこむ）。深い海の怪物が君に挨拶を送る（ここでザトウクジラが暗闇に消える）」を並べて、ドキュメンタリー映画を締めくくったものだった（これは私の記憶にあるフランス訛りの言いまわしを引用したものだが、パラフレーズになっていたように思う）。

さて寿司屋に話を戻すと、こんな考え方は最もかわいい生き物に鈍感だと批判されるかもしれない。では、頭の中で包丁を研《と》いで、主張の正しさを証明するために議論しようではないか。クジラはクジラにとって意味があるが、その動物がいたことに気づいた多くの人に幸福感を与える点でも、確かにその存在は大切だ。しかし、より広い生態学的意味で、クジラほど大きい生物には何か存在価値があるという、実証不可能な思いこみがあるように思える。クジラ目の動物が海の生産性にとって大きな役割を担っていると考えられる一つの理由は、死ぬと海中の有機物が増えるという貢献の仕方だろう。海の底へ沈んだクジラの死骸は岩場の好きな魚や無脊椎動物の暮らしを豊かにし、大気中の二酸化炭素を取り除く補助的効果を持つというわけである。

大型クジラの頭数が産業革命以前の状態に戻ったとしたら、例えばシロナガスクジラだけで三四万頭、ちなみに現在は五〇〇〇頭ほど、それが死ぬと毎年一六万トンの炭素が除かれることになるそうだ。[48] 平均的なカーボンフットプリントにもとづいて計算すると、回復したクジラの頭数に見合った年間死亡数は、アメリカ人で三万人、ロシア人で六万人、タジキスタン人で六〇万人が気候変動を引き起こしたパワーに相当するという。[49] この数値は八〇〇ヘクタールの森林が固定する炭素量に匹敵するという点では意味があるが、微生物の遺体、いわゆるマリンスノーが海底に運ぶ二〇億～六〇億トンの炭素に比べると、じつに微々たるものである。[50] もし海洋生態系の働きをよく理解して、過去と未来の気候を知りたいのなら、問題になるのはすべて顕微鏡レベルの事象だといえるだろう。

第4章　土と水

家畜と昆虫《はうもの》と
地の獣《けもの》とをその類に従いて生ぜしめよ！

ミルトン『失楽園』第七巻（平井正穂訳）

チャールス・ダーウィンとミミズ

オハイオ州フェアヘイブンの村はずれには、一九世紀の繁栄を謳歌した入植地が残り、大きな樹木が農道の上を覆って暗緑色の自然のトンネルを作っている。ここは不思議な場所で、私が生まれ育ったチルターン丘陵のチョークを切った急勾配の法面《のりめん》に育つブナの森を思い出させてくれる。フェアヘイブンの緑のトンネルを車で通ると、深く息を吸いこみたくなり、頭がすっきりして、木がない反対側の農地に出る前に、いつもきれいだと一人でうなずいている。

我々人間が樹木に関心を持つのは驚くにあたらないが、そこには大きな動物に魅せられたときほどの知的興味は湧いてこない。これは進化からきた避けられないことで、目につきやすい生き物、役に立つもの、危険なものなどに対する人間の頭に刷りこまれた反応なのだ。微細なものを理解するには集中力が必要で、ハチの一刺しは刺された人が瞬時に気づくが、本当に小さなものを見るには拡大鏡の助けを借りなければならない。現代の研究者は顕微鏡で詳細に観察できるようになっただけでなく、性質を研究するために下調べの段階から分子生物学を駆使することができる。微細なものをよく理解するには、科学研究の過程でしばしば無視されがちな想像力を働かせることも大切なのだが。

チャールス・ダーウィンは最後の著書『ミミズと土』の中で飛躍を気にしながら、目に見えない生命現象について想像力を働かせて書き、亡くなる半年前の一八八一年に出版した。[1] ダーウィンはビーグル号で航海してから虫に興味を持つようになり、この本にダウンハウスの庭で何年もかけて行なった実験結果を書いた。まず、ミミズがどのようにして葉っぱを穴に引きこむのか、それを見るために「生の脂肪をこすりつけた」原稿用紙を細い三角形に切って地面にばらまいてみた。もう一つの実験では、ミミズがどれほど早く土を入れ替えることができるか測定するために、砕いたチョークと石炭の燃えカスを埋めてみた。その結果、普通のヨーロッパミミズ、ルンブリクス・テレストリスが一ヘクタールの土壌で、落ち葉などの有機物を一年に二六トン以上も糞に変えるという結論に達した。[2] ダーウィンは「この下等な動物のように、地球の歴史の中で重要な役割を果たしてきた生物が、数多くいるかどうか疑わしいが」と書き、ミミズと熱帯のサンゴ礁の地球的意義を比較している。[3] ただし、ダーウィンの同時代人の中には、この考えを馬鹿げたことと思った者もいた。どうして、そんな小さなものが大それたことをやってのけるのかというわけである。『種の起源』の中で緩慢な進化による変化に注意を促したのと同じように、ダーウィンはミミズが自然の耕耘機の働きをしているという結論を導き、読者に「継続的に起こる原因からくる効果をしっかりとらえる」ようにと訴えた。

進化の論理とミミズの重要性を受け入れさせる際に立ちはだかる障害には、生物学で微生物の影響の圧倒的な力を理解させようとするときに感じるのと同じ困難さがあるようだ。水、土、大気の中に生きている生命体については、不思議なことが多い。一つまみの土は生命がないように見えるかもしれないが、その中には一〇億の細菌と数千万の菌類や原生動物が含まれている。一万個の細菌は文章の終わりに打つピリオドの中に入るぐらいの量で、細菌だけを一グラムとると、その中には二兆個もの細胞があるといった具合である。顕微鏡で見て想像力を働かせなければ、これはとうてい理解できない数値なのだ。星の数も同じように頭がくらくらするほど多いが、いや微生物はそれ以上かもしれない。望遠鏡を使って観測しても、我々が生きている銀河系の星の数とその間の果てしない距離は、まだ計測されていない。この二つの科学領域をわかりやすく解説するのは非常に難しい。星間距離はきわめて大きく、星の数は非常に多く、微生物はきわめて小さく、その数はまた非常に多いのだ。

さて、ダーウィンの話を終える前に『種の起源』の終わりに書かれている「錯雑たる堤」を引いておこう。

「いろいろな種類の多数の植物によって覆われ、茂みに鳥が歌い、さまざまな昆虫がひらひら舞い、湿った土中をミミズは這いまわる。そのような雑踏した堤を熟視し、相互にかくも異なり、相互にかくも複雑にもたれあった、これらの精妙に作られた生物たちが、すべて我々の周囲で作用しつつある法則によって生みだされたものであることを熟考するのは、興味ふかい」(『種の起原』(下) ダーウィン著、八杉龍一訳、岩波文庫、一九九〇)

ダウンハウスのあたりにある、道路沿いの生垣に続く急斜面の緑の堤がこの記述にぴったりなので、ダーウィン研究者たちは彼が現在自然保護地として守られている、この地方の森のどこかで、この文章を思い浮かべたのだろうと考えている。ダーウィンは自分の本の終章に熱帯雨林を選ぶこともできたはずだが、当時の読者にとっては悪性マラリアのほうが、強烈な熱帯雨林のシンボルだと思ったのだろう。つまり「真っただ中に生命の樹が立っている」のである。美しかったが、錯雑たる堤は生物多様性の表徴として、近代生物学の始まりを告げるこだま以上のものではなかった。[4] 陸上の生物は予想された通りではなかったのだ。

アーケプラスチダ、植物の祖先

植物は一〇億年とその前後一〇〇万年前に、真核生物のスーパーグループの祖先を生んだカンブリア紀の海で細胞が混ざり合い、醸されて生まれたものらしい。いわゆる緑色植物は真核生物のアーケプラスチダを構成する紅藻や緑藻、シャジクモ（車軸藻《しゃじくも》）などと混じって出てきた有胚植物である。アーケプラスチダは灰色《かいしょく》植物という光合成性藻類の一種に似た原生生物が共通の祖先だったとする、遺伝的類似性によってまとめられている。[5] この祖先は、ある真核生物がアメーバのような捕食作用によって、シアノバクテリアを食べて吸収したときにできたのだろう。細菌を消化したというより、むしろこの捕食者と餌は互いに妥協して支え合い、双方から分かれた娘細胞が対になって残るように同調しながら、繁殖を繰り返したと思われる。何十万年、何百万年もの時が経過するにつれて、シアノバクテリアからきた遺伝子の大半は、真核生物の核に移された。初めて相手を獲得してから、どちらも離れては生きていられないという状態、いわば不可逆的な融合状態に達するまで、どれほどの時間がかかったのかわからない。ただし、おそらくある時点で、相互作用のある部分が混ぜ合わされて共働し、独立したもとのものはゲノムの中に消えていったと思われる。

このようにして生まれた細胞から紅藻や緑藻、植物などが生まれたのだ。もし、これが事実というより単なるアイデアだと思うなら、それは私が遺伝学的データについて十分説明しきれていないからだと思う。じつは手に入る証拠を、これ以上うまく説明する手がないのだ。例えば、ある種の植物の核にある遺伝子の五分の一は明らかにシアノバクテリアからきたものであり、すべてのアーケプラスチダの葉緑体は、非共生性のシアノバクテリアに見られる遺伝子の縮小した一部をコードした、独自の環状染色体を持っているのである。今や内部共生が生物学の主導権を握っているのだ。[6]

灰色藻類か、それによく似た藻類を生み出した初期の内部共生は、海洋環境の中で生じたと思われる。陸上生物の先駆的な形へと移行する海洋生物のその後の変貌は、知的・遊戯的課題になるかもしれない。我々はそれが起こったことは知っているが、どのようにして起こったのか知らない。地球は四六億年前に生まれ、生命体は太陽の誕生から一〇億年経ったころに誕生したとされている。海で生まれた原始的な細胞は原核生物に似ており、深海の噴出孔の周りにできた生態系の中に住んでいた。その中には水素からエネルギーをとるものや、暗黒で糖類を作ることができる化学栄養生物などが含まれていた。真核生物は原核生物の祖先からか、もしくは原核生物の融合を経て生まれたが、非常に長い間多細胞生物は現われず、さらに長い間陸上では何も生存できなかった。太陽から降り注ぐ紫外線が日光浴を妨げていたからである。

この恐ろしい状態も二五億年前に変わり始めた。それは酸素を含む光合成のトリックを獲得した、シアノバクテリアが作る反応性の高い酸素ガスで、大気が満たされるようになったからである。この新しい動きによって、シアノバクテリアが作る硬い鉱物質の柱、ストロマトライトから酸素の泡が噴き出すようになると、嫌気性生物は陽の光が差す海から姿を消していった。水面から離れた高い大気中では、紫外線照射によって酸素分子（O_2）が破壊されてばらばらになり、酸素原子（O）になって、それが酸素分子と結合してオゾン（O_3）となり、成層圏に紫外線除けの盾、オゾン層ができあがった。この新しい条件下で、生物はようやく上陸できるようになったが、それは日光で焼かれた原核生物や藻類のクレームブリュレのようなものだったと思われる。それから一億年ほど経ったオルドビス紀になると、原始的な植物が地殻、または古土壌を覆うようになった。[7]

画一的な陸上植物

進化のうえで、緑藻類は灰色藻類と植物の間をつなぐ架け橋となった。この光合成能を持った原生生物には、二本か四本の鞭毛、フィラメントなどで水中を泳ぐ単細胞生物や、細胞が集まって玉虫色に光る球体のコロニーを作るもの、遊園地のハウスに似た空気を入れて膨らませた管状細胞の集合体、アオサと名付けられた藻、および細胞壁にカルシウムが沈殿して硬くなった巨大細胞を持った美しいサイフォン型の藻類などが含まれている。[8] この原生生物の中で最も複雑なものは、ストレプト藻類というサブグループの中にあって、糸状のアオミドロや小さな髭の生えた円盤を作るコレオケーテ、シャジクモ類などを含んでいる。最初の陸上植物はどこかで、この一群の水生生物の中から立ち上がってきたのだろう。それは蘚苔《せんたい》類に似ており、じめじめした土の上を離れて生きることに、まだ適応できていなかった。顕花植物に話を早送りしたいのなら、一億四〇〇〇万年前に草本類から始まり、陸上生活に対する適応過程はきわめて多様だったとしておこう。[9] 完全に上陸を果たしたアーケプラスチダは、根系と葉をつなぐ維管束組織を持った。葉はワックスをつけたクチクラ層で覆われて、日焼けを防いで水を逃がさないようなり、精子は花粉管を通して卵に送られ、植物の生殖方法は完全に水中型から解放された。

現在、緑色植物とされるものは顕花植物が二五万から四〇万種、それ以外の種子植物やシダ、トクサ、蘚苔類などを含む植物が四万種に上るとされている。数値としては大きいが、これは一八世紀以来、植物学者たちが名前を付けることに専念してきた結果である[10]。しかし、ちょっと見ただけではわかりにくいが、すべての植物はどれも同じなのだ。葉の形や大きさ、花の形の華麗さの変異の幅が、すべての植物が同じように働き、生物のスーパーグループの配置から見ると、幅広い生物多様性のほんの一部にすぎないという事実から、強引に目をそらさせているのだ。植物の画一さは、その生活法を見れば明らかである。あらゆる植物が葉緑素を含んだ葉緑体のおかげで生活しており、この細胞小器官はどれも一つの藻類から受け継がれたもので、その藻類というのは一〇億年前にシアノバクテリアという出前の菓子職人を取りこんだ金持ちの灰色藻類だったのである。もし、コケがどのようにして糖を作るのかわかれば、ほかのすべての植物のやり方もわかるはずである。生垣が広がっている限り、太陽のもとに新しいことはないというわけで、すべてのメカニズムは太古の海の中で進化し、どの植物も大昔に原核生物が書いた百科事典を伝える仕掛けに則っているにすぎない。要するに、植物の葉緑体は膜に包まれたシアノバクテリアなのだ。樹木は細菌を空高く持ち上げて、彼らに黄色い星（太陽）をはっきりと見せるための仕掛けだともいえるだろう[11]。

緑の草木についてくどくど述べ立てる植物学の単調さ、それにもかかわらず、我々は皆いまだに植物分類学を生き残りをかけた大問題としてとらえているのだ。果物や野菜の外見や味、匂いに現われる違いは比較的少数の遺伝子でコントロールされているのだが、我々は新しいものを見分けるのに長けているようである。植物について詳しく語ることができる、我々の特技は素晴らしい適応能力の表われなのだが、反対にそれが広い生物界に対する理解を強烈に妨げているといえるだろう。植物に慣れ親しんだために、その多様さを過大評価し、より小さい生物のことを理解しないまま過ごしてきた。確かに顕微鏡の下ではまったく同じように見えるが、二種類の原生生物の間に見られる遺伝的相違は、コケとランの間のそれよりもずっと大きいのである。これが、見慣れた系統樹の底辺にいるアメーバや鞭毛を持った細菌などの、さらに下にいる多くの生物を見落としてきた理由なのだ。今や遺伝学の研究成果が生物学を書き換えようとしているが、このような学問上の特殊事情を知っているのは、研究に携わる一握りの専門家だけである。

生物を誤解している二番目の理由は、ほかの多細胞生物も含めて、目の前にある植物が自律性のある生物と思う慣習からきている。一本のバラは部分的にはバラだが、ほとんどはほかのものなのだ。その根や葉、茎、トゲ、花などはいずれも微生物の塊で、その中身は異なる生命体が詰まっており、植物としてのバラの素晴らしさは、寄せ集めの土壌細菌や菌類に支えられているのである。要するに、バラは多くのものが寄り集まった農場以外の何物でもないのだ。あの堤はダーウィンが思い描いたよりも、もっと錯雑としたものらしい。

見直される土壌微生物

理屈からすれば土壌微生物学者の仕事は、深海からプランクトンネットを引き上げている間に、足を滑らせて調査船から放り出されないように頑張っている海洋微生物学者のそれに比べれば安全かもしれない。健康上の心配はさておき、土の中に何がいるのか、何をしているのか、それを明らかにする仕事は、海にいる古細菌の生態を解き明かすのと同じほど厄介である。この二つの環境に暮らす微生物の途方もない多様さは、長い間研究者たちの注意を引かなかった。それを見落とした原因の大半は、微生物学研究の伝統的手法を誤って信用しすぎたことにあったと思われる。一つまみの土を寒天培地の上に広げて一晩培養しておくと、朝にはガラスのような菌糸でできた、ペニシリウム、アスペルギルスなどのコロニー、細菌、酵母のつやつやとした塊が点々と出てくる。ごくありふれたもので抑えられている微生物にとって有利になるように、糖やほかの栄養源の量を調整すると、カビや細菌の現われ方を変えることができる。抗細菌物質を添加して抵抗力のない細菌を抑えると、カビの成長がよくなり、逆に抗菌物質を加えると実験結果が変わる。

多くの研究者がこの方法を使った仕事に研究生活の大半を費やし、土壌から分離培養したカビや細菌を記録し、その努力の結果を大量の文献に残した。残念ながら、彼らは多くのものを見落としていたのだ。細心の注意を払って記載された何万という微生物のどれをとってみても、その中には見たこともない一〇〇〇種類を超える土壌生息性細菌やカビがいるのだ。実際、寒天培地上で育つ種は、土の中にいるものの〇・五パーセント以下にすぎず、微生物の大部分は我々が実験室で失敗するのを願っていたように思える。

海洋微生物学を変えたのと同じように、遺伝子シークェンスを増幅する技術の発達は、培地の上で実物を見る必要もないまま、頭に描いていた土壌の姿を変え始めている。土壌は海洋よりも豊かな微生物叢を持っている。その理由の一つは、土壌が構造と化学性の点で変化に富んでいるからである。海洋微生物社会の構成は水中での垂直的な位置の変化と同様、水平的にも温度や地域的な栄養源の偏りなどの変動要因にしたがって変化している。そうはいっても、生息域の物理的条件は何千平方キロメートルにわたって均質で、河川のデルタ地帯や海底火山の噴火などによる栄養塩類の流出が、宇宙空間から見えるくらい大きいプランクトンのコロニーを養っているほどである。

一方、これとまったく違って土壌は三次元的構造を持ち、化学的条件は顕微鏡サイズから地質学的規模にいたるまで、広がりの点で大きく変化している。土壌の物理的構造は砂粒や小さな砂のかけらのシルトおよび細菌よりも小さい粘土粒子の混合割合で決まっており、これが鉱質土壌の構成要素なのである。砂の多い土壌は通気性の点ではよいが、シルトや粘土の割合が大きい土壌ほど肥沃ではない。粘土は結晶構造を持っており、土壌の浸出液からイオンを引き出し、それを植物の根と交換することができる。というのは、粘土粒子が膨大な表面積を化学反応に提供できるほど小さいからである。ちなみに一立方メートルの土壌は六〇〇〇平方メートルの表面積を持っている。要するに、土壌は植物の成長を支え、植物は動物を養い、分解された動植物の遺体は糞とともに土壌を豊かにしているのである。

一グラムの肥えた森林土壌は推定一億個の原核生物を含んでいるとされている。[12] 土壌生物の多様性の測定方法は、基本的に海のサンプルに用いたメタゲノミクスと同じだが、DNAストランドを溶かしたり、集めたりする少し荒っぽい方法である。[13] 次の過程ではサンプルの中にあるすべての細菌の染色体が一括処理される。このDNAの塊を熱すると二重らせん構造がほどけ、冷やすとその大きさによって一定の比率で再結合する。この徐冷復元反応の速度が土壌から集められたゲノムのサイズを反映するので、サンプルの中の異なったゲノムの数を測定することができる。平均して一〇〇〇種類のDNAが巨大染色体のようになるが、それはそれぞれ構成要素の一〇〇〇倍も大きい。この方法を用いた初期の研究では、一グラムの土壌に何千種もの異なる種類、もしくは遺伝的に明らかに異なる系統が含まれているとされた。ところが、ごく最近の研究では、多様性の推定値が一グラム当たり一〇〇万ほどに押し上げられ、土壌細菌や土壌古細菌とされた種類のほとんどはごくまれで、優勢な多数派によって圧倒されていることが明らかになった。[14]

土壌生物学の複雑さや生息している微生物を知ることの難しさは、「土壌ゲノム」[15]解明のための遺伝子解析プロジェクトを推進する国際共同研究組織を立ち上げるきっかけになった。その取り組みの規模と内容は、ヒトゲノムの遺伝子解読を完了した研究者たちが経験した技術上の挑戦が小さく思えるほどだった。遺伝子解析技術は格段に進歩しており、そのプロジェクトに要する研究費は莫大だが、土壌の働きをよく理解して得られる農学や分子生物学上の成果は、それに十分見合うものと期待されている。

一方、この研究には批判も多い。[16]例えば、水分含有量が低く、有機物の少ない砂漠の土壌と稲作を支えている火山灰土壌の「アンディソル」を比べてみるとよくわかるように、土壌の理化学性の違いはきわめて大きい。これが、いわゆる「代表的な」土壌試料を用いるメタゲノミクスによる解析の有用性を限定している。どの土壌でも短命な微生物群がモザイク状に分布しているのが普通だが、それがＤＮＡを大量抽出する際、混合され砕かれてしまうのである。

しかも、ゲノム解析からは、特定の微生物と大きな土壌生物との間の関係をうかがい知ることができない。新しい遺伝子の集団は土壌サンプルの中に特定の細菌がいるということは教えてくれるが、それが何をしているのか、正確にどこで働いているのか、何と関係しているのかといった多くの疑問には答えてくれない。この目に見えない生物の遺伝子は、嫌気性メタン発生細菌という旗を掲げているかもしれないが、その細菌は屁をたれるぐらいの役回りで、土壌の化学的平衡にはほとんど貢献していないようにも見える。それはサンプリングのとき、正常なガス発生条件に戻るのを可能にするレベルの酸素に、ちょっと浸るのを待っていただけかもしれない。土壌微生物学がゲノム解析を取り入れる以前の未熟な時代には、実験的取り扱いが培養可能な微生物に限られていたこともあって、いわゆる「土壌微生物圏」の中で支配的な相互関係に関する知識はほとんど得られていなかった。これは土壌に暮らす生物の大部分を見落としていたといえるほど、矮小化された土壌のとらえ方だった。遺伝学による発見は、土壌学をかなり退屈な土壌化学の領域から、雄大な生物界を取りこんだ大きな研究領域へ転換させようとしている。

土壌微生物と養分循環

細菌や古細菌は土の中で生きるために、エネルギー源としてさまざまなものを使っている。太陽光がシアノバクテリアの光合成を促し、電子が水から分かれるときに酸素が放出される。また光合成は、硫化水素や硫黄などの物質から電子を取り出す紅色細菌や緑色細菌によって、無酸素状態でも行なわれている。古細菌はこの方法では光合成を行なわないが、あるものは人間の網膜にあるロドプシンに似たバクテリオロドプシンというタンパク質を使い、太陽光を補助的なエネルギー源として利用している。バクテリオロドプシンは「紫膜《むらさきまく》」という結晶状の塊として古細菌の細胞の中に濃縮されている。化学無機栄養性原生生物は、ATPを作るために基質からとった電子の還元力を使って、無機物質を酸化することで自活している。水素ガスはごくありふれた燃料だが、ほかの細菌は硫黄（硫酸を作る）や鉄イオン、アンモニア、亜硝酸などを酸化する。従属栄養性の細菌や古細菌はほかの生物から栄養を摂取し、時にその餌と協調関係を保ったり、寄生したりしながら、あらゆる種類の土壌生物の遺体の分解に携わっている。多くの原核生物は分解に酸素を必要とするが、あるものは酸素がない場合は醗酵で間に合わせている。メチロトローフという細菌のグループは複雑な物質の分解を避けて、メタンやメタノール、蟻酸塩など、単純な有機物を食べている。ここに挙げたものは、土壌生息性原核生物のかなりの部分をカバーしていると思うが、彼らの生活型をすべて網羅しているとはとうていいえない。[17]

微生物は地球上の養分循環を牛耳っており、植物や動物の数やその分布を調整している。窒素は大気中で最も多い元素で、あらゆる生物が核酸やタンパク質を作るためにそれを必要としている。ただし、薄い空気の中から窒素を引き出して、生命の原料として取りこむことができるのは細菌だけである。窒素からアンモニアへの変換はニトロゲナーゼという酵素によって触媒される。ニトロゲナーゼは酸素によって阻害されるので、窒素化合物を合成する細菌は、無酸素状態で窒素固定するか、またはタンパク質の周りにある酸素をすべて取り除いて酵素を守っている。窒素を固定する糸状のシアノバクテリアは、酸素を追い出すヘテロシストという三重壁の細胞の中に窒素固定に必要な条件を整えている。よく知られているマメ科植物の根粒菌を含めて、空中窒素固定細菌は植物と共生している。この根粒菌も初めは植物に侵入して感染していたが、次第に植物に食われるようになり、アンモニアを与えて安定した相補関係に入ったとされている。植物はレグヘモグロビンを使ってニトロゲナーゼが阻害されないようにしながら、細菌にわずかな酸素を与えて、その呼吸を助けている。ちなみに、このレグヘモグロビンという赤い色素の構造は、我々人間の血液にあるヘモグロビンに似ている。土壌細菌は窒素循環にかかわるさまざまな反応を動かしており、硝化菌のグループがアンモニアを亜硝酸に、亜硝酸を硝酸に変換し、脱窒菌のグループが反対方向に反応を働かせて、窒素ガスを大気中へ戻している。

細菌はエネルギーを持つ電子のもととして硝化反応を利用し、脱窒菌は我々が代謝で使い果たした電子を吸い上げるのに酸素を使うのと同じやり方で硝酸を使っている。これらの非共生性土壌細菌は、ほかの栄養源を摂取する細菌と同じように、根の周辺の栄養濃度が最も高いところで増殖する。この領域を「根圏」というが、そこは驚くほど複雑な生息域になっている。根圏細菌やほかの微生物の代謝活性は、土壌の化学性に大きく影響される。根圏微生物叢周辺のガス条件を実験的に変えてみると、二酸化炭素の濃度が増すにつれて、窒素などの元素の正常な循環が混乱し、温室効果ガスになるさまざまな物質の生産が強まったという。[18] これは石炭、石油、ガスなどを用いる産業が進めている焦土作戦計画の功罪を評価するという点で、環境微生物学の意義を説く力強い論拠になるといえるだろう。

共生体としての地衣類

窒素循環は生態学の講義の中でも中核となる課題の一つで、植物は細菌に助けられ、農業も細菌に依存し、我々も細菌に頼っていると書かれている。三〇年ほど前、私は一時化学に貢献した地衣類に熱を上げていた。ちょうどそのころ、私たち学部学生のための植物学科の新任教授だったトニー・ウォルスビーが、学生が評価して点をつけるコンテストに出ることになった。植物学の教授たちは動物以外のものを取り上げて、「最も偉大な生物」という表題で、それぞれ意見を述べる機会を数分間与えられた。

ウォルスビーはシアノバクテリアなどの水生原核生物を浮かべておくタンパク質のカプセル、いわゆる気胞の専門家である。彼はペルティゲラ・カニナ（イヌツメゴケ）が三つの異なる種によってできあがっている素晴らしい生物だと主張した。共生体の骨格になる菌が湿ったときにはスポンジのように働き、ほかの微生物に隠れ家を提供し、光合成能のある緑藻は二酸化炭素を固定してグルコースを作り、これを糖アルコールに変えて菌と分け合い、シアノバクテリアは光合成をしながら大気中の窒素を固定するという解説だった。太陽が輝き、地衣類が溶けたミネラルを運ぶ水で洗われている限り、ペルティゲラはすべての必需品を手に入れることができるのだ。ほかのどの生物もこのような自給自足体制を持たず、ウォルスビーの説明は素晴らしかった。ところが、先生はコンテストの最終段階で、単一の生物でなく、共生体を取り上げたというので失格になった。私の指導教官だった菌学者のマイク・マデリンはウェルギリウスの農耕詩を引用し、その中に出てくるブドウを取り上げて要領よく勝ちを制した。

地衣化した菌類一万五〇〇〇種の大半は緑藻だけを相手にしており、シアノバクテリアと共生しているものは一〇パーセント以下で、イヌツメゴケは一〇〇近い三重共生体の一つである。[19]緑藻の共生体はトレボウクシアやトレンテポリアの藻類で、ノストックは地衣類を作るシアノバクテリアの中で最もありふれたものである。トレボウクシアは地衣の体内に閉じこめられているようだが、トレンテポリアとノストックはそれと異なり、菌がいなくても生きていくことができる。

菌と光合成生物との関係はきわめて親密である。菌は菌糸を伸ばして吸器を緑藻に差しこむ。なお、この吸器はサビ病菌などの植物病原菌が作る侵入装置によく似ている。[20]菌がシアノバクテリアに押し入るやり方は少し違っており、ゼラチン状の鞘を破って細い突起を送りこみ、その内側に菌糸を突っこむ。実験によると、菌は相手が作った糖類の九〇パーセントを抜きとるが、この場合もサンゴと渦鞭毛藻類の共生状態同様「はたしてこれは寄生なのか、共生なのか」という疑問が湧いてくる。

この疑問は地衣類が複数の生物から成り立っていることを最初に認めた、一九世紀の植物学者の脳裏にも浮かんでいた。当時の大方の一致した意見は、地衣菌類が藻類を「奴隷化」しているというものだったが、初期の研究者の一人であるアントン・ド・バリーは寄生と相利共生の間に基本的な相違があると言い切ることに慎重で、共生する生物の間には「移行型」があることを認めていた。[21]しかし、種間の相互関係を上手に扱ったド・バリーの意見を無視する傾向があって、いまだに我々は生物のつながりを善か悪か、寄生か共生かと決めつけたがる危うさを抱えている。よい共生の例はイソギンチャクの害虫を食べるクマノミに見られる。この場合は幸運なイソギンチャクが魚の糞を食べ、感謝されている魚のほうはイソギンチャクのトゲでいつも守られている。悪い共生の例は象皮病の原因になるボルバキアという細菌に感染したフィラリアが、運の悪い男性の睾丸をバスケットボール大に膨らませる場合である。ほかの多くの例でも、共生するものの間のエネルギーの流れはいまだによくわからず、結合した場合、独立した状態に比べて繁殖に有利か否かを知る手だてもない。なぜかというと、ド・バリーの幅広い共生概念に沿うことによって、ある生物を共生者か寄生者に分けることの不確かさを、我々が避けて通っているからである。

植物を支える菌根菌

地衣類のもう一つの見方は、この共生状態を一種の藻類栽培場、いわば菌が持っている農場の一例と考えるとらえ方である。逆に、ほかの例では菌が熱帯のアリやシロアリに栽培されているのだが[22]。菌と植物の間の菌根共生は、仕分けるのが厄介なほど複雑な相互作用の例である。菌と植物の根系に見られる関係は、地衣類が共生体と認められたのと同じころに発見された。キノコを作る菌類と樹木の関係は、ずんぐりした根の形からもわかるように、根が菌糸のマント（菌鞘《きんしょう》）で覆われ、菌糸が根の中に侵入している。このような外生菌根での相互関係は、相手になる植物の多さから見れば、さほど幅広くはないが、温帯以北の樹林帯にある優占樹種は菌に支えられているので、菌根がなくなれば生物圏が崩壊するといえる。これとは別の菌根菌（訳註：A菌根、アーバスキュラー〈樹枝状〉菌根という内生菌根の一種）が外生菌根植物以外の植物種の八〇～九〇パーセントの根に共生しており、このような異なる生物界にまたがる共生関係は陸上植物そのものと同じほど起源が古いとされている。A菌根菌は陸上植物の祖先とされる蘚苔類の根に入って共生し、その胞子は四億六〇〇〇万年前の化石として残っている[23]。たぶん、菌と共生し始めた植物の祖先は、これほど大きく構造的に発達するとは思いもよらなかったことだろう。今もよく似た菌がコケと共生して、この単純な植物の銀緑色の葉状体の細胞の中に菌糸のコイルや細かく枝分かれした樹枝状体を作っている。すでにこの段階で菌類はコケの葉緑体から光合成されたお菓子を確実に受けとり、異質なもの同士の結婚生活を支えるために、その見返りとして四〇〇〇メートルもの広い範囲にある湿った土から、水に溶けた養分を絞り出し、かき集めているのである。[24]

　土壌菌類は菌根菌だけとは限らない。木材腐朽菌や落葉分解菌、昆虫寄生菌、菌生菌などさまざまな生活型を持ったものについては、前に出した菌学関係の本の中で紹介しておいた。私は著作活動のほかに、二〇年近く学部学生に生物学コースで菌学のいろんな分野を教えてきたが、微生物の多様性について絶えず新しい知識を披瀝するため、毎年講義内容をどれほど多く修正しなければならないか、うんざりさせられている。土壌生息性担子菌類のコロニーから出てくるキノコ（子実体）は、最も目につきやすい菌類の代表格である。担子菌類は植物病原菌のサビ病菌やクロボ菌なども含めて、記載された七万二〇〇〇種の菌類の約四〇パーセントを占めている。また、ビール酵母などのサッカロミケス・セレビシアエ（出芽酵母）を含む子嚢菌類は、菌学者が調べた全菌類のほぼ四割に上る。残りの菌類はこのグループの最も謎に包まれた部分なのだが、その多様な遺伝子はどこに眠っているのだろう。

未知の生物を探す

　ミシガン大学で菌学を研究していたフレデリック・スパロウが、一九四三年に『Aquatic Phycomycetes（水生藻菌類）』という本を著した。[25] これは湿った土や池などに住んでいる菌類の大群を分類学的に位置づける、初期の研究の中でも記念碑的な著作である。このグループは、地上から落ちてくる動植物の遺体を消化し、原生生物に寄生し、互いに殺し合い、液体でいっぱいになった管がつながった塊でできた、素晴らしい集合体や遊走子を吐き出すフラスコ、小さな果樹に似た枝分かれした細胞などを作る。

これは自分だけの一風変わった感覚なのかもしれないが、今も頭の中に残っているスパロウの著作から受けた印象はなんともほろ苦いものである。その後の研究によって、いくつかの生物群が菌類またはスーパーグループのオピストコンタから、ストラメノパイルへ移されたことも含めて、スパロウの分類体系がすっかり覆されたという事実はさほど重要な事柄ではない。もっと大きな問題は、スパロウが記載した非常に多くのものが研究対象にされず、この本を飾っていた素晴らしい生物群が、数十年の間まったく無視されてきたことなのである。この見捨てられた生物の中には、彼がニューヨークのイサカにある池の水草からとったメガキトリウム・ウエストニイのような奇怪な形の菌や、「空飛ぶスパゲッティモンスター（訳註：空飛ぶスパゲッティモンスター教というアメリカの宗教教育を皮肉ったパロディー）」の近い親戚にちがいない、奇妙なアライオスポラなどが含まれている（図16）。

スパロウが描いた菌のいくつかは絶滅したかもしれないが、大部分は今も生き続けており、何億年も前にしたのと同じことをやっているのだ。我々が彼らのことをほとんど知らなかった理由は、生物学を研究するほんの一握りの人間が微細な生物を研究対象とせず、スパロウの菌を代表的な生物として取り上げなかったためである。

馬鹿にしているように聞こえるかもしれないが、我々の無知は救いようがないのだ。ただ、この不思議な生き物の中には、想像もつかない多くの遺伝子と、まったく知られていなかった複雑な共生の青写真が詰まっているのである。我々は自然界のあらゆる遺伝子を増幅することによって、自分の馬鹿さ加

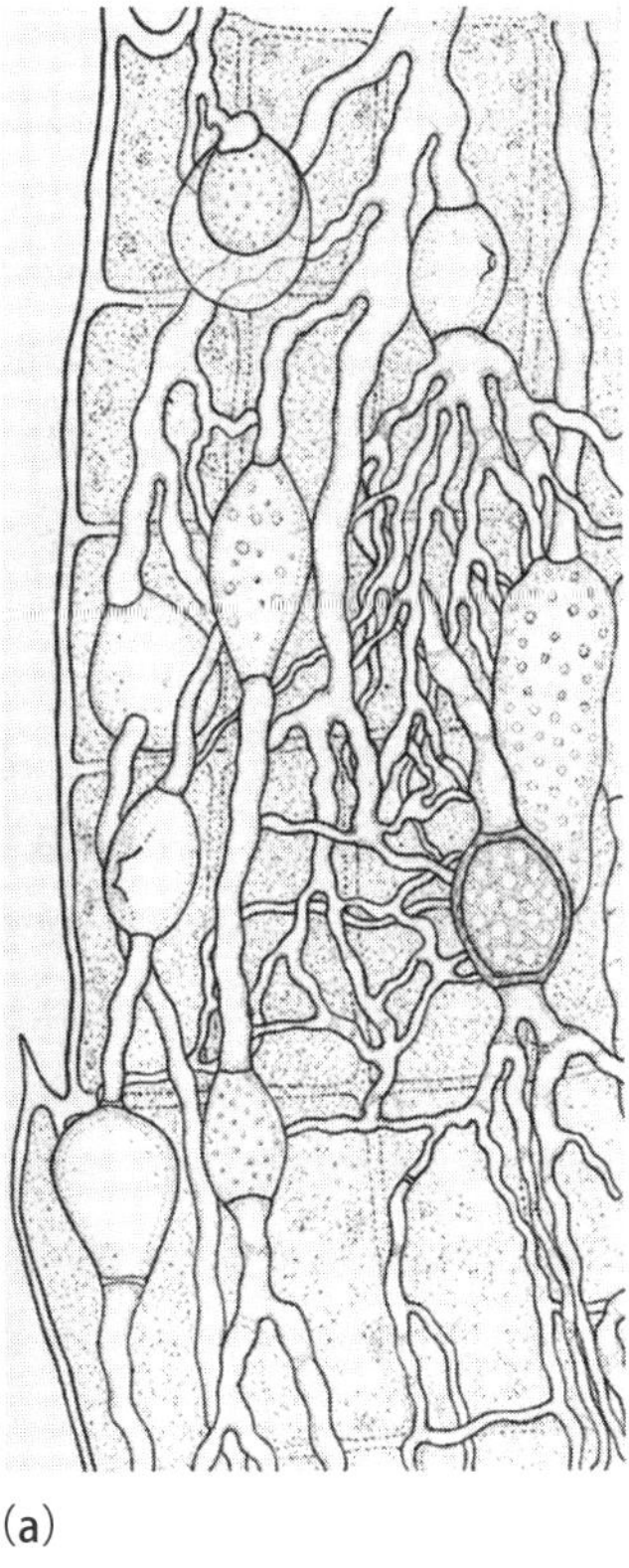

(a)

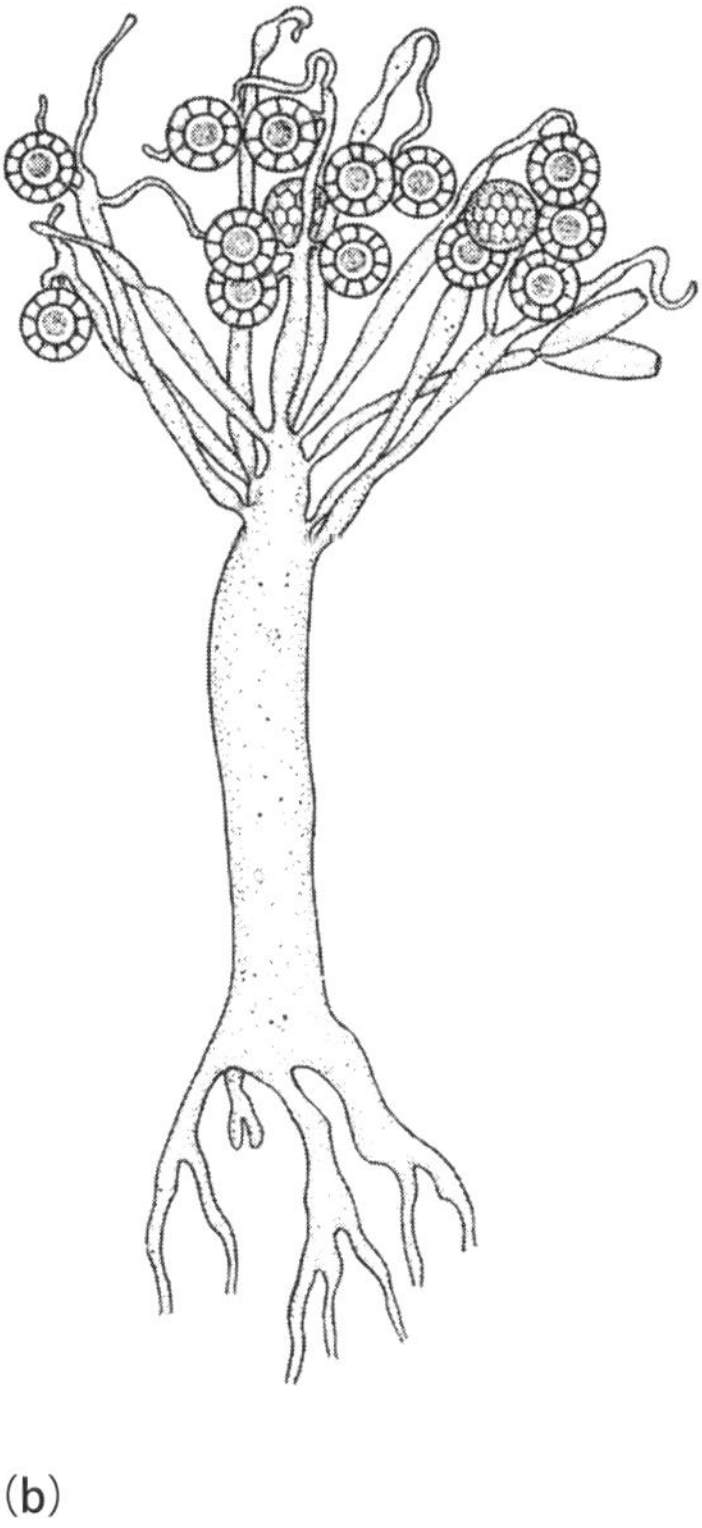

(b)

図 16　スパロウが描いた水生微生物。(a) カナダの池に生えた水草の葉の細胞に入っていたツボカビ門、メガキトリウム・ウエストニイのコロニー（オピストコンタ）。(b) 水生菌、アライオスポラ・プルクラ（ストラメノパイル）の葉状体。
F. K. Sparrow, *Aquatic Phycomycetes* (*Exclusive of the Saprolgeniceae and Pythium*) (Ann Arbor, MI: University of Michigan Press, 1943)

減をつくづく自覚し始めている。スパロウとその弟子や、このわけのわからない生物を研究し続けている学生たちの献身的な仕事のおかげで、ツボカビの一種が一九九〇年代に発生した両生類の世界的流行病と大量死に関係していることを初めて知ることができた。その結果、あっという間に、この無視されていた菌のグループの一種、バトラコキトリウム・デンドロバティディス（カエルツボカビ）が脚光を浴びることになった。[26] もし、今後もまったく未知のものが出てくることがあれば、微生物に対する無知のためだと思い知ることだろう。

クリプトマイコータというもう一つの菌の仲間も、自然界で見落とされていた面白い例の一つである。スパロウは一九四三年に出した本の中で、ロゼラ属の菌を取り上げている。この微生物は、ほかの菌類やストラメノパイルの中で成長して単細胞の菌体を作る。餌を食べ終わると、この葉状体（栄養体）は泳ぐ遊走子を吐き出す遊走子嚢に変わるか、もしくは生き残るためのカプセルともいえるトゲのある胞子になる。ロゼラの最初の記載は一八七〇年代に公表されたが、宿主と離した状態で培養できなかったため、スパロウが研究に取りかかるまで、この菌の実証的研究はなかった。一九八〇年代には、この菌に関する電子顕微鏡を使った優れた研究成果が公表されたが、その中の一つに、藻類のユーグレナに感染した菌に、さらにロゼラが取りついているという報告が載っている。[27] 細胞構造を詳しく検討すると、この生物は既知の菌類グループ以外のものと思われたという。二〇年後に行なわれた分子系統学的検討の結果も同じ結論に達し、ロゼラは今公認されているグループに入れることのできない、外れものだということになった。[28]

二〇一〇年には、そのあいまいさに終止符が打たれた。この年、研究者たちはスイスの泥炭からとった遺伝子を増幅し、現存するオピストコンタのどの門にもない一揃いのシークェンスについて綿密に検討した。[29] ところが、このシークェンスがロゼラで知られていた遺伝子のものに近かったので、この報告の著者たちはロゼラの複数の種と、DNAサンプルだけからわかった泥炭の中にいたその近縁種は、明らかに別の範疇に属している菌類だと結論づけた。二番目の論文でこの問題をさらに深く掘り下げ、ロゼラは土壌や淡水、海水域などに生息する鞭毛を持った菌類の大きな集団の代表的なものだと主張した。[30] さらに、この研究者たちは比較的きれいな環境に住んでいる菌に加えて、汚染された沈殿物や塩素殺菌された飲料水などの中からも、このDNAを採取したという。この菌はどこにでもいるらしく、その仲間に特徴的な遺伝子をコードしているDNAのシークェンスの広がりは、研究者たちが既知の菌類のすべてにわたって記録しているものよりも、かなり大きいと思われた。そのほとんどはロゼラ同様、ほかの微生物の寄生者として暮らしているらしく、どれも培養されていない。研究者たちは、このグループが新しい門として扱われることを期待して、クリプトマイコータ（クリプト菌門）と名付けた。

これは衝撃的な発見だった。というのも、門はきわめて大きい生物の範疇だから、新しい門を設定するということは大問題なのだ。例えば、脊索動物門にはウサギとホヤのように、まったく似ても似つかないものが含まれているといった具合なのである。門の客観的な定義はないが、一般的に見て、この範疇は性質を類別したうえで、関連のあるグループが分化したとされる幅広い集団をまとめたものだといえる。クリプト菌門を掘り出したことは、話題になったというだけでなく、いろんな点で興味深い。このほかに何があるのか、バイオ探検家のチャンスは無限なのだ。よく知られていないものを取り上げて、謎に満ちた生物の遺伝子をバラバラにし、身近にいる似たものを探す。探究家の希望にあふれた期待感は、分類学者のR・W・G・デニス（一九一〇〜二〇〇三）によって、あまり芳しくないやり方で、彼の傑作『British Cup Fungi and Their Allies（英国の盤菌類とその類縁種）』のユーモアあふれる序文の中に綴られている。

「この菌が犬の糞の中に住んでいることはまだ知られていないが、毎日犬がたれる汚物で道路が汚されていない街区に住んでいる人は幸せである。半世紀ほど前のこと、クロスランドが『犬のくそ』につくリパロビウス属など、面白い菌を見つけたが、それ以来ずっと誰も見たことがない。たぶん、暇な時間や余生を古くなった犬の糞の研究に捧げたいと思う人には、うまくするると大収穫が待っているかもしれない[31]」

こんな一風変わった言い方は墓石に刻むのにぴったりかもしれないが、それでも微生物学の本質を突いた言葉なのだ。ほかの種類の微生物についても見込みは同じようなもので、ウイルスの発見は分子生物学の基本的な手法に慣れた人なら、誰にでもできるはずである。

ウイルスハンター

先の章で触れたように、バクテリオファージは細菌を侵すウイルスである。ある報告によると、グラム当たり何億という数値になるそうだが[32]、その信じがたい数のファージが土壌中の無数の細菌に感染し、それが淡水生態系へとつながっている。ファージが小さいゲノムを持っているので、ゲノム解析を学ぶ学生には手ごろの研究材料になり、いくつかの大学では「ファージラボ」というのが学部学生の実習コースになっている。身近な所からとったサンプルの中にいるファージは、培地上で単一種の細菌を殺すので、比較的簡単に分離できる。実験の犠牲になる細菌は、結核やハンセン病などの原因になる細菌の無害な近縁種、マイコバクテリウム・スメグマティスである。この成長が早い種は、かつて梅毒性潰瘍か、硬化性下疳《げかん》から分離培養されたものだが、寒天培地に移植されると無害になるとされている。ウイルス粒子は一つの細菌細胞に感染して幾何級数的に増殖し、培養された細菌のコロニーが点に覆われて見えなくなるか、透明になるまで次々と近くの細胞に侵入し続ける。土のサンプルを希釈して細菌と混ぜて寒天培地の上に広げ、二四時間培養すると、ファージが透明な点になって現われる。これらの透明な点は複数のファージからできているかもしれないので、学生たちは確実に一つのファージが純化されるまで、分離培養と細菌感染を何度も繰り返さなければならない。この面倒な手続きを経て、ようやく学生たちはファージを純化してＤＮＡのシークェンスを調べ、それをオンラインのデータベースにゆだねることができるのである。

　学生たちは釣り餌に同じ細菌を使うので、すべて同じファージを分離したことになるが、捕まえたものの間に見られる塩基配列の違いは切りがないほどである。実際、学生が見つけたファージのほとんどは、どれも新しいものばかりだった。あるクラスで使ったサンプルが同じ土だった場合でも、新しいファージのシークェンスが出続けた。学生たちがマイコバクテリオファージ・データベースというウェブサイトを利用すると、自分たちがとったウイルスとのつながりがわかり、発見した物の電子顕微鏡写真を手に入れることができる。[33] また、そのウイルスに好きなように名前を付けることも許されている。では、勝手に選んだ三つのファージの例を挙げておこう。バックヤーディガンという名は西ケンタッキー大学の学生が分離したマイオウイルスだが、お気づきのとおり彼の家の裏庭からとったものだ。ミネソタ州ミズーラにある犬用の公園で発見されたサイフォウイルスの名前、ミゾマスターは故Ｒ・Ｗ・Ｇ・デニスを喜ばせることだろう。もう一つのサイフォウイルス、パティエンスは南アフリカのダーバンで、ネルソン・マンデラ大学の医学生が分離したものだが、これは一〇〇〇番目にデータベースに加えられたファージだという。この原稿を書いている時点で、ウェブサイトに出ているファージの数は二四〇〇以上になるが、すべて同じ種の細菌で釣り上げたものである。土壌生息性ファージの計り知れない多様さは、どの細菌もそれぞれ多数のファージの餌食になっているという事実から推して、当然のことといえるだろう。我々は土壌中にいるウイルスの変動幅をせいぜい一〇〇万分の一と推定していたが、実際の多様性はこの推定値をかなり小さなものにしているらしい。[34]

陸と水に住む微生物

土壌生態系と淡水生態系の微生物は密接につながっている。水は土壌を通ってろ過されてきれいになり、時には汚染されることもあるが、池や湖沼、運河、河川、入り江などに流れこむ。[35] 土壌中の細菌や古細菌、原生生物、菌などの微生物は、これらの環境に運ばれ、中には水の中で増殖するものもいる。土を離れない土壌微生物の多くは、その生命活動が水の十分ある土壌孔隙に限られているという点で、水生生物なのだ。ただし、生活環が陸上の植物や動物に縛りつけられている微生物は例外である。菌根菌は明らかに水陸両生でない代表的な微生物だが、木材腐朽菌に特化された近縁種の中には、陸上と水中の両方で増殖できる例がある。水につかった枝を分解して、ヒダのあるキノコを水中で作る菌が見つかっているが、これは明らかに土壌生息性と思われる菌類の生理的柔軟さを示す好例である。[36]

湖の表層水の中に暮らす微生物は、土壌中の微細な生物に比べて大きく異なっており、そこでは藻類と光合成能を欠く原生生物が作る複雑な社会があり、また海洋のプランクトンなどの微生物の場合に似た、垂直方向の層状の分布が見られる。[37] 使える酸素の量や温度が、その社会構造を決める主因になっている。温帯の気候条件では、夏の暖かさが湖の表層水の密度を下げ、水塊の上部が下の濃く冷たい部分と変温躍層という境界によって分けられる。もし湖水が攪拌されなければ、変温躍層の下では酸素レベルが急低下し、嫌気性細菌や古細菌の増殖が始まる。年の終わりになると、表層水が冷たくなって異なる層が混ざり合い、低酸素状態の層に酸素が注ぎこまれて、好気性生物が嫌気性生物の上にかぶさっていた層構造が数か月の間乱れることになる。

大多数を占める漂泳性微生物による養分循環が淡水域と海水域で類似しているので、それを動かしている微生物の生理的性質の大きな差異がわかりにくくなっている。海水の塩化ナトリウム濃度は二・五パーセントで、香辛料が効いたペパロニピザよりも少し少なく、我々の血液よりも三倍ほど塩辛い。淡水生微生物や湿った土壌にいる細菌細胞の塩類濃度は、周辺環境のそれよりもかなり高くなっているはずである。この浸透圧の差が細胞質に水を引きこんでいる。細菌などの微生物の多くは、膜の上に強い細胞壁を作り、それによって細胞質を抑えこんで細胞の膨張に耐えている。細胞内部の流体静力学的圧力が入ってくる水の流れとバランスをとり、膨張した細胞は周辺環境と浸透圧による平衡状態を保っている。一方、アメーバのように細胞壁のないものは、絶え間ない水の流入から身を守る装置を持っていないが、水で満たされた収縮性のある気胞に水を集め（拡張期）、数秒おきにそれを細胞表面に吐き出すことで（収縮期）、細胞の破壊を免れている。なお、この脈動による給排水のおかげで、アメーバは捕食行動ができるのである。菌の糸状の菌糸は細胞壁を持っており、収縮性の気胞を欠いているが、体外酵素を分泌して餌を溶かし、栄養を吸収する。この摂食方法の違いは、細胞壁のある真核生物と、ない真核生物に見られる基本的な相違点である。海洋微生物の場合は、細胞質の塩類濃度が周辺環境のそれに近いので、水が流れこむことに煩わされる心配がない。淡水生アメーバを海水に移すと、すぐ縮んで死んでしまい、海生微生物を淡水に入れると、つなぎ目のところではじけてしまう。

陸生微生物の群集サイズの大きさと、微生物細胞が川の流れや空気によって容易に運ばれることから して、海洋環境は絶えず陸生微生物の大きな流れを受け入れていると考えられる。反対に、空に舞い上がる海水の泡によって海から陸へ、逆輸送されるものも多いだろう。いずれにしろ、受動的に移されたものは消滅しやすく、海水の高い塩分濃度は淡水生珪藻にとって破れない障壁になっている。それはノルウェーのフィヨルドから舞い上がった海生渦鞭毛藻にとって、北極海の氷河が融けた淡水のプールが障壁になっているのに似ている。このすれすれの生理上のハードルが、生物の大きな群れをあちこちに閉じこめているのだ。長い進化の過程でも、移ってきた微生物が両方の生息域で定着して先祖になったことはまれである。[38]

例えば、五〇〇〇から六〇〇〇種もいるチリモという緑藻類（アーケプラスチダ）は、養分レベルの低い河川や湖沼の一次生産者であるプランクトングループの優占種だが、チリモは海では育たない。一方、ユーグレナ型の藻類（エクスカバータ）は高い養分レベルを好み、海にいるものはごくわずかである。逆のケースの代表は紅藻類（アーケプラスチダ）や褐藻類（ストラメノパイル）などで、これらはともに重要な海生原生生物群だが、いずれも少数の種（紅藻類の場合は二パーセント以下、褐藻類の場合は二〇〇〇種のうち四パーセント程度）だけが淡水域に生息している。放散虫（リザリア）は例外なく海生だが、二〇万種以上いる近縁の有孔虫の中では、ごく少数のものだけが淡水域に生息している。

進化したものの中には、例外もある。珪藻類はこの排他的な傾向に逆らって、湖水と海水の双方で代表的な生物になった大きな分類群の例である。海生珪藻類の化石は、淡水生珪藻の化石よりも六五〇〇万年以上先行しており、証明されたわけではないが、このガラスの壁を持った原生生物は海起源だったように思える。[39] ある珪藻の専門家が、海洋から淡水域へ移った離れ業《わざ》を、二度と戻ることがないという意味で「ルビコン川を渡った」と言ったことがある。ところが、これは間違いだった。円形細胞の珪藻の間の遺伝的関係を解析すると、淡水生の種が海生のグループから出てきただけでなく、逆の場合も大いにありうることがわかったという。[40]

海生珪藻類が淡水の中で爆発的に増えたり、淡水生の種が海水の中で脱水して乾いたりするのを避ける、適応のメカニズムはまだ解明されていない。それどころか、珪藻類の生理については初歩的なことからして、何もわかっていないのだ。進化の過程で珪藻類が塩類濃度の変化にさらされたのは、初め入り江のような場所にいた珪藻が海にむかったときか、反対に淡水域に大量の海水が流れこんだ場合だったはずである。いずれにしろ、海を捨てた移住者にとって、淡水に入る際のショックを和らげるメカニズムがあったはずである。何も、珪藻だけが陸へむかった微生物のパイオニアだったわけではない。オルドビス紀を彩った藻類が上陸して同じような道をたどり、その子孫たちがアフリカ大陸の森林や草原を満たし、我々はごく最近になってその中から生まれたのである。

第5章　大気

賢い鶴が風に乗って年毎に空の大航海をする時も、
まさにこういった飛び方をするのだ。これらの鳥が
大空をよぎって飛ぶとき、大気は鳥たちの無数の翼に
煽《あお》られて波だち、ゆらいだ。

ミルトン『失楽園』第七巻（平井正穂訳）

リンドバーグと空中浮遊微生物

子どものころの記憶の大半は、つぶれかかったリンゴ園で見た心ときめく発見につながっている。そこはとても静かな素晴らしい場所だった。「果樹園を覆う青々と茂る樹冠はいつも霧をとらえ、そのたっぷり水を含んだ空気の中で、木や果物は炭そ病、黒斑病、りんごモニリア病、がんしゅ病、サビ病、ウドンコ病、火傷病、りんご粗皮病などに蝕まれていた[1]」

果樹園の垣根を越えたこちら側、つまり私の家の庭はずっと明るく、そこでは空気が破滅を呼ぶ小さな種を含んで生き生きと踊っていた。病気にかかった木から飛び出した胞子が果樹園から降り注ぎ、ほ

かの小さな粒子やホソバネヤドリコバチ、キノコバエ、ブヨなどと一緒にゆったりと渦巻き、明るい光線の中にとらえられていた。[2] ちょっと偏屈で疑うことを知らない、内省的な子どもの眼には、見つめているキラキラと光る小さな点が、実際に見えるよりもずっと生命にあふれているように思えたものだった。ルクレーティウスが同じように感激して、これを「太陽の光の中で踊るほこり」と『物の本質について』という本の中に書いている。このローマの詩人は、その運動が「見えざる原子の流れ」によるものと考え、一九〇〇年以上も前にブラウン運動の発見を予知していた。[3]

アメリカ合衆国で最悪の砂嵐（ダストボウル）が起こった前の年、一九三三年にチャールズ・リンドバーグ大佐はグリーンランド上空を通って北極圏を迂回する空路をとり、北アメリカとデンマークの間を飛行したとき、スカイフックという採集用具を使って空気のサンプルを集めた。[4] リンドバーグが考案したスカイフックには、オイルを塗った顕微鏡用のスライドグラスを入れた交換できるカートリッジが装着されていた。外気にさらされていないカートリッジを竿のついた装置の先端に取りつけ、開いて空気にさらし、採集時間が過ぎると閉じて新しいカートリッジと取り換えた。リンドバーグの妻アンは単発の単葉機、ロッキードの副操縦士だったが、「ティングミサルトック」という「大きな鳥」の子孫を意味するイヌイット語の洗礼名を持っていた。チャールズが氷のように冷たい風に打たれながら、飛行機の円蓋を開いてカートリッジを交換する間は、アンが操縦したという。

ここでダストボウルを取り上げたのは、当然のことだが、これには当時の天候や大気の研究、農業の将来などにまつわる面白い話題が多いからである。すでに過放牧と深耕によって破砕されていたのだが、異常乾燥がアメリカの大草原（グレートプレーリー）の土壌を土埃に変え、西部への移住を拒否して頑張っていた農民の資産も、穀類につく手のつけられないサビ病の大流行によって、すべて消えてしまったといわれている。リンドバーグのスカイフックによる採集作業は、アメリカ合衆国農業省の空中浮遊微生物専門家で、かねがねサビ病菌の拡散状態を知りたいと思っていたフレッド・マイアーの依頼によるものだった。この共同研究の成果は見事なもので、サビ病菌などの胞子がグリーンランドの上空一〇〇〇メートルでも粘っこいスライドグラスに付着していたという。地上で菌の繁殖源が生えていた場所から、この邪悪な微生物は空中高く舞い上がり、地球の周りを数千キロも移動していたのだ。地球の大気は病原菌で縁どられているらしい。

　マイアーの研究には、その後さほど野心のない軍用や商業用の飛行機も協力したが、彼はヘリウムを詰めたアメリカ海軍の飛行船ロサンゼルス号を飛ばして菌のサンプルを集め、それを研究室に持ち帰って分離培養した。マイアーはカリスマ性のある科学者で、研究用の莫大な資金など、各方面から多くの援助を受けたといわれている。一九三五年には飛行船が高度二二キロメートルという記録破りの高さまで達してサンプルを採集し、一九三七年にはアメリア・エアハート（訳註：アメリカの女性飛行家、一八九七～一九三七）は行方不明になる直前まで、マイアーのためにサンプルを採集していたという。その翌年、マイアーはパンアメリカン航空の飛行艇、ハワイクリッパー号とともに消えてしまった。マニラ南東沖から届いた最後の無線は、「今雷雨にやられているので、一分間そのままに」というものだった。空中生物学は偉大な担い手を失い、以後回復しなかった。空中浮遊微生物の研究はその後も続けられ、いくつか面白い発見もあったが、これは科学として沈滞した分野で優秀な人の注意を喚起するほどのテーマではないという感覚が明らかに認められる。これは大変不幸なことである。

　際立った汚染地帯の外側に住んでいる人は、安定した生活や土地、建物に囲まれて、大気を透明なものと受けとっていることだろう。しかし、大気は我々が最も実感しにくい部分なのだ。大気は生物に満ちあふれており、我々は動くフィルターのようなもので、毎年鼻や肺に五〇〇万個もの菌の胞子だけでなく、さらに珪藻のかけらなど、原生生物の全体や切れ端、細菌やウイルスから花粉にいたるまで、一〇〇万個もの微粒子を吸いこんでいるのである。[6] ふけなどの皮膚のかけらやウロコや羽根の切れ端、火力発電所から出るフライアッシュや自動車から出る煤塵《ばいじん》、森林火災からの灰や風にあおられた土埃、建築現場や鉱山から出る塵埃《じんあい》なども一緒になって飛んでくる。[7] その鼻毛を大事にしたまえ。引っこ抜いたり、切ったりすると命にかかわるぞ。

砂嵐に運ばれて

空中を漂う顕微鏡サイズの微生物は、陸上や海中に暮らす微細な生物の中から厳選されたものである。確かに空中浮遊微生物の場合も、微生物が陸や海から溶け出す過程は受動的である。微生物は空気の流れによって物の表面からはぎとられ、粒子の大きさと風速から大よそ推測できる距離を運ばれる。あるものは発芽可能な状態で運ばれ、着地するとすぐ成長し、ほかは脱水され、紫外線で殺菌されてしまう。確かに空中浮遊性のものには、菌の胞子や粘菌、放線菌など、風による拡散に適応したものが多いが、ものによっては親のコロニーから撃ち出されたり、はじき飛ばされたりする。

砂嵐は毎年何十億トンもの土壌を大気中に高く吹き上げる。微生物は容赦ない乾ききった旅に耐えて、生き残れるかどうかわからないまま、土埃となって運ばれていく。北アフリカのサハラ砂漠とサヘル地帯にまたがる世界中で最も乾燥した地域は、最大規模の土埃発生源で、浮遊する粒子の量も最大だとされている。この土埃に混じっているアフリカ産の微生物は数千キロも運ばれて、二、三日でカリブ海やアメリカに到達するという。[8] 移動する浮遊物の中に含まれるアレルギー性物質は、その旅の終点付近で感受性の高い人の気管をイラつかせている。最近の研究によると、バルバドスやトリニダードでの喘息患者の増加は、西方に流れるアフリカからくる土埃の増加と関係があるとされている。要するに、地球が乾けば乾くほど、人はゼイゼイいうようになるというわけだ。アジアの砂嵐が立てる土埃の巨大な柱はもっと遠くまで運ばれている。中国の冷たいタクラマカン砂漠の表土の移動をアイソトープで追跡すると、太平洋と大西洋を越えてフランスのアルプスに降下していたという。森林破壊や異常乾燥で悪化し、季節で変わる強い風に乗って運ばれる塵埃には、大陸や海をまたぐ地球規模の移動パターンが見られる。

大気中の塵埃に混じって運ばれる微生物のあるものが、最後にほんの少し酸素を吸ったのは数千年前のことだった。凶暴なサハラの嵐は、毎年メガチャド湖という大昔に干上がった湖か、内海の底だったボデレ低地から、一〇〇万トン以上もの化石になった珪藻を運び出している。地質学者たちの推定によると、風がメガチャド湖の珪藻の堆積物を、過去一〇〇〇年間に深さ四メートルまですくいとり、巨大な砂嵐を生み出してボデレ地方を世界一埃っぽいところにしてしまったそうである。[9]

このミネラルの多い放出物の大半は、西アフリカや大西洋に落ちるが、その二〇パーセントは南米にたどり着いて、広大なアマゾン低地を肥沃にしている。[10] 人工衛星画像によると、サハラ砂漠から舞い上がった塵埃の雲は、定期的にカーボベルデ諸島を十分覆い隠すほどになるという。この膨大な量の塵埃は気まぐれな気象の変化に応じて降下し、島々を包んだり、大西洋航路の船に茶色の粉をふりかけたりしている。ダーウィンは一八三三年にサンティアゴ島のプライア湾にビーグル号が長期間停泊していたとき、「このきめの細かい土埃が、天体観測器具をほんのわずか傷つけることがあった」と日誌に書いている。[11] 集めたサンプルはドイツの原生生物の専門家に送られ、ダーウィンによれば、「この土埃の大部分は珪素の殻を持った滴虫類である」、つまり珪藻であるということになった。土埃に含まれていた珪藻の大部分が淡水生の種だったので、これはアフリカ本土から来たものとダーウィンは判定した。確かに珪藻の幾分かはボデレ低地から来たのかもしれないが、ビーグル号の上に降った、壊れていない上下の蓋がそろった珪藻は、アフリカのほかの場所にある干上がりやすい湖から吹き飛ばされてきたものだったのかもしれない。大西洋を渡る砂嵐は、かなり前に死んだものや死んだばかりの藻類が混じった物を運んでいる。このように珪藻が雲の中できわめて優勢なのは、水の中に驚くほど多く、乾くと空中に浮かんで運ばれやすくなるからだろう。珪藻がいたプールの水が干上がると、底に空中旅行にぴったりの乾いたガラスの微粒子が残っているのだ。

アフリカ産珪藻の最も小さな死骸は、塵埃の西の終着点になるカリブ海沿岸の住民の気管支や肺胞に入り、肺疾患の原因になっている。間違いなくこの珪藻の埃は、我々の肺をきれいにする粘液のベルトコンベヤーに乗って循環しているのだ。我々は呼吸によって常に無数の病原微生物にさらされているが、この藻類は空中病原体のリストから除かれている唯一の例外である。[12]

軍医の誤診

一九世紀には、この光合成能を持った藻類が無害であるとされていなかったので、まだ研究者たちは奇妙な説を唱えていた。ジェームズ・ソールズベリーは南北戦争当時の軍医だったが、マラリアの原因は空中にいる藻類だと確信していた。[13]一八六二年に異常旱魃《かんばつ》が続き、マラリアの大流行があったが、そのときソールズベリーは「瘴気性の中毒」にかかった患者の唾や痰を調べて、「きわめて多種類の遊走子のような細胞や微小動物、珪藻、藻に似た細胞や繊維、菌の胞子など」を発見したという。[14]すべてのサンプルに共通していたのは、ゼリー状の塊の中に緑色の細胞が集まった「パルメラに似た」藻類の細胞だったという。

この生物がどこから来るのかを調べるために、軍医は杭の先にガラス板を取りつけてオハイオ州中部の淀んだ水たまりの上に置き、翌朝ガラス板の下側に集まった水滴を検査した。しずくの中にパルメラらしいものはなかったが、ガラスの表面にはついていたと報告した。しばらく、彼は運悪くその奇妙なゼリー状の細胞の塊を同定できなかった。その後何回か、オハイオ州のランカスターにある干上がった湿地帯を歩いたが、その都度同じような「異常な熱っぽさ」を体験したという。あるとき、彼は不幸な研究仲間を連れて出かけ、その友人が同じ病気にかかったのを喜んでいる。水滴や土の中にいる「マラリア熱のもと」と痰の中にあった藻類が同じものだったので、干上がった湿地帯を歩いたときに感じた熱っぽさから、マラリアの病原体を発見したと信じこんでしまった（一八八三年、プラスモディウムという血液に巣くうマラリアの病原体が発見されたことに対する、彼の反応は記録にない）[15]。

さらに、ソールズベリーはオハイオ州のほかの場所やミズーリ州で、この藻と「瘴気中毒」との間に同様の関係が見つかったと主張した。彼はこの藻は日没後に空に舞い上がり、夜通しそのまま空中にいて、日が昇ると再び土に戻ると考えた（これは汚染された土地から離して置いたガラス板の上で、パルメラが見つかったからである）。一五〇〇年も経つと、彼が患者の痰の中に何を見ていたのかわからないが、彼がランカスターにある「マラリア発生地」と称した場所は、「運河と鉄道線路の間で、駅とデンプン工場のちょうど東側」という記述から確定できる。ソールズベリーのいう「熱っぽさ」は、マラリアというより、喘息か花粉症、過敏性肺炎などの症状に似ている。デンプン工場で行なわれるトウモロコシの乾燥や粉砕は、労働者の職業病の原因になっていたが、ソールズベリーが調査したころは、兵舎用の三階建バラックが建っていたらしい。[16] 日光に焼かれて乾いた池にいたシアノバクテリアや藻類などが、農場で飼っていた家畜や北軍の兵士たちに踏みつけられて舞い上がり、空中浮遊物による過敏感反応を引き起こしたという彼の考えは、たぶん的を射ていたのだろう。私がランカスターへ行ったときにかかった最悪の病気は、適当な喫茶店がないことによるコーヒーの禁断症状だった。ランカスターで行なった別の調査報告の中で、ソールズベリーはカビが生えたわらを運んだ農場労働者に発生した過敏性肺炎と思われる症例を書き残している。[17] ところが、彼はこのアレルギー性疾患と、当時兵士の間に流行した麻疹《はしか》を混同する間違いを犯した。

空中を浮遊する藻類が人体に悪影響を及ぼすという証拠は、ほとんど見当たらない。[18] 珪藻や緑藻は確かに空中浮遊物の中にいて、まれに呼吸器系のアレルギー症状を引き起こすかもしれないが、その効力は、はるかに数が多いアレルギー性の菌の胞子によって覆い隠されている。ある種のシアノバクテリアは毒素を生産するので、病原体になる可能性が高い。シアノバクテリアによる最も有名な症例は、強い神経毒を持ったソテツの種子、さらにコウモリとコウモリを食べるグアム島の先住民の間に見られる神経症の流行に見られる。毒性の強いシアノバクテリアはミクロネシアのソテツ、サイカス・ミクロネシカの根に共生している空中窒素固定細菌である。その毒素はＢＭＡＡと略記されているアミノ酸で、神経細胞の退化を促すとされている。細菌そのものはソテツの根にとどまっているが、毒素は移動して種子にたまるという。

この毒素がソテツの種子を食べるオオコウモリの脳に濃縮され、その脳を人が食べるので、コウモリの愛好者がひどい目に遭うというわけである。このグアム島の病気はＡＬＳパーキンソン型痴呆症といわれていたが、今はめったに見られず、記録によるとその減少は島固有のオオコウモリの絶滅と並行していたという（一九六八年に最後の一匹が撃ち殺された）。この神経病理学的因果関係の解説は素晴らしいが、まだ批判がなくなるほど強力ではない。[19] より直接的な関係は、プランクトンの大発生時に打ち寄せる波で飛ばされたシアノバクテリアによって起こる、皮膚炎や肺疾患の症例で知られている。[20] まれなことだが、このような症状は有害な細菌を吸いこんだり、感染したりしたためというより、むしろ接触によって起こった可能性が高い。研究例は少ないが、この神経症がシアノバクテリアの吸入によるという可能性は、まだ残されているらしい。[21]

天候を変える微生物

空中を浮遊する藻類やシアノバクテリアによる病気は、いずれも微生物が意図して起こしたものではない。このような非感染性微生物の歴史を見ても、好んで人間に害を与えた例はない。おそらく、同じように空中にいることも、意図したことではないはずだ。後で触れるように、菌類の進化には、飛ぶために発達した驚くべき仕掛けが認められるが、藻類にはまったく見られない。アフリカの空を飛ぶ珪藻は死んだもので、飛んでいる殻の大半は壊れた化石か、生きた細胞も干上がった湖から吹き上げられた、蘇生できないほど乾いたものだけである。そのうえ、淡水生珪藻は海に吹き飛ばされると増殖できない。一方、空中輸送に耐えられる海生の原生生物は、白い波頭の泡から逃れてしばらく飛ぶと、また水滴の中に戻り、養分の多い水域に近づくことができる。進化の過程で、この受け身の輸送方法を発達させようという動きはなかったとされているが、私はきわめて頻繁に起こったことだと思う。ごく少数の研究者は、空中に上がる最初の地点で受ける風速によって変化するかもしれないが、微生物が雲を作ってかなり離れたところまで拡散するという仮説を立てて、論理的に異なる結論に達した。もっとも、このきわめて大胆な推論は、ガイア理論（訳註：地球と生物が相互に関係して環境を作り上げていることを、一つの巨大な生命体とみなす仮説）の最も馬鹿げた部分に入れられた。

微生物が自分の力で天候の変化を調節するという説は、雲ができるのは、空中浮遊微生物の周りに雨滴や氷の結晶ができる生物的生成過程の結果であるとする考えから始まった。[22] 細菌のシュードモナス・シリンゲは雨を降らす微生物の一つで、穀類やマメ類、ビートなどの作物に感染する病原細菌でもある。この細菌の細胞表面のタンパク質が水の凍結温度を上げ、宿主植物の葉面に氷の結晶ができるのを促す。その氷の結晶が葉を傷つけ、細菌は植物が出す栄養物の中にどっぷりつかるというわけである。シュードモナスはほかの細菌と一緒に空気中からも見つかり、霰《あられ》や雹《ひょう》からも分離されるので、雲ができるのに一役買っているのではないかと思われている。ほかの多くの細菌も、同じように氷の核になるらしく、雨滴や雪片の中でも見つかっている。[23] もう一つ、生物がかかわっている雲のでき方については、細胞自体の物理的性質よりも、むしろ細胞から出る化学物質が働いているとする説がある。海生植物プランクトンの円石藻の一種、エミリアニア・ハクスレイが異常発生すると（赤潮）、それはジメチルサルファイド（ＤＭＳ）の大工場になる。ＤＭＳ合成はこの藻が水和作用を保つために行なう方法（浸透圧調節）の副産物で、この化学物質が海面で雲ができる原因の一つになっているという。[24]

天候の変化に及ぼす微生物の影響は、生物圏の健康状態を左右するという微生物界の重要性を強調する例証にはなるが、この物理的過程に何らかの適応的意味があるというわけではない。ただし、一九九八年に出された一風変わった論文の中に、進化生物学者のビル・ハミルトンと気象学者のティム・レントンが、海生藻類は自分で空気の流れと雲を作り、拡散を成し遂げていると書いている。[25] 彼らはエミリアニアなどの海生藻類によって生成されたＤＭＳが、異常発生したプランクトンの上を流れる風の速度を変え、波頭から細胞を引き上げて海上を運ぶと主張した。[26] この仕組みによる行動を証明する実験結果はないが、それはさておき、藻類の利益になるかどうかは疑わしい。陸上の菌類と違って、藻類で空中浮遊胞子を作るものはごくわずかである。水に浸るのに慣れていた藻の細胞は、空中を運ばれるとすぐ死滅してしまいそうに思える。ただ、円石藻は空気にさらされても、しばらくは生きていられるが、海面の変化や大気の化学性などに左右される、離陸と着地の方法が進化するためには、自然選択を通してきわめて多くのことが必要だったと思われる。海中で微生物の作った化学物質が風速を速める原因になり、その風に乗って空中に舞い上がり、雨滴に入って、また海に舞い戻る前に細胞を運ぶ雲のもとになるのだから、形質発現のためにきわめて長い時間を要したと思われる。[27]

海を渡るサビ病菌

微生物による天候の調節を説明する納得のいく仕組みは、まだ不確かだが、生きた菌の胞子が大西洋とインド洋を渡ったという、受け身の空中輸送の例は記録されている。このようなまれな飛散現象の証拠は、発生源になった地点から海を渡った反対側で起こった急激な作物病害の大発生に見られる。[28] 一九世紀にコーヒーのサビ病菌がスリランカのコーヒー園を壊滅状態に追いこみ、それが当時の栽培地だったインドやジャワ、スマトラ、フィリピンなどのあらゆる栽培地域に広がった。病気にかかった一本の木が、何十万ものオレンジ色の胞子を霧のように噴き出し、この感染力の強い粒子の雲がサイクロンの風に乗って、二〇世紀になるとアジアの栽培地域からアフリカにまで達したのである。

大西洋は大きな障壁だった。コーヒーの木は一八世紀以来ブラジルで栽培されていたが、サビ病菌はまったく見られなかった。コーヒーの木の輸入に対する植物検疫のおかげで、ブラジルの木は旧世界の流行病から逃れていたが、病原菌の空中移動はそれを許さなかった。一九六〇年代の終わりごろ、その胞子が東へ吹く貿易風に乗って、海上三〇〇〇メートルの高さを時速五〇～六〇キロの速さで、二、三日のうちにアンゴラから南米へと海を渡った。若い植物病理学者のアーノルド・ゴメス・メデイロスが、ブラジルのバイア州で病気にかかった葉を発見したのは一九七〇年のことだった。メデイロスは一九六七年に野外調査で西アフリカを訪れたとき、サビ病を見たことがあったのだから、研究者と胞子が互いに大西洋の上を飛んだというわけである。[29]

サトウキビのサビ病菌は一九七〇年代に大西洋の上を赤道沿いに飛んで、カメルーンからドミニカ共和国へと移動し、コムギの茎につく新しいサビ病菌は、一九六〇年代にアフリカからインド洋を横切って東方向に移動してオーストラリアに達し、その一〇年後に別のサビ病菌がオーストラリアからニュージーランドへ飛び火した。先のコーヒーの例は、病気を避けようとして栽培地をある地域から別の地域へと移し、大量一斉栽培を実行した愚かさの結果である。大気は毎年、地上の菌のコロニーから五〇〇万トンに上る胞子を受け入れている。[30]なお、この胞子の重さはアボガドロ定数によって計算されたものである。[31]ただし、サビ病菌の大西洋横断のように、風による一方的な侵入はまれな出来事なのだ。

動物の病原菌はこれほど動かない。砂嵐は肺疾患を誘発するアスペルギルスをまき散らし、コクシジオイデス・イミチスという病原菌によるリフトバレー熱を流行らせる。アメリカ南西部のバレー熱の流行は、地震や建設工事によって出る土埃とも関係があるとされている。動物や植物を攻撃する菌の胞子に加えて、大気中には腐生性や菌根性キノコの胞子、キノコに近い酵母、地上で育って死んでいくあらゆる物を食べている盤菌類などの子嚢菌の胞子が霧のようになって飛んでいる。

このような微粒子を同定して測定する伝統的なやり方は、スライドグラスやフィルターでとらえたものを顕微鏡で検定する方法だった。空気の採集技術はかなり改良されたが、調査方法の基本はマイアーとリンドバーグが共同研究していたころとまったく変わっていない。胞子の同定は厄介な仕事だが、それはありふれたものの間でも互いに見分けがつかず、一つの種の中でも胞子の形や大きさが変化に富んでいるからである。このような煩雑さのために、研究者は種を判別するよりも、むしろ採集した胞子を大きくまとめてしまう傾向がある。分子生物学的方法はこの手続きを簡略化し、研究者が望むレベル、つまり種や属、またはさらに大きなグループの段階で、サンプルを扱えるようにした。エアフィルターでとらえた微粒子からDNAを抽出して細かく刻み、増幅してシークェンスを調べ、それを遺伝子のデータベースに保存されている既知の菌のものと比較するのである。[32] ただし、古典的方法も類縁種の同定に欠かせないものとして残るだろう。というのは、シークェンスからわかる菌の名称は、その微生物を最初に見た人が決めたものに常に結びついているからである。研究者たちが学名をコードナンバーに置き換えるのを承知するまで、顕微鏡は微生物の多様性を研究するための欠かせない道具なのだ。

最近、国際共同研究グループが分子生物学的手法を採用して、大陸の内陸部や海浜生態系、海上など、さまざまな場所から集めた空気のサンプルについて調査した結果を公表した。[33] 穏やかに吹く海風は、まったく菌の胞子を運んでいなかったが、ほかの所ではどこでも胞子が認められたという。とくに、キノコの胞子は大陸から来る空気中に多かった。一方、子嚢菌から出た胞子の比率は、海岸線を越えると増加し、海上で採集されたサンプルでは担子菌の胞子の量を上まわった。空中浮遊微生物の季節的変化を調べた結果を見ると、キノコの胞子は子実体の発生量が最大になる時期に増加している。[34]

熱帯雨林上空の空気は菌根菌同様、植物遺体を分解するキノコの胞子を運んでいた。菌の胞子は植物体から放出される揮発性有機物と一緒になって、雲ができるときに核として働き、森林生態系に雨を降らせるのに役立っている。アマゾンの湿地帯は地球生物化学反応系といわれている。[35] 森林生態系の自律的な仕組みが、海の天候を調節して拡散する藻類に似ているとすれば、注意深く考えてみる必要があるだろう。雲を作れる菌がどこにでもいることを認めると、熱帯雨林の菌が雨水を必要とするので、雨を降らせるというお題目はありえないことになる。たとえ、熱帯雨林の上空にある大量の胞子が降雨量に影響するとしても、胞子表面が氷の核になるという性質が、水浸しの地面にある親のコロニーを支えるために進化したとは、とてもいえないはずである。これは、動物が植物の生産性を支えるために、二酸化炭素を吐き出しているというより、もっと馬鹿げた話である。

胞子を撃ち出す菌

菌の胞子は表面にタンパク質を持っており、それが何億もの人をアレルギーで悩ませる原因になっている。じつは、これがここ一〇年ばかり、胞子が空中に浮遊するメカニズムを調べることに、私がかなりの時間をさいてきた理由の一つなのだ。もう一つの理由は、胞子がその母体から離れるときに見せる、微細な運動機能を生かした妙技が、自然界の中で最も魅力あふれる運動だと思うからである。キノコがヒダから胞子を撃ち出すとき、胞子表面にできた小さな水滴で加速するカタパルトを使う。また、タマハジキタケというキノコの仲間は、胞子が詰まったカプセルを空中に打ち上げるために、小さなトイレの排水管掃除器に似た射出装置を使い、子嚢菌の盤菌類は空にむかって胞子を噴き出すのに、ごく小さな水鉄砲を用いている。ほとんどの発射装置は数ミリか、数センチ胞子を飛ばせるだけで、その後の移動は風まかせなのだ。

近頃は高速ビデオカメラを使って、このような発射装置の働きについて多くのことがわかるようになったが、初期の研究者たちは独創的な実験方法を考案して、研究内容を大きく進展させていた。私が気に入っているのは、一九五九年に行なわれた水鉄砲型発射装置の弾道に関する研究なのだが、それは胞子を撃ち出すソルダリアという菌の上で透明の円盤を高速で回転させる実験だった。[36] 回転盤が止まると、円盤の下側の周辺部に短い列になって一群の胞子が並ぶのが見える。胞子の列の一つひとつは、液体が詰まった大砲の働きをする子嚢という圧力がかかった一つの細胞から撃ち出されたものである。この付着した胞子の列の長さは子嚢が空になる時間差に比例するので、空になる時間を五〇〇〇万分の一秒とすると、発射速度は秒速一一メートルまたは時速五〇キロになるという。なお、この数値は五〇年後に行なわれた高速ビデオカメラによる測定結果と一致していた。もう一つの子嚢菌のニューロスポーラが今のところ発射速度の記録保持者で、一秒に一〇〇万コマ撮れるデジタルカメラを使うと、その胞子の速度は時速一〇〇キロ以上になると記録された。

種子のない植物が作る胞子や種子植物の花粉と同じように、菌類の胞子の歴史的堆積からも気候や生物に関する豊富な情報が得られる。動物の糞に繁殖するスポロルミエラという菌は、花粉分析の際の指標として大いに役立っている。[37] スポロルミエラの胞子の密度に見られる変動は、草食動物の頭数の指標として使われている。過去の排泄物中の胞子数の激減は、毛深いマンモスやマストドン、サイなど、大型草食動物の地球規模の大量死を反映しており、それは一七世紀に起こったニュージーランドの翼のない巨鳥、モアの絶滅にも匹敵するという。[38] 動物の排泄物が空中浮遊微生物叢に与える影響の大きさは、研究課題の中でも驚くべきことの一つだが、大気中の微生物について、まだまだ知らないことが多いのも事実である。菌の胞子射出という課題についてさえ、空気中で見つかるアレルギー性の最も強い種がなぜそこにいるのか、私自身わからないと言わざるをえないありさまだ。残念ながら、これが空中微生物学の実態なのである。

アルタナリアの仲間は、生きている植物にも死んだものにもついて成長する。この菌は分解している餌の上にきれいに枝分かれした軸を立て、その先端に抽象芸術好きのガラス職人が凝って作ったような、ボーリングのピンに似た優美な胞子をつけている。これを分生子《ぶんせいし》というが、このクローン胞子の核は、親のコロニーの核が分裂しただけの、いわゆる複製である。分生子は、有性生殖を通じて組み換えられた遺伝子を運んでいるキノコやカビの胞子とは対照的である。アルタナリアは特定の場所にある餌を食い尽くしそうになると、無性の分生子を大量に作る。この胞子は自然界で最もありふれた胞子で、多くの人はそれを毎日のように吸いこんでいる。なお困ったことに、この胞子は非常にアレルゲンになりやすい。もし君が喘息気味だったら、胞子を皮膚にちょっと接種してもらってごらん。皮膚が赤くなるので、簡単に原因がわかるはずだ。[39] 胞子をつけているアルタナリアの軸は弾力性があるので、空気がわずかに動いても揺れる。この胞子の分散過程について一般に認められている説は、空気の流れで軸から胞子が切り離され、風に乗って運ばれるというものである。これ以上、簡単なメカニズムは考えられない。しかし、この説明の唯一の欠点は、実験によって証明されていないということである。実験室で培養したコロニーの上に風を流しても、まったくと言っていいほど胞子を飛ばすことはできなかった。分生子を作るほかの菌も、同じやり方で胞子を飛ばすといわれている。[40] 空気が流れると、胞子はわずかに空中へ舞い上がるが、そのほとんどは軸についたままで決して飛ぼうとしない。

この奇妙な現象には、もっともらしい答えがたくさん出されている。それによると、胞子をつけている軸の乾きが引き金になって、中の溶液が切れて小さな気胞が生じ、胞子が軸から振り落とされるという。この空洞化現象は、分生子を作るいくつかの菌で実証されているが、アルタナリアではされていない。また、乾燥した空気の中では静電気の帯電が増幅され、それが葉から胞子を引き離す働きをするともいう。アイデアはたくさんあるが、納得のいく実証実験はまだない。最近、この研究の意義は世界的に喘息患者が急増していることと相まって高まっている。ちなみに、現在喘息の患者数が世界中で三億人に上るそうだが[41]、それが気候変動問題と菌学との面白い連携を促すきっかけになっている。植物は地球という温室の中で濃度の高い二酸化炭素を取りこんでどんどん成長し、アルタナリアは葉に感染して拡散し、さかんに胞子を噴き出す[42]。つまり、地球が温まれば温まるほど、我々は喘息でゼイゼイいうことになるというわけである。

家の中から成層圏まで

アレルギーのもとになる菌は、湿った建物につきものである。洪水で被害を受けた室内や雨漏りや水漏れのする部屋の中の空気は、野外とまったく異なっている。この微生物の多様性に差が出る理由は、屋内と屋外で餌になるものが異なっているからである。紙で石膏をサンドイッチにした乾いた壁は、分生子を作るいろんな菌にとって豪華な御馳走で、水につかると立ちどころに胞子で真っ黒になり、青く染まってしまう。分子生物学的研究によると、菌の種数は熱帯で多くなるという通説に反するほど、建物の中には多種類の菌が住んでいるという[43]。温帯地域の室内環境に暮らしている菌は、じつに多種多様である。試料採取した建物のあった緯度は、使われている建築資材よりも、菌の多様性のよりよい指標になったという。ということは、木材や紙製品、塗料や合成樹脂などの上で生きられる微生物の多様性は、アフリカよりもヨーロッパのほうが大きいということになる。喘息の流行と赤道からの距離の間に強い相関があるとすれば大変面白いが、高緯度地域にビタミンD欠乏症が多いことや、菌以外の原因によるアレルギーがあることも考慮する必要があるだろう[44]。

菌は室内と室外の空気を細菌やウイルスと分け合っているが、彼らは病気にかかった動物の呼吸器から出る、時速一〇〇キロの速さで飛ぶ粘質物のしぶきに乗って運ばれてくる[45]。感染症病原体の伝搬距離はキロメートルというよりメートル単位にとどまっており、大陸横断飛行をする菌が備えているような装置のない多くの微生物にとって、風に乗って飛ぶ長い旅行は死出の旅路になるはずである。ただし、牛に下痢を起こさせるボビンウイルスが、砂嵐で広がったというめずらしい例もある[46]。非病原性細菌の細胞が砂嵐から採集されて培養できたとか、ロシアのロケットが高度五〇キロメートルの上空で生きた細菌をとらえたといった、よく引き合いに出されるが疑わしい報告がある[47]。これが成層圏での最高記録だが、オゾン層による防護域を越えており、そこでは紫外線照射で遺伝子コードが縮むので、細胞は死んでしまうはずである[48]。

成層圏での生存は、雲の中で発達する緩い酸性条件や高高度での極端な低温や強くなる紫外線照射に適応できるか否かにかかっている。低高度の場合は、微生物が雨滴の中で成長して増殖し、細菌が雲の中で養分循環を行なっているという証拠もある[49]。森林などの生態系の上空で採取した空気のサンプルの中に、多様な菌の幅広いパターンがあることはよく知られているが、これらの微生物が遠く離れた場所に移動する機会はごく限られている。大気中で生き残ることは、菌の中でも抵抗力を持った系統にとってさえ、かなり物騒な仕事で、繁殖にふさわしい場所に定住できるのは、さらに例外的な出来事なのだ。その点からしても、微生物地理学は地上における環境と生物のかかわりを取り扱う大切な研究領域なのである。もし、空中浮遊微生物による分散が、微生物叢を決める主要因であるとしたら、ヨーロッパやアメリカ、アフリカなどの土壌に、まったく同じ細菌と菌類の混じった微生物叢が見られるはずである。

しかし、これは事実に反する。異なった地域でも、子実体の形態が同じに見える木材腐朽菌の遺伝子を調べてみると、驚くほど地域性が強かったという。[50] 菌根菌もはっきりとした分布パターンを持っているが、それは共生する微生物の範囲を決める宿主の分布状態を反映しているからである。[51] 原核生物の場合にも地域性が高いと思われるが、広範囲にわたる分布状態を見た例はほとんどない。[52] すべての生物はいずれも都合のいい場所に定着できれば、うまく生きていく機会が与えられるが、高く大気中に漂っている膨大な数の微生物は、ほとんど風のまにまに消えてしまうのだろう。

第6章　裸のサル

神秘につつまれた部分も、まだこの時には
隠されてはいなかったが、それもまだ妙にうしろめたい
羞恥心というものがなかったからだ。自然の造りだしたものを
恥じる不純な「羞恥」よ、不面目きわまる「面目」よ。

ミルトン『失楽園』第四巻（平井正穂訳）

母から子へ乗り移る微生物

我々人間は口から肛門までつながった消化管の中や、性器の湿った場所、命を支える呼吸器などに、微生物の大集団を詰めこんで運んでいる動く生態系なのだ。人間の皮膚は、面積が最も広い病原菌に対抗するバリアーだが、それは細菌や酵母でできた四番目の防御生態系に覆われている。我々のDNAの大部分がウイルス由来であるのと同時に、真核生物としての我々の細胞も微生物的要素から成り立っていると考えると、彼ら（微生物）と我々（受精卵から始まる細胞集団）の間の違いにこだわることが、ますますどうでもよくなってしまいそうである。[1] デカルトは「我思うゆえに、我あり」と書き残し、地

球上におけるほかの生命体と我々は、超自然的に区別されているという古来の信念を普及させた。四〇〇年経っても、まだ哲学の主流は人類の優越感に浸っている。ところが、最近になって生物学がひどく違ったことを言い始めた。それは、我々人間が培養された微生物の複雑な混合物以外の何物でもない（それ以上でもなく以下でもない存在）とする考えだが、もしそうなら、人間が「万物の霊長」だとする考えは、理屈に合わなくなるのである。

さて、まず手始めに、母親の膣とその滑り具合から話を始めよう。羊膜の中の生命体は、子宮の外に出て最初に微生物と出会うショックに耐えられるように、上手に守られている。胎児の免疫による防御機構は、胎盤を通して送られる母親の複数の抗体によって、不意打ちに備えるように仕組まれているのだ。流産する可能性のある母体の防御反応から、自然に胎児の組織をカモフラージュする分子を分泌する胎盤を持つなど、妊娠は病原菌感染と多くの点で共通した特徴を持っている。胎児は、発達する器官や大きい異質な母体のタンパク質に対抗するより、むしろそれに耐える制御性免疫細胞を作り出す。いったん外に出ると、幼児の免疫機構は周辺にいる微生物の詳細な一覧表を急いで作り、母乳の中にある抗体に助けられて、細菌が有害か無害か判別し始める。

生きた微生物の大群と最初に出会うのは誕生の際だが、そのときすぐ新生児は膣内細菌に覆われる。これが無菌状態の胎児を、一〇〇兆個もの微生物と母体の共生系に引き渡す始まりなのである。膣から新生児に移行する細菌の中で最も多いのは乳酸菌のラクトバチルスだが、新生児は大便についている微生物も一緒に取りこむ。つまり、これらの細菌は飲みこむと消化管に、息をすると鼻や肺に入り、誰かが抱き上げたり、抱きしめたり、鼻をこすりつけたり、キスしたりすると、汚《けが》れのない皮膚に細菌が接種されるというわけである。子どもが乳首に触るか、哺乳瓶からミルクをガブ飲みするたびに、新生児を取り巻く微生物叢はますます拡大する。帝王切開で生まれた赤ん坊は、膣の微生物叢を素通りすることになるが、これについては後で触れることにしよう。細菌細胞数の増加は、主役になる異質なグループが交替するにつれて、着実に種の多様化と並行して進む。ラクトバチルス属とファーミキューテス門（訳註：腸内細菌の一種で、グラム陽性菌）の近縁種が、乳児の若い腸管の優占種になり、母乳や代用品のベビーフードを食べる。野菜が食事に加わると、これらの細菌は腸内にある食べ物の三〇パーセント以上を二番手のバクテロイデス門の細菌に譲り、この細菌群は我々が食べるのを止めるまで一緒に働き、我々を食べないように努めている。

生後一か月経つと、大便の中の微生物叢に大きな変化が現われる。新生児の腸の運動が始まると、上皮細胞や胆汁や子宮の中で摂取されていた羊水などが混じった、胎便という黒い粘質便が出る。胎便の微生物叢は単純で、ファーミキューテス門の細菌が多く、微生物叢の幅は日が経つにつれて広がるが、最初の三か月間はファーミキューテス門が優勢である。[2]

乳幼児の腸内微生物生態系は、食べ物の種類によって決まるが、池の中の生物群と同じように、さまざまな環境変化によってかき乱される。詳細な分子生物学的研究によると、乳幼児の大便の細菌群は、発熱によって急激にプロテオバクテリア門の細菌や放線菌に変化したという。乳幼児の腸内にいる真核生物を遺伝子で調べると、菌類もこの刺激で増殖したが、その増加原因が熱だったのかどうか、よくわからないという。なお、腸内微生物生態系の構図をもう少し複雑に描くとすれば、細菌や菌が正体不明のウイルスによる攪乱に反応している可能性が考えられる。いずれにしろ、幼児の熱が下がると、よそ者は数日で姿を消したそうである。もう一つ、母乳から牛乳に切り替えた九か月目には、乳幼児の微生物叢に一時的な変化が現われ、耳の感染症を予防する抗生物質を投与すると、やはり同じように変化したという。

大便と腸管の微生物叢の働き

人間の大便問題の中で最大かつ持続的な変化は、穀物などの硬い食品を食べ始めるときに起こるが、そのときファーミキューテス門の細菌が、穀物や野菜の複雑な炭水化物を料理する酵素系を持っているバクテロイデス門の細菌に空間を譲る。微生物叢は環境の変化に応じて揺れるが、驚くべき勢いで再起動し、成人してからもほとんど変わらず、バクテロイデス門の細菌が多い生態系が維持される。細菌と畑（我々のこと）としての動物の間にできた太古からの共生関係は何の問題もなく、変わることがない。

分子遺伝学的手法で詳しく調べられた乳幼児はアメリカ生まれだったが、その腸内微生物生態系の特徴はスカンジナビアやイタリアの幼児の腸の場合とさほど違っていなかった。もし、冷静に食事療法という点から見れば、衛生状態や多彩な食生活といった西欧的通念は色あせたものになってしまうだろう。[3]バクテロイデス門の中の二つの属、プレボテラとバクテロイデスは、食生活の中に植物性炭水化物が多いことを反映している。トウモロコシやキャッサバが主食のアフリカの内陸、マラウイではプレボテラが支配的だが、動物性タンパク質や飽和脂肪酸が多い西欧型の食事では、バランスがバクテロイデスのほうに傾く。アメリカのベジタリアンの腸管の微生物叢が、ハンバーグ好きのご近所の人たちのものよりも、マラウイの人の腸管の微生物叢によく似ていることから、この違いが二次的原因によるものでないことは明らかである。[4]

明らかに食事の違いによって生じる、このような腸内微生物社会のことを、エンテロタイプ（ヒト腸内共生細菌叢）と呼んでいる。成人のエンテロタイプは、幼児の微生物叢と同じような弾力性を示し、環境の深刻な変化以外の原因で攪乱されることはない。もし、その人たちが高脂肪で繊維質の少ない食事に慣れているなら、低脂肪で繊維質の多い食事を摂らせることは明らかに馬鹿げたことである。しかし、この場合でも、微生物生態系がすぐ変化するわけではなく、腸管の微生物叢がバクテロイデス型からプレボテラ型に変わるには長期間の慣れが必要である。

　徹底した食事内容の変更が、少なくとも餌が脂肪と糖類の多いファストフードのようなものに変わったマウスでは、腸内微生物叢に劇的な変化をもたらした。この実験動物の腸管は糖類をうまく消化するファーミキューテス門の細菌でいっぱいになり、マウスが太ったという。[5] 人間でも同じことが見られ、肥満した人の腸管ではファーミキューテス門の細菌が圧倒的に多かったが、低カロリー食を摂り続けると、比率から見てバクテロイデス門の細菌が優勢になり、その結果体重が減ったという。[6] 食生活の急激な変化は、二〇一〇年にメキシコ湾で起こった石油企業ＢＰ社の海底油田開発事故の場合に対比される。[7] この豊かな漁場へ大量の炭化水素が混入したことで、油を分解する細菌群に急激な増加が見られたそうである。[8] 汚染された海でも腸管の場合でも、細菌がどこかから移住してくる必要はない。というのは、環境が変化すると、前からそこにいた細菌が急速に増殖し、それまで少数派だったものが優勢になるからである。

　我々の食物の中には、自分の酵素では分解しきれないものが混じっており、それが大便のもとになっている。植物細胞壁の多糖類の中には、多くのエネルギーが閉じこめられている。また、細胞壁の大部分はセルロースなどの繊維からできており、これがヘミセルロースで互いにつながれ、さらにその複合物がペクチンの鋳型の中に埋めこまれている。人間のゲノムには、この高分子化合物の分解を触媒する、二〇個程度の酵素の遺伝子がコードされているが、どれもセルロースの重合体を切ることはできない。

高分子炭水化物の代謝は、大部分腸管にいる微生物群が持っている何千という炭水化物分解酵素によって行なわれている。[9] 我々がお腹に持っている細菌は、これらの物質構造にあるすべての化学結合を処理して、人体生態系を動かすもとになる糖類を解き放っている。ただし、よく知られているように、セルロースは例外である。口腔内の微生物叢はセルロース分子を端から切り離すことができる酵素を生産し、腸内細菌がもう一方の端からセルロースを分解する補酵素を出す。胃でばらばらにされるが、ほかのセルロース分解酵素がないのでこの組み合わせでは人間の誰もがほとんどセルロースを消化できず、その大半は未消化のまま排泄されている。我々がどんなに繊維質の食物を大量に摂ったとしても、自分の消化器官をシロアリや反芻動物が持っているような効率のよい発酵槽に変えることはできない。

創薬と微生物

微生物叢に関する研究の新奇さと、その発見が革命的な薬剤の開発に与える影響は目覚ましく、製薬技術も日進月歩である。今中年の研究者たちが学生のころ学んだ実験手法は、微生物叢を解き明かすのには、ほとんど間に合わない。自分の消化管にいる生物の豊かさに気づき始めたのは、数十年前に大便から分離培養された細菌を同定したころだったが、腸内細菌の七〇から八〇パーセントはペトリ皿の上で消えてしまい、遺伝子からしか知ることができなかったのである。シークェンスの中のいくつかは、例えば「これは乳酸菌に似たファーミキューテス門の仲間からきている」というように、既知の細菌から とった遺伝子のものに十分類似していた。一方、ほかのシークェンスは、決まった学名を持った生物とまったく関連づけることができないほど、既知のものと異なっていた。いずれにしろ、この正体不明の微生物を操作上の分類単位、ＯＴＵで表わしておこう。腸管の中には驚くほど多数のＯＴＵがいるのに、同定番号以上のことはわかっていないのだ。

先に紹介したように、ショットガン・シークェンシング法は海水や土壌、空気などの微生物叢を調べるのにも使われているが、この方法で調べた人間の微生物叢を見ると、微生物学的にいえば、貯水槽の中にサンゴ礁を見つけたような気がする。ある生物からとった遺伝子を読みとる第一世代型シークェンサー（訳註：DNAのシークェンスを自動的に決定する装置）は、ポリマーを極小管に充填する毛細管型にしたものだが、非常に精度が高く、塩基の数が七五〇のシークェンスを扱うことができる。これは、植物または動物の種の間に見られる進化上の関係を検討するのに完璧な装置で、現在の遺伝子解析の大半はこれに頼っている。ところが、ほんの一つまみの大便の中にいる無数の未同定の微生物を扱う場合は、ほとんど使い物にならない。この問題の解決には、高速で一〇〇から四〇〇という短いシークェンスの何百万という塩基を読みとれる、第二世代シークェンサーが必要だったが、最近はこれによって細菌の社会全体をとらえることができるようになった。[10] シークェンシング技術の進歩の速さは、ヒトゲノムのシークェンスを決める費用が二〇〇一年に九億五〇〇〇万ドルだったのが、二〇一三年には六〇〇〇ドル以下になったことからも明らかである。[11] もし、同じようなことが自動車業界で起こったとしたら、五〇万ドル近くしたロールスロイス・ファントムが、一気に感謝祭のシチメンチョウよりも安くなったというようなものだろう。

シークェンシング法の研究は、トランスクリプトーム（訳註：ゲノムDNAから転写によって産生されるRNAの全体）やプロテオーム（訳註：ある生物が生産するタンパク質のすべて）、メタボローム（訳註：ある生物が生産する代謝産物のすべて）などの解析によって、さらに深まっている。トランスクリプトーム解析、または遺伝子発現のプロファイリングはゲノムからでてくるRNAを扱い、プロテオーム解析はトランスクリプトームから読みとられたタンパクのプロファイリングを行なう。メタボローム解析は遺伝子情報をとらえるというよりむしろ、マススペクトロメーターを使って膨大な数の代謝産物を同定する。マススペクトロメーターは分子をさらに小さな帯電した断片に砕き、それを電磁場で解析して、もとの化合物の構造を決定する。これはボタンを押して、化学物質のリストがコンピューターの画面に出てくるのを待つだけといった安直なものではなく、サンプルに含まれる化学物質の全体像を読みとる、一種の芸術のようなものである。このような研究から、微生物叢は食べた炭水化物の消化を助けるだけでなく、我々の生存を左右する、信じられないほど多様な代謝反応にかかわっていることがわかってきた。[12] 腸内に住んでいる細菌は、腸管による水や塩類の吸収を刺激する短鎖の脂肪酸を生産し、病原微生物の増殖を抑え、結腸の上皮細胞に栄養を送り、健康状態を決める。また、ほかの細菌が生産する胆汁酸やコリンが、血液中のリン脂質や糖分のバランスを調整し、ビフィドバクテリウム（放線菌の一種、ビフィズス菌）が元気のもとになる一連のビタミンを生産するなど、数多くの細菌が我々の健康を維持するのに役立っている。

ＤＮＡ解析や代謝産物のプロファイリングのための科学機器の改良は進んでいるが、大規模な微生物叢の研究はきわめて高くつく仕事である。海洋や土壌、大気などの微生物社会の解析も、同じように高くつくが、人間の微生物叢の場合は医療への出口があるので、まだ売りこみやすい。その解析研究は、アメリカ国立衛生研究所の人類・微生物研究プロジェクトやＥＵの腸内細菌メタゲノム解析機構、北京のゲノム研究所などの基金による国際共同研究プロジェクトへと発展している。[13] なお、この研究に対する公的資金の提供や個人的な投資は正当と認められている。

抗生物質、微生物、アトピー、喘息

先進国では五歳になるまでに、ほとんどの子どもが複数の抗生物質を投与されている。抗生物質が投与されるたびに微生物叢は大混乱を起こし、数年間かけて自然にできあがっていた細菌のバランスを崩す。おそらく、この微生物社会での事故は、いろんな炎症性疾患のもとになるだろう。そのためにも、腸管の中で何が起こっているのか、よく知っておく必要があるのだ。

抗生物質の投与が、人間の腸内共生細菌叢を根本的に変えることはないが、研究者たちは一週間にわたって抗生物質を投与すると、細菌の多様性が損なわれ、しかも抗生物質耐性を決める遺伝子が、生き残った細菌の中で増幅されると断言している。いずれも驚くほどのことではないが、抗生物質投与の残効を調べた研究を見ると、細菌の多様性が下がったまま、二年後まで抗生物質耐性菌が出続けたという嫌な結果がある。[14] マウスを使った実験では、抗生物質の投与が糞に含まれる代謝物のおよそ九〇パーセントを変えたというが、これは微生物の働きに広範な障害が生じたことを意味している。[15]

たった一回の抗生物質投与によって引き起こされた、腸管生態系に生じた持続的な変化は、数多くの人々がさまざまな人間の疾病と腸内微生物叢の変動との関係を研究対象として取り上げるきっかけになった。ヘリコバクター・ピロリは胃炎（胸焼け）や消化器の潰瘍、胃がんなどとの関連を疑われて、長い間評判を落としてきた細菌である。[16] 時、抗生物質を投与してピロリ菌を除くと、劇的に胃炎が治ることが喧伝されたが、この細菌は健康な胃の微生物叢の常在菌で、幼年期に一般的な抗生物質を常用して消してしまうと、重大な問題が生じるとされている。ピロリ菌は食欲を抑えるホルモンを分泌することによって、体重をコントロールするのに役立っているが、ある研究によると、この細菌の消失は小児喘息の発生増加と関係があるという。[17] ピロリ菌は人類の祖先が五万八〇〇〇年前に東アフリカを離れて以来、ずっと人類のよきパートナーになり、我々がその故郷から離れるにつれて、人間と同じようにどんどん隔離されて、遺伝的に変異していったと思われる。[18] この微生物を強制的に追い出したことが、深刻な結果を招いたので、永久に消えてしまう前にヘリコバクターの系統を保存しておくのが賢明かもしれない。

腸内微生物と免疫学的な健康問題の範囲は、内臓の炎症性疾患のほか、リウマチ性関節炎や多発性硬化症、糖尿病、アトピー性皮膚炎、喘息などにも及んでいる。生まれおちてからの一週間が、幼児期からその後まで喘息などのアレルギー性疾患を発症するか否かを決める、最も重要な時期になるといわれている。生まれたときの微生物との出会いが決め手になるので、誕生のときまでさかのぼって考えてみることにしよう。帝王切開で生まれた幼児は、膣を通って生まれた子よりも、喘息の発症率が二〇パーセント以上高いといわれている。[19] このことは、帝王切開で生まれた幼児が、誕生から二四時間以内に皮膚の表面にいる細菌群に覆われ、乳酸菌が優占する膣からくる微生物群に接触できないという観察結果に関連があるのかもしれない。[20] 母親とごく普通に接触するのと同じように、授乳が乳幼児の腸管に乳酸菌を与えるが、人間が微生物に触れる最初のほんの数時間が決定的瞬間なのだ。複数の研究で、帝王切開で生まれた子どもにプロバイオティクス（善玉菌）を与えると、確かに乳酸菌が入って効果があったことを認めている。また、フィンランドで行なわれた研究によると、ヨーグルトのものと同じ複数の細菌を幼児に毎日与えたところ、アトピー性皮膚炎や食物アレルギー、アレルギー性鼻炎、喘息などに対する抵抗力が得られたという。[21] 産科医が安全に新生児の口に膣の粘液をほんの少しつけるのに、どれほどの時間がかかるのだろうか。

実験動物を使った研究では、腸内微生物叢の変化とアレルギー性疾患や自己免疫性疾患の間には、きわめて強い関係が見られたという。抗生物質を大量に投与されたマウスは、悪名高いピーナッツのアレルゲンに敏感に反応し、菌の胞子を吸わせると喘息のような症状を呈したという。要するに、正常な腸内微生物叢の攪乱が、炎症反応に対する免疫機構の調節機能を弱め、その結果アレルギー症状が現われるというわけである。

微生物叢と疾病の関係を検討するもう一つの方法は、細菌のいない殺菌された装置の中で飼育し、殺菌した餌で育てた無菌動物、もしくはノトバイオート（訳註：無菌動物に特定の細菌を投与した実験動物）を使うやり方である。ノトバイオートのマウスは、食物の大部分が消化されずに、口から肛門へ直行してしまうので、正常なマウスよりも大量の餌を食べなければならない。少なくともあらゆる種類の病気にかかりやすくなった突然変異マウスにとっては、無菌状態の暮らしにもいくつかの利点がある。例えば、免疫機構がひどく損なわれた突然変異系統は、関節炎を起こして骨のつなぎ目が変形し、脳障害を引き起こすことがある。しかし、もしマウスがノトバイオートの状態で育てられていれば、このような慢性症状が消えて、障害が軽減されるという[22]。なお、対照実験では、汚れていなかった腸管に正常な微生物群を繁殖させると、マウスは炎症を起こして障害を受けたという。簡単に言うと、マウスのゲノムに起こった突然変異と関係のある炎症性疾患は、齧歯《げっし》類の腸内微生物によって症状が軽減したということである。これは我々が微生物抜きで生きるのがよいということではなく、むしろ免疫機構と腸内細菌の複雑な相互関係、いわば分子レベルでの関係が、動物の健康に対して広範囲に影響することを示している。

多発性硬化症は、細菌との良好な関係が破壊されて悪化した場合に出てくる、もう一つの症例である[23]。多発性硬化症は、脳や脊髄の神経細胞の軸索を囲んでいるミエリンという類脂質の破壊に関係があるとされている。この自己免疫反応は、ウイルスから体を守ると考えられるT細胞によって行なわれている。遺伝的に改変されるか、もしくは遺伝子組み換えによって、欠陥のあるT細胞を持つように改変されたマウスは、尻尾の麻痺に始まるマウス型の多発性硬化症を発症するようになる。もし、このマウスをノトバイオートの状態に置くと、この運命を回避できるが、これを正常な消化管を持ったマウスが住んで排便していた籠に移すと、麻痺が始まったという。また、正常な腸内微生物叢の形成が、神経障害を引き起こすこともある。無菌状態のマウスの免疫機構は不完全だが、この場合でも細菌が除かれている限り、欠陥のある防御機能が発症を促すことはない。もう一つ面白いのは、自己免疫反応の強さがノトバイオートの腸にいる細菌の種類に対応していることである。このことから、炎症性や自己免疫性疾患の場合、患者の食事内容の改善や善玉菌の投与によって治療できる可能性があるといえるだろう。ここ何十年か、我々は抗炎症性の食事を摂れと、強く勧められているわけではないが、全粒粉の食事に切り替えることによって増殖した新しい微生物群が、血流中の炎症性のサイトカイン（訳註：細胞間の情報伝達を媒介するタンパク質）、インターロイキン—6のレベル低下と関連していたことが知られている。[24]

肥満と微生物

腸内微生物叢の改変には、食習慣を少し変えることが刺激になる。一番簡単な方法は、最も適した微生物群を含んだ飲み物をガブ飲みして、その小さな生物が胃の中で生き残り、十二指腸を経て腸管の中に定着してくれると信じることである。何を隠そう、これがお腹の具合をよくしようと懸命になっている御婦人方のために、生きた乳酸菌（ファーミキューテス門）やビフィズス菌（アクチノバクテリア門）を含んだ、健康食品として売られているヨーグルトの正体なのだ。このような健康食品としてのヨーグルトに対する苦情は、小さな字で書かれた「科学的データはありません」という星マーク付きの言い訳でかわされている。いい点は、ヨーグルトが無害だということだ。消化器系の微生物叢を変えるもう一つの方法は、便の中にいる微生物群を移植することである。この方法を略してFMTという。すでに、お腹が痛む大腸炎や結腸炎などの炎症性疾患に対して処方されているように、これが最も合理的な方法なのだ。[25] ヨーグルトを飲むほど気分のよいものではないが、この治療法では健康な人から浣腸でとった微生物叢のサンプルが、鼻孔から入れた内視鏡を通して、細い管を経て患者の胃か十二指腸に送られる。この理屈はわかりやすい。というのも、もし、患者の腸内微生物叢が病原菌の増殖によってアンバランスになっているなら、適当な微生物を導入することによって炎症反応を抑える免疫機構を働かせ、健康を回復させることができるからである。

ノトバイオート技術の開発には限度があるとしても、微生物叢を生かした方法は、炎症性や自己免疫性疾患を治療するための基本的な治療法になるかもしれない。何百という病気の兆候は、我々一人一人のゲノムから読みとれるかもしれないが、突然変異の多くが疾病の決め手になるわけではない。例えば、心臓病の原因になる恐れのある遺伝子が、個々のポンプを弱らせるというのではない。微生物叢からの情報が、我々の運命は、しばしば自分が持っている細菌の免疫機構に対する反応にかかっていることを伝えている。それにしても、ここには将来有望な治療法が埋もれているはずである。

『ネイチャー』や『サイエンス』のような評価の高い雑誌に掲載された腸内微生物に関する主な研究成果は、それらが優れた科学的業績であることを証明している。もちろん、どんな科学論文も同じ手続きで採択されるので、とるにたりないカエルの分類学的研究であれ何であれ、少なからざる研究が比類ない素晴らしい業績としてほめそやされてきたものだが。微生物叢に関する研究にはそれ以上の価値があって、カエルやキノコやスズメバチなどの新種に関する論文以上に印象的である。そこにこめられた掛け値なしの情報の重さは、驚くばかりである。『ネイチャー』に載ったある論文によると、「人類微生物叢研究共同体（ＩＨＭＣ）」は二四二人の成人から綿棒で採取した五〇〇〇の検体について増幅した三〇〇〇万のリボゾームＲＮＡから細菌を同定し、より詳細な分析に回した七〇〇の検体のそれぞれから三〇億のＤＮＡ塩基を読みとったという。[26] この手の研究のほとんどがそうだが、『ネイチャー』に載るほどの研究はチームによって行なわれ、二四八人の科学博士や医学博士、およびその両方を持った人物の名前と所属が、小さな文字でこの論文の終わりのページを埋めているのだ。細菌の数値もさることながら、研究者の数も大変印象的である。その手法の詳細はさておき、微生物叢に関する研究論文の最も優れたものは、科学であると同時に芸術の域に達しているといえる。メタゲノミクスを扱った実験では、非常に広範なデータを表わすのに、より新しくよりよい表現方法を編み出す必要があるので、その論文には色とりどりの数表や棒グラフ、輪状に描かれた分子の形やまるで星が爆発したように見える三次元ネットワーク解析などが満ちあふれている。これらのデータはハッブル宇宙望遠鏡で撮られた写真のように、科学にほとんど関心のない人々まで感激させることだろう。我々の体内に暮らしている、この驚くべき生き物のすべてを見たまえ。先に述べたように、このように考えれば、生命はもっと壮大なものに見えてくるはずなのだ。

人間の消化管に住んでいる生物の大半は細菌だが、古細菌や真核生物も少数派ながら、きわめて重要な住人である。腸管の中の古細菌は数が少ないにもかかわらず、ちなみに大便一グラム当たり細菌が四〇〇億個に対して、古細菌は一億個になるのだが、[27] 消化管の健康に欠くことのできないものらしい。腸内古細菌の中では、メタンを生成する種が最も多く、その中の一種、メタノブレビバクター・スミシイの遺伝子が大便のサンプルから、ほかのものよりも多く増幅されたという。この原核生物は絶対嫌気性で、水素（H_2）を消費して二酸化炭素を還元し、メタン（CH_4）を生成する。メタン細菌は欧米人の三〇～五〇パーセントの腸管で認められているが、研究者たちの中には、メタノブレビバクターが結腸壁の粘膜としてしばしば見落とされていると信じている人もいる。この場所は十分酸化された毛細管床によって占められているので、古細菌にとってあまり居心地がいいとは思えない。しかし、この謎は酸素から逃れるのに必要なシェルターになる腸粘膜の中に、密度の高いほかの原核生物の集合体がいることで説明がつく。このような共生状態にいる細菌はメタン生成古細菌による水素消費から利益を受け、メタン生成古細菌は糖類の発酵に必要な完全な化学的環境を作り出している。この複雑な微生物社会が働きだすと、食べたものからエネルギーがどんどん出てきて、我々は二足歩行のウシのようになり、太ってどんどんメタンガスを出すというわけである。[28] 腸管にいる原核生物の社会を調整すれば、肥満がとまるのだろうか。善玉菌入りの飲み物がメタン細菌を取り除き、食べながらでも多少は痩せられるのだろうか。誰にもわからないが、答えを見つける楽しみはとても大きいはずだから、賭けてみる価値はあるかもしれない。

少し矛盾した観察結果のように思えるが、研究者たちは拒食症の患者の腸管にもメタン生成古細菌が多いことに気づいている。その数値には説得力があって、痩せた一〇代の若者や成人が持っているメタン生成古細菌、メタノブレビバクターの細胞数は大便一グラム当たり一億個、肥満した人はその二倍、そして拒食症の患者の場合はグラム当たり五億個になるという。[29] おそらく、これは拒食すると腸内細菌が飢餓状態におかれ、腸内微生物の間で消化機能の働きが強く刺激されるためと思われる。かつてさほど重要でなかった古細菌が、腸内微生物叢を助けて、拒食症患者を生かしているのだ。少なくとも、私にはメタン細菌を抑えることが、肥満を治すよい治療法になるとは思えない。おそらく、古細菌の増殖は何よりも腸内環境の根本的な変化を反映しているように思える。要するに、我々が太りすぎてもメタン細菌が増殖し、痩せすぎても同じことが起こるのである。

ほかの古細菌の類も我々の消化器系の中で、同じように不思議な暮らし方をしているらしい。最も不気味なのは、腸管の粘膜に住んでいる塩好きのハロバクテリアである。[30] この古細菌は消化管の炎症性疾患を抱えている患者から見つかったが、炎症がない腸管にも住んでいることがわかっている。通常、塩をとるための塩湖や日の当たる塩田などにいる古細菌の遺伝子が、結腸の粘膜からも増幅されたという以外、この古細菌の働きについては、何もわかっていない。

腸管の真核生物

腸内の真核生物については、古細菌同様ほとんどわかっていないが、見れば見るほど新発見が多く、第1章で取り上げた系統の輪の主なスポークに連なる代表的なものが、ほとんど便の中で発見されている。微生物の多様性については庭の池の探検でも紹介したように、その気になれば身近にスーパーグループの例をたやすく見つけることができるのである。アーケプラスチダとハクロビアは例外だが、それはこの仲間の大半が光合成によって生きているからである。[31] 腸管の原核生物のように、腸管にいる真核生物の大半も酸素を避ける嫌気性微生物だが、好気性のものもいて、上皮に接した血管の近くにある酸素のポケット（微好気性域）を占拠している。

ブラストシスティスは、遺伝子解析で菌類から離されてストラメノパイルに加えられるまで、酵母と考えられていた。これは絶対嫌気性で、その細胞はミトコンドリアに近い特殊な細胞小器官を持っており、これが酸素のない状態で生きるのを可能にしている。[32] ブラストシスティスのシスト（嚢子）は家畜やペットから採集できるが、先進国では一〇人に一人程度の割合で保菌しているのに比べ、発展途上国では七五パーセント以上の人で見つかっている。健全な腸管内での働きは不明だが、腸の不快感と関係があることから、研究者の中にはこの珪藻の仲間を日和見《ひよりみ》感染菌とみなす人もいる。

　腸管にいる真核生物の多くは、無害な共生菌に近い片利共生生物という生態的位置を保っているが、ある条件下では危険なものに変わる。真核生物の中にも真正病原菌が散在しており、その中にはアルベオラータ（クリプトスポリディウム）やエクスカバータ（ギアルディア）、変化しやすい激しい下痢（アメーバ赤痢）の原因になるアメーボゾア（エントアメーバ）などが含まれている。人間の大便から分離培養される真核生物の中では菌が最も多様で、その中には菌糸状態の子嚢菌や担子菌同様、子嚢菌酵母のカンジダ（膣の中にも多い）やサッカロミケス（パン酵母など）、マラセジア（ふけにつくカビなど）などが含まれている。オピストコンタに属する大型生物（寄生虫）は、先進国の人間の腸管にはいないので、一応我々は「害虫フリー」ということになっている。これは感覚的には気持ちのいいことで、衰弱による感染症の原因を取り除くことにはなるが、カイチュウやサナダムシの絶滅は免疫機構の劣化につながり、自分たちの快適な生活を楽しんでいる人々にさまざまなアレルギー性疾患を引き起こすなど、現代人の生物的特徴の一つになっている。

　実際、これらの菌が腸の中で成長しているのか、たまたま通過するだけなのか、食物にくっついてきただけなのか見極めるのは難しい。シークェンスを調べるまでもなく、これらの菌が寒天培地の上で培養できるという事実は重要である。というのは、それが腸管の中で生きていることの証明にはなるが、大便の中に多い穀物や果物の砕かれた組織の中にある遺伝子については、同じことがいえないからである。[33] 腸管にいる菌類の生態がほとんど知られていないということは、潰瘍性大腸炎の研究を見るとよくわかる。もちろん、我々から見てのことだが、選ばれた実験モデルのマウスは人間が大腸炎にかかるようなやり方で、小さな腹をこわして傷つける食物を与えられる。[34] こうして虐待されると、マウスは菌に抵抗する抗体を作るが、このことは腸の炎症が菌の増殖とつながっていることを示唆している。正常な免疫反応が欠けている突然変異系統のマウスの場合は、さらにあらゆる点で悪い。というのは、おそらく体内の菌数をコントロールできる手段を持っていないからである。このような不幸な突然変異体では、大腸炎がますます悪化するが、この実験の要は抗菌薬で腸内の菌を殺すと、その影響が消えるという事実である。この発見はノトバイオート・マウスを使った、マウス型の多発性硬化症を回避するための実験の例に似ている。

腸管に住むウイルス

最後に出てくる腸内微生物叢の構成員には、ウイローム（生体内ウイルス集団）という特別な名称が与えられているが、我々はほかの腸内微生物に比べて、これに関する知識をほとんど持ち合わせていない。便から採取したウイルスの遺伝子を解析すると、何兆個もの細菌細胞を攻撃している、種類の異なる数千のバクテリオファージがいることが明らかになった。[35] これは海水のサンプルで見たウイルスの多さに匹敵するが、海と同じように、ウイルスが腸内細菌群のバランスを保つのに役立っていることは明らかだろう。このウイルスのDNAシークェンスの五つに一つは、宿主細菌の染色体に組みこまれているが、それは細胞の複製と破壊の前に宿主と共存する、溶原性というファージの行動に共通する特徴なのである。溶原性ウイルスは細菌から細菌へと遺伝子を受け渡すことによって、遺伝子の水平的な移動に影響し、餌になる細菌の間に新しい特性を広げていく。この仕組みによって、特殊なタイプの腸内細菌の間に抗生物質耐性遺伝子が広がり、人間が尿路感染症を処置するために一連の抗生物質を投与されると、細菌の回復には好都合になるというわけである。

ファージが溶原性の状態を脱して、宿主の細菌から飛び出すとき、その顕微鏡サイズの大虐殺は我々にとってかなり有利なことなのかもしれない。ヒトのゲノムは、細菌の細胞壁を消化する酵素をコードしていないが、それは細菌の細胞壁が溶けるまで、腸内微生物叢に取りこまれた糖類や脂肪酸、アミノ酸などが利用されないことを意味している。生きている腸内細菌から出る酵素で分解された植物質の代謝産物は、消化器官の表面から吸収利用されるが、おそらく、ファージによる細菌の破壊もエネルギー源を補強していることだろう。

ヒトとゴリラの違い

人間の腸内微生物叢の生物学的意義が認知され、我々の近縁種が持っているメタゲノムを知るにつれて、人間そのものについてきわめて多くのことがわかり始めた。二〇〇五年、ヒトのゲノム解析が終了してから四年後、ある研究共同体がチンパンジーのゲノムを解読したと発表した。また、二〇一二年には人類に最も近い近縁種のボノボのゲノム解析が完了した。[36]

野生のチンパンジーやボノボが摂っているかなり限られた食物と比較して、我々の現代の食生活を考えると、腸内微生物叢が似ているとはとても思えないだろう。しかし、この考えは間違っている。ゲノム解析によると、我々が持っている細菌叢は、雑食性哺乳類に典型的なもので、ボノボの腸管の生態系にそっくりだった。ボノボの餌の中では果物が大部分を占めるのに、我々の微生物叢はこのモデルとさほど違わない。[37] 我々が摂取する動物性タンパク質や脂肪がどれほど多いかを認めれば、これは驚くべきことだが、腸内細菌は常に植物質のものに興味があるように見える。動物質のものは、結腸に繁殖している細菌の大群にたどり着く前に、胃の中で消化されている。人間の腸内微生物叢に見られる個体差は、ヒトとほかの動物の間の差よりもかなり小さい。チンパンジーやゴリラ、オランウータンなどの類人猿の餌には果物よりも葉物が多く、彼らの腸内微生物叢はボノボとヒツジの中間型である。

哺乳類について広範囲に行なわれた分析結果を見ると、進化上の類縁関係よりも食餌のほうが腸内微生物叢の類似性を決めているといえる。例えば、主な食物がタケとされているゴリラの腸内微生物叢は、明らかに食物が腸管をゆっくり通り抜けるウマやサイのものに似ている。ただし、これにも例外がある。パンダはゴリラと同じように、食餌がササに偏っているが、その腸内微生物叢はゴリラ型ではない。パンダはアザラシや時に探検家を喰うホッキョクグマと同類の微生物を持っているのだ。この奇妙な現象は、パンダがホッキョクグマにごく近い近縁種で、両方とも短時間で食物を処理する消化器系を持っているという事実で説明できる。パンダはゴリラと同じような餌を摂るが、パンダのほうは多糖類の多い細胞壁を発酵させるというより、むしろ植物細胞の汁を消化しているらしい。

脊椎動物の腸内微生物叢はきわめて異常な生態系で、動物の消化器系以外のどんなものともまったく異質である。細菌の生息密度は自然界にある細胞のどんな集合体よりもはるかに高く、その種組成も特異的である。メタゲノミクスで無脊椎動物の腸内微生物叢を調べた結果を見ると、それはきわめて単純な生態系で、多種類の非共生的細菌が入り混じったものだったという。[38] 脊椎動物の複雑な微生物叢は、無脊椎動物には欠けている適応的免疫機構とのかかわりから形作られたように思われる。我々と微生物の免疫的関係の深さは、適応的免疫機構が外部の微生物叢の中の有害になりそうなメンバーに対する防御機構として働くというより、むしろ細菌と長続きする共生関係を保つために進化したという説を支持しているように思える。

体を包む微生物群

何兆という我々の味方の大半が住んでいるのは腸管なのだが、それ以外にも人間を取り巻く微生物叢は多い。我々の口腔内を覆っている粘液は、何千種類もの細菌の住処になっている。最も優勢な種としては、ストレプトコッカスやヘモフィルスなどの無害な系統や、発展途上国でその優占度が胃腸の診断にも使われているプレボテラなどを挙げることができる。[39]すでに消化器系で見たように、微生物生態系の攪乱は疾病につながり、口腔内の細菌の複雑な社会やメタンを生成する古細菌は歯周病と関係があるとされている。[40]口腔内の粘液にはカンジダなどの酵母から、空中浮遊胞子としてどこにでもいるクラドスポリウムや、口の中にいる間は無害なクリプトコッカスなどまで、およそ一〇〇種の菌類がへばりついている。[41]鼻孔の細菌群は口腔内のものとまったく異なり、口の中のストレプトコッカスよりもスタフィロコッカスのほうが多く、ニキビについているプロピオニバクテリウムやコリネバクテリウムが優勢である。肺は独特の微生物叢を持っており、シュードモナスが優占している。我々の体で最も広い器官は皮膚だが、頭の皮脂を食べ、過度に働くとふけのもとになる酵母などの微生物群の住処でもある。[42]我々の体の外側や血管、泌尿器など、どこを見ても微生物と無関係なところはないのだから、自分たちは恵まれていると思うべきである。

一方、無菌マウスを用いた研究から、我々が持っている共生現象についてさらに面白いことがわかってきた。正常なマウスと無菌マウスを使って、暗くした実験箱の小部屋を探検することに興味を示す好奇心の強さと、迷路を見分ける自信のほどを測定したところ、無菌マウスのほうが正常なものに比べて好奇心が強く、さほど用心深くないことがわかったという。[43] この危険に対する行動は、ドーパミンなどの神経伝達物質の代謝回転（ターンオーバー）を増やす大脳の基幹部分における遺伝子発現の変化と関係しており、このことは腸管微生物叢が神経系の発達に何らかの調整力を及ぼしていることをうかがわせる。別の研究によると、無菌飼育されたマウスにおける正常な微生物叢の発達が、セロトニンレベルの増加と関係したという。これは始めに見たように驚くにあたらないことである。というのは、体内のセロトニンの大半は腸管の上皮細胞に蓄えられているからである。[44]

そして我々が寿命を終えると、我が共生者たちは我々の体を食べてお腹から出ていく。息が止まると、死体はすぐ無酸素状態になり、体内にいる酸素嫌いの共生者たちが腸壁を消化して周辺組織に移動するという、生涯一度の機会をとらえる。このことは、二酸化炭素や水素、硫化水素などのガスが腐った死体にたまる分解過程の膨満段階を見れば、明らかである。死体の中の液体も細菌で泡だらけになり、皮膚がはじけると辺り一面に染み出していく。お話は、ハイこれまで。“Caco ergo sum.”[45]

第7章　ウルカヌス神の鍛冶場とダンテの神曲、地獄篇

四方八方焔に
包まれた巨大な焦熱の鉱炉。だがその焔は光を放ってはいない。
ただ眼に見える暗黒があるのみなのだ。

ミルトン『失楽園』第一巻（平井正穂訳）

焼かれても生きる菌、アグニ

インド南部の西ガーツにある灌木林のつやつやとした葉の上に、丸く膨らんだビア樽型の胞子が点々とついている。そのあたりの植物はすっかり燃えつき、炎が乾ききった草をなめていく。灌木の周りの空気が急に熱くなると、胞子の一つひとつから一兆分の一リットルの水滴が沸騰して空中へ噴き上がる。小さなビア樽はたちどころに壊れ、焼け土の上に横たわる白骨よりも乾ききって、火がおさまるまで何時間も焦げ続ける。

次の日モンスーンの雨がやってくると、焼かれた胞子は焼け跡から埃と一緒に舞い上がる。風がやむと、いくつかの胞子は朝露に濡れている火を逃れた植物の上に落ちる。数分経つと、胞子は水を吸って

貯めていた食べ物を取り出し、細い発芽管を出して成長し始める。[1] これが、ヒンドゥー教の火の神にちなんで名づけられた、アグニという菌なのだ。その回復力は大したものだが、この程度のことは生物学では日常茶飯事である。いわば、あらゆるものが、絶えずその生存を賭けて競っているともいえる。クラゲは砂浜に打ち寄せる浅い海水の中で脈うち、日光浴をする人はカクテル片手に寝そべっている。クラゲもヒトも似たり寄ったり、きわめておかしなことをやっているのだ。比較する相手が、極限環境微生物（訳註：極端な高温・低温、酸性・アルカリ性など極限環境で生きる微生物、古細菌など）が繁殖できるのとまったく同じ環境条件で死滅するほかの生き物だったとすれば、あらゆる生物は一種の極限環境に生きていることになる。縞模様のクラゲは砂の上で死に、観光客は海で溺れるというわけである。あらゆる生物は、常にほかのものの極限環境に暮らしているのだ。

とはいえ、いくつかの生物が、一見生化学の基本原則に反するような環境条件に合わせて生きていることも認めなければならない。人間は二、三分なら四七℃の熱い風呂にも耐えられ、空気が非常に乾燥していれば、一〇〇℃以上の高温でも短時間さらされるだけなら生きていられる。[2] 中部大西洋の深海底にある熱水を噴き出す煙突に住んでいる古細菌のピロロブス・フマリイは、一一三℃では成長するが、九〇℃以下になると凍えて細胞分裂を止めてしまう。[3] 多くのタンパク質の機能は加熱によって壊されるが、ピロロブスのような古細菌ではタンパク質の構造にわずかな改変が生じ、分子がばらばらになると再構成するメカニズムが働き、その機能を温存するようにできている。[4] ちなみに、ピロロブスは二〇〇三年に太平洋の噴出孔からよく似た古細菌が分離されるまで、敵《かな》うもののない超高温耐性菌の記録保持者だった。その簒奪者は一二一℃でも十分成長できたことから、一二一系統と名づけられた。[5] 一二一℃というのは、実験室で使う高圧滅菌器の中の温度だから、この条件は微生物学者たちにとって大きな驚きだった。高圧滅菌器は微生物実験用の培地やガラス器具だけでなく、手術用の器具などを殺菌するためのもので、スチールの容器の中の乾いた空気を高圧の蒸気で置き換える装置である。どんなものでも高圧滅菌器には勝てないのだから、知られている限り一二一系統は大変めずらしい生物なのだ。

低温好き

一方、温度の物差しの一端には、冷たいのを好む、いわゆる好冷微生物の仲間がいて、南極のテイラー氷河から流れ出る赤い錆色をした塩水の中で、鉄に依存した生活を送っている。[6] この流出物は血の滝と呼ばれ、淡水の氷河の下に閉じこめられた塩水のプールから流れ出るが、鉄と硫黄を大量に含んでいる。この塩水は無酸素状態で、マイナス五℃で凍結している。粘性のある懸濁液の中にいる古細菌は、ごくわずかな有機物からエネルギーを引き出して鉄イオンと硫酸塩を作り出す。南極大陸にあるエース湖の底はもっと冷たく、常に氷点の一、二℃上に保たれており、メタンで飽和している。ここにいるのが好冷性古細菌のメタロゲニウム・フリギドゥムである。[7] メタロゲニウムはほかの好冷性古細菌と同じようにメタン生成菌で、二酸化炭素と水素を反応させてエネルギーを獲得し、メタンを作る。タンパク質の硬化は好熱性細菌に特徴的だが、好冷性古細菌が持っている酵素は、低温での触媒作用に必要な柔軟性を保つようにできている。この適応力が分子レベルの機械を動かしているのだが、その速度はきわめて遅い。腸にいる大腸菌のエシェリキア・コリが二〇分に一回細胞分裂するのに比べて、メタロゲニウムの細胞は月に一回しか分裂できない。

生物はエース湖よりもっと冷たい場所でも、なんとか生きている。南極大陸の各地からとった氷柱の中には細菌や菌のＤＮＡがたっぷり含まれているが、古細菌の痕跡はない。[8] 氷の中で菌が成長できるとは思えないが、ムコール（ケカビ）やフザリウムがそこにいるのは、氷河の表面に落ちた胞子が何千年もの間かかって氷が厚くなるにつれて、深いところに保存されるようになったからだろう。細菌は氷の中を走る空隙で見つかっているが、代謝活性があるかどうかはわからない。古細菌が明らかに地球上の最悪の条件を好むことや、少しの有機物があれば生態系を動かせることからして、それがいないのはじつに不思議なことである。地球上の最低温度の記録はマイナス八九℃だが、この温度は一九八三年に南極大陸の氷床のボストーク湖（氷底湖）上にあるロシアの調査地、ボストーク基地で測定された。この温度で微生物ができるのは、最大限環境が暖かくなるまで凍りついたまま過ごすことぐらいである。氷の下にあるボストーク湖の水の中から、生命体を見つけるほうがまだましだろう。この基地の下、深さ四キロの位置では、四〇万年経った最も深い氷の層が湖に融け出しており、その汚れていない水はマイナス三℃という穏やかな温度まで温まっている。

ボストーク湖は一五〇〇万年もの間凍りついた蓋に覆われ、ほかの生態系から隔離されてきた。氷の下では気候条件が安定しており、生物の出入りがなかったこともあって、この生態系は氷の上の生物が受けるような変化を免れてきたのだ。ニュース報道はボストーク湖を「ロストワールド」になぞらえ、発見されるのを待っていた太古の微生物の楽園だと書き立てた。しかし、過去一五〇〇万年という時の流れは、生物の歴史のわずか〇・四パーセントにすぎないことを考慮すべきだろう。地球上の生命三五億年の歴史を二時間ものの映画に縮めるとしたら、ボストーク湖の水の中で日光浴していた生物は、終わりのわずか三〇秒間だけ氷に覆われていることになるだろう。ボストーク湖はタイムトラベルするのにいい場所だとはいえないのだ。微生物学的にいえば、これほどの短時間ではほとんど何も変わらないのである。

もっと興味深いのは、この湖に何が住んでいるかということだ。この環境で温度が原核生物に影響を与えるとは考えられない。日光がないだけでなく、ボストーク湖は酸素過飽和になっているため生物が住めず、しかも三五〇気圧の高圧がかかっているという。[9] 湖が汚染されたのでは、という科学者たちからの批判に対して、ロシアの掘削チームは二〇一二年に上を覆っている氷床を突きぬける穴を開けただけだと答えた。[10] さて、何を見つけたのだろう。微生物は氷河の下にある比較的若い湖からとれたが、ボストーク湖は一風変わった奴で、大昔の冷たい氷の女王のようである。[11] もし、何かがダンテの神曲にあるこの地獄のようなところ――ダンテはサタンを炎ではなく氷の中に閉じこめた――で繁殖できるぐらいなら、木星の月、エウロパの地下の海に生物がいると考えるほうが、望みがあるかもしれない。

冷たい海洋環境でも、微生物はせっせと働いている。海水が凍結すると、塩類が収縮する液相の中に濃縮され、残った液体の凝固点を下げる。北極や南極の海氷には、塩水の詰まった小さな水路が走り、そこに生物が育っている。この水路の中にいる細菌は、温度がマイナス二〇℃まで下がっても、活性を保っているという証拠がある。

氷の下数千メートルの深海の冷たい海底は、上にある大量の海水から落ちてくる有機物、すなわちマリンスノーの最後のかけらを、時にはクジラの死体と一緒に少しずつ受けとっている。この深海底にたまった沈殿物は、掘り返すと泥のように見えるが、じつは原核生物の天国で、ある微生物学者は地球上にいる全生物の三分の一を宿しているという。[12] 海水面から数千メートル下で高圧がかかっている沈殿物から、汚染されないまま生物を取り出すのは容易ではないが、その試みは今も続けられている。

深海に暮らす微生物

石油開発会社は多くの研究事業に対して欠くことのできない支援を続けており、一九六〇年代以降、純科学的目的のための掘削プロジェクトを進めている。国際深海科学掘削計画（ＩＯＤＰ）という国際協力事業は、参加二五か国によって支援され、過去一〇年間深海底の環境探査を続けている。[13] 海底下四〇〇メートルにある沈殿物から取り出された、生きている原核生物の中には硫酸還元菌やメタン生成古細菌のほか、もっとなじみのあるバチルス属やリゾビウム属などの種が含まれている。[14] また、太平洋の海底、深さ一二七メートルからとった沈殿物からはペニシリウムが分離され、培地上で成長したという。[15] 糸状菌が餌になるものも酸素もないところで、いったい何をしていたのだろう、ちょっと思いつかないが、これはなんとも不思議な現象である。

細菌や古細菌と一緒に見つかる真核生物のＤＮＡの多くは、おそらく死んで水中を沈降した細胞の化石からのものと思われる。海底の沈殿物の分解速度はきわめて緩慢で、核酸にコードされた元の所有者は、少なくとも一〇〇〇万年以上の間埋もれていたのだろう。[16] この栄養分の少ない状態、いわゆる「海面下の世界」または「深海生態系」で暮らしている原核生物の世代時間は、数年から数千年にわたっているのだろう。これに比べれば、淡水のエース湖からとったメタロゲニウムでさえ、ひどく急いでいるように見える。このように無精な生き物を表現するのに、「微生物のカウチポテト」とか「スローモー生活」といった言葉が使われている。[17] 海底の最大一六〇〇メートルの深さにある沈殿物から、生きた古細菌の細胞が取り出されたが、ここにはほかのものが混じっていないことから、一億年以上前、つまり白亜紀以来埋もれていたものと考えられた。[18] これより深くなると、沈殿物の温度が一〇〇℃以上に上がるので、そこにいるものはすべて超高温耐性菌になる。理論的に生物が生息可能な沈殿物は、深さ三〇〇〇、四〇〇〇〇メートルまで広がっていると思われるが、それ以上深くなると地核から放射される熱が、わずかに生き残った生物まで焼き尽くしてしまうはずである。[19] おそらく、この仮説は将来掘削プロジェクトによって検証されることだろう。

海底の沈殿物は闇に包まれているが、そこにのんびり暮らしている生物は、海の表面から沈殿してくる珪藻や円石藻、シアノバクテリアなどの葉緑体を持ったプランクトンが吸収した太陽光から、間接的にパワーをもらっているのである。海底には熱水を出す噴出孔や冷水の滲出孔など、さまざまな地殻の割れ目があって、それぞれのエネルギー特性は大きく異なっているが、生産力の高い生態系は光栄養代謝よりも、むしろ化学栄養代謝によって支えられている。[20]

南太平洋のサモア諸島の海底火山周辺にいるハマグリ、カニ、エビ、ウナギ、巨大なゴカイの仲間（チューブワーム）、中でもそのヌルヌルの集団「イールシティ（ウナギの町）」は、噴出孔を撮ったドキュメンタリー番組の人気者である。しかし、二メートル以上あるジャイアントチューブワーム、リフティア・パキプティラの男根が突っ立ったように見える林は、超高温の地熱を噴き出しながら好高温性古細菌などの原核生物を高密度で養っている噴出孔の飾り物にすぎないのだ。噴出孔周辺のバイオマスの大部分は単細胞生物から成り立っており、チューブワームでさえ、虫の重さと化学合成能を持った細菌の重さが同じぐらいになる共生体なのだ。[21]

エネルギー源の組成は噴出孔の位置で異なっており、そこに住んでいる微生物は溶けている水素やメタン、硫化水素、アンモニア、鉄イオンやマンガンなどから、熱い流出物が冷たい水と混じるときに電子を取り出して生きている。例えば、チューブワームに共生している細菌は、超高温の黒い熱水を噴き出すブラックスモーカーという噴出孔から出る硫化水素の還元力を使って、二酸化炭素から糖類を合成している。一方、ホワイトスモーカーと呼ばれている冷水の噴出孔は、海水中へカルシウムやバリウム、シリコンなどの制酸性の泡を噴き出している。大胆な仮説によると、海洋が今よりも酸性だったころ、噴出孔のような特殊環境で生命体が発生したという。噴出孔の石化した煙突全体にできたハニカム構造の孔からアルカリ性物質が流れ出し、それが冷たい水に出会うと自然に陽子の濃度勾配ができたと思われる。つまり、これはあらゆる生物にとって必須となる、細胞膜を通して起こる荷電分離の地質学的規模の現象なのである。このようなやり方で、噴出孔が最初の細胞のための無生物的な鋳型を作り、その後先行した化学変化を足掛かりにして物質が集合し、細胞ができあがったのだろう。[22] そして、生命が噴出孔の煙突の中でゆっくりと醸し出されてから三五億年が過ぎて、私はこの文章をパソコンに打ちこみ、あなたは肘掛椅子でうたた寝しているというわけだ。

また、地球の表面にいる微生物はさまざまな環境条件に挑戦しながら、それにうまく対処している。温泉や蒸気を噴き出す噴出孔、間欠泉、ブクブクと泡立つ熱泥泉などは、熱水噴出孔から放出されるのと同じ化学物質を微生物に与えている。かつてイエローストーン国立公園を訪れた観光客が「泡立つ地獄のような所だ」と書いたが、そこは信じられないほど多種多様な微生物がいる場所で、何十年もの間、極限環境微生物研究の中心になってきた。

アスファルト好きの微生物

イエローストーン国立公園の間欠泉よりも、生物をやっつけるずっと厳しい場所がある。その一つが地上の生き物にとって想像を絶する環境を作り出しているトリニダードのピッチ湖である。地殻の深い断層を通って染み出した石油が四六ヘクタールもの広い地域に広がり、温かい液状のアスファルトの荒野を作っている。石油が地表に近づくにつれて、軽い成分が蒸発し、道路の舗装などに使われる自然のタールができている。活動がさかんで温度が五六℃まで上がるところでは、メタンの大きな泡が出てきて、粘っこい表面が破れて崩れている。かと思えば、ほかの場所ではアスファルトが冷えて、硬くなっている。

なんと、このトリニダードのタールが生き物に満ちあふれているのだ。このべとべとしたものの中には、一グラム当たり一〇〇万から一〇〇〇万個もの細菌や古細菌が含まれており、その数は森林土壌にいる原核生物の密度に近いという。[23] 液状のアスファルトの中にはほとんど水がないのだから、じつに不思議な話である。アスファルトの中の微生物がなぜ生きていけるのか、当たっていそうなのは、海氷の中の微生物と同じようにタールの中の水が詰まった微細空隙に住んでいるという説である。タールの中にいる微生物には、メタンを酸化する古細菌や、末端電子受容体として酸素よりも鉄イオンやマンガンを使うサーモプラズマ目と呼ばれている金属で呼吸する古細菌が含まれている。細菌は古細菌よりも多く、硫黄を酸化する種と還元する別の種が一緒に働いて、活発に硫黄循環を動かしている。ほかの細菌は直接炭化水素を食べるが、その中には重油を分解する系統も含まれている。メタンを生成する原核生物はアスファルトの中にはいないが、近くにあるデビル・ウッドヤードという泥火山にはたくさん住んでいる。

ピッチ湖は地質学的に特異で、生物学的にも不思議な場所だが、このような豊かな微生物叢がある場所はベネズエラにあるグアノコ湖や、ロサンゼルスの有名なランチョ・ラ・ブレアを含む南カリフォルニアにある三つのタール地獄だけである。宇宙生物学者たちが、ボストーク湖の身を切るほど冷たい水の中に生物がいるなら、木星の衛星、エウロパにも生命体があるはずだと興奮したように、ピッチ湖での調査結果も火星の月、タイタンにはメタンの雨に養われて繁栄する生態系があるはずだという夢を研究者に抱かせている。しかし、タイタンの生物について問題なのは、地表面の温度がマイナス一七九℃だという点だが、この温度では思い当たるどんな酵素も、生化学反応を進めることができないだろう。

石油貯蔵タンクの微生物社会は、石油産業に深いかかわりがある。というのは、石油の中にいる微生物が軽質原油を定義する飽和芳香族炭化水素を除き、抽出するのが厄介で製油所にとって利益にならない粘性の高い液体を作り出すからである。なお、石油や天然ガスが海や淡水湖の下にたまったプランクトンなどの生物遺体の緩慢な分解によって生成することを考えると、これは多少皮肉なことに思える。細菌や古細菌がプランクトンを分解すると、メタンや二酸化炭素、水などが生成され、無生物的過程も加わって重油やガスになるケロゲンというワックス状の物質ができて、そのどろどろとした炭化水素の塊がどんどん深く埋もれていくのだといわれている。[24] 数キロメートルの深さで、この沈殿物は微生物の活動限界を超える温度で熱せられ、地殻変動か人間の掘削によって地表に戻されるまで、数百万年もの間地底に瓶詰状態で残っており、地表に出ると微生物が別の化学変性を起こさせて均衡を保つのである。

強酸と強アルカリが好き

このほか、極端な地表環境としては、炭鉱から出る大量の強酸性の廃物や強アルカリ性の炭酸ソーダ湖などの例を挙げることができる。最も強い好酸性菌は日本の温泉に住んでいる。これはピクロフィルスという古細菌で、鉛蓄電池に入っている硫酸溶液と同じ、pH〇・〇六という強酸性の環境でも成長できる。[25] ピクロフィルスの生存は細胞膜の不浸透性と、細胞質から陽子を追い出すきわめて効率のよい分子ポンプの性能にかかっている。このように厳しい環境でも生き残れるものは、たとえ栄養物が周辺の水の中でひどく薄められていても、餌をとりやすくする大きな酸度勾配に近づくことで、生理的な利益を得ているはずである。真核生物の中では、単細胞の光合成藻類（赤いアーケプラチダのシアニジウム・カルダリウム）と二、三の菌類だけが、pHがきわめて低い状態でも成長するが、どちらかといえば、好酸性はまれな生き方である。

一方、pHが高い場合を見ると、好アルカリ性の古細菌は、家庭用のアンモニアや漂白剤と同じ、pH一一でも生きることができる。このような環境条件は塩類濃度がきわめて高いソーダ湖で見つかっている。カリフォルニア州のモノ湖はアメリカで最も名高いソーダ湖である。ソーダ湖にいる生物は好酸性微生物とまったく反対の問題を抱えている。というのは、陽子がごく少ない場所では、細胞質の機能に必要な弱酸性環境を作るため、十分な水素イオンを取りこむのに時間がかかるからである。この問題は、代謝によって酸を作る生理的仕組みや、細胞表面で陽子をとらえる構造上の変化、細胞膜を通る陽子の取りこみを最大にする特化されたトランスポートタンパクの配置など、一連の過程によって解決されている。また、ソーダ湖で生きていくには、塩水に浸っているときに起こる脱水に挑戦しなければならない。この「耐塩性」は、細胞が浸透圧による脱水に耐えるため、細胞質の中に塩類や糖アルコールを集積し、塩類の多い細胞の中でも溶ける変わった構造のタンパク質を合成することで保たれているという。[26]

また、極端な高濃度の塩類に対する耐性は、奇妙な細胞の形態変化と結びついている。頭の中でちょっとした実験をしてみよう。ほとんどの原核生物は一方向で切ると、その断面が円形か卵形になり、球菌の場合はどこで切っても円形か卵形に、桿菌の場合は胴の部分を切ると、円形になるはずである。このような滑らかな形は圧力をかけて膨らませた風船に似ている。というのは、細菌の大半はきわめて薄い溶液の中に暮らしており、浸透圧によって細胞の中に水を取りこんでいるからである。一方、蒸散によって絶えず塩が結晶化している、塩湖や天日干しの塩田などに住んでいる古細菌の場合は、まったく事情が異なる。彼らが高濃度の塩類や糖類を集積して完全な脱水を免れている場合でも、水の流入を促す最小の濃度差があるにすぎない。好塩性古細菌は塩類濃度がきわめて高い場所でも生き残っているが、その形はひどく変わっている。それは小さくて平たい外皮に少量の細胞質を詰めこんだ、四角形や三角形の細胞である。[27]

この奇妙な形の細胞がなぜできたのか、考えられている説をいくつか挙げておこう。一つの仮説は、内圧の低下が細胞の形態を決める通常の物理的拘束力を失わせ、際立って角張った形を作り上げたというもの。もう少し納得できそうな説明は、平たい四角形の形が容積に対して表面積を二倍以上にするという説だが、こうなると細胞膜が細胞質と水分量をコントロールしやすくなり、表面積と容積が釣り合うことになるというわけである。[28] 塩田で陽光を浴びている微生物は驚くほど大量の紫外線を受けているはずだが、このような環境に耐えている菌の中には、自然の日焼け止めになる、細胞壁で高分子化されたメラニンの恩恵をこうむっているものがいる。黒い酵母はこのような塩性の強い場所に生息する、ごくありふれた仲間である。[29] その一つ、ホルタエア・ウエルネッキイは塩があってもなくても成長できるという驚くべき離れ業をやってのけ、四・五モルの塩化ナトリウムの中でも成長し続けることができる。ちなみに、海水の塩化ナトリウム濃度は〇・五モルにすぎない。この酵母の色素を持った細胞壁が、塩に対するバリヤーになるのか、日焼け止めなのか、その両方なのか詳しいことはわからない。

黒いカビと放射線

メラニンは、放射性物質から出る電離放射線に耐える菌類に共通する特徴である。電離放射線は進化にとって重要な刺激の一つだが、生物が過剰に受けると障害を起こすことがある。感受性はものによって大きく異なり、人間は体重一キログラム当たり五ジュールのエネルギーに等しい五Gy（グレイ）を浴びると死にいたるといわれている。ウクライナのチェルノブイリ原子力発電所で六〜一六Gyの放射線を浴びた消防士たちは、その数分後に放射線障害が悪化し、その中の一人が死亡したという。[30]チェルノブイリにある四基の原子炉の残骸と高い放射線量を持った二〇〇トンの瓦礫は、一九八六年の大災害以来コンクリートの墓石で覆われたままである。この墓の中では、メラニンを持った黒いカビが壁面や天井を覆い、配線に沿って増殖しているが、これらの菌は年間何百、何千Gyもの放射線を受けている。[31]発電所周辺の森林土壌では、爆発直後にメラニンを持った菌がメラニンのないものにとって代わったが、一〇年ほどで回復したという。[32]色素を持った菌は、コンクリートの防護壁の中や放射性降下物で汚染された森林で高い放射線量に耐えているだけでなく、放射能が強い環境でも増殖するらしい。この仲間のあるものは、原子炉から出た黒鉛の熱いかけらに取りつき、実験室内では放射性のリンやカドミウムにむかって成長したそうである。[33]彼らは、明らかに放射線好きなのだ。

　ほかの研究によると、人間の感染症の原因になる色素の多い菌は、放射性核種にさらすと成長が早まるという。成長が刺激されるのは、おそらくメラニンが放射線を吸収し、細胞が温まるためかもしれない。もう少し大胆な説は、この菌が光合成に似た不思議なエネルギー獲得方法を持っており、葉緑素の代わりにメラニンが働き、太陽光よりも放射線を利用しているというものである。[34]

　細菌のデイノコックス・ラディオデュランスは五〇〇〇Gyにも耐え、一万五〇〇〇Gyにさらされても細胞の三分の一以上が生き残るという。この細菌は「細菌のコナン」という名誉ある称号をもらっている。[35]DNAはDNAで、コナン（訳註：一九三二年以降ロバート・E・ハワードが出したファンタジー小説『英雄コナン』シリーズの主人公）のものはガンマ線照射によって痛めつけられると、我々の遺伝子コードと同じように傷つきやすい。これは化学的事実なのだ。ただし、その違いは細菌の遺伝子情報の仕組みとその際立った修復メカニズムにある。小さな果実（デイノコックスは「変わった果実」の意）はそれぞれ、四つ以上の単純な環状ゲノムのコピーを持っている。放射線障害はコピーされた染色体の同じ場所には生じないので、ゲノムのあるコピーで傷ついてコードされた範囲が、もう一つの染色体の上では無傷のままだということになるらしい。無傷の遺伝子のコピーは、傷ついた塩基配列を修復するための鋳型として使われている。この細菌は、DNAの二重らせん構造の両方の帯にできた傷を確認して修復する、RecAタンパク質を使ってゲノムを修復する。

どの生物も、この生命維持に必要なタンパク質のバージョンを持っている。ヒトのものはRAD51と呼ばれているが、もしその機能が損なわれれば、我々のゲノムが不安定になって、癌に対する感受性が高くなるといわれている。デイノコックスのRecAタンパク質は通常の一連の反応と逆方向に働き、放射線を浴びると、できるだけ早く壊れたDNAをとらえて、修復するのに役立つ分子機能のいくつかの小さな部分を動かすという。[36] このような放射線照射に対する分子的防御に加えて、デイノコックスは細胞をつなぎとめる異常に厚い細胞壁を持っている。この防御装置の強さは実験によって証明されており、デイノコックスの培養した細胞を入れたガラスのビーカーを放射性コバルトの塊のそばに置くと、ビーカーが茶色に変わってぼろぼろに砕けたが、培養した細菌細胞のほうはガンマ線照射に耐えて突然変異を修復し、無傷で出てきたという。

自然状態での放射線照射量は、実験でデイノコックスが受けたよりもはるかに弱いのだから、どのようにして、進化の過程でこのような驚くべき能力が発達したのか、不思議である。なぜ、厚い壁を作り、ゲノムのコピーを増やし、使いもしない特殊な修復装置を持つようになったのだろう。この細菌はさほど深い理由もなく、シュノーケルとヒレ足をつけて困惑している原核生物版バレリーナのように思える。一体全体、この細菌は何のために備えようとしたのだろう。

紫外線と乾燥に強い

その答えは、放射線照射によって起こる分子段階での大破壊と、厳しい脱水による破壊が似ているところにある。細胞がパリパリに乾くと内容物が壁に押しつけられ、水が戻ると細胞質が塩分の多い断片から湿ったゲル状態に変わるが、そのときDNAなどの高分子化合物はねじ切られてバラバラになる。この攪乱が、二重らせん構造の片方か、または両方でDNA分子を壊す強い切断力になるらしい。そのため、電離放射線の場合同様、水ストレスでもDNAが傷つくというわけである。強い細胞壁を持っている点についても、まったく同じことがいえる。この章で紹介したほかの環境ストレスの場合も、細胞はまったく同じやり方で攻め立てられている。すなわち、森林火災に対する耐性は脱水耐性の表われであり、氷にできた塩水の管の中で生き残るには、浸透圧・乾燥に対する耐性が必要で、アスファルト荒野での最大の厳しさは水がないことなどが、例として挙げられる。細胞がある程度水を保てる場合は、タンパク質が凍りつくか、熱で変性しない限り、新陳代謝は維持されるのである。

デイノコックスが放射線に強いわけは、たぶんこれだと思うが、この防御装置は乾燥に対する抵抗反応として進化したらしい。この考えの生態学的裏付けは、デイノコックスや比較的強い放射線耐性を持った細菌が、南極大陸のマクマード・ドライバレーのようなひどく乾いた場所にある、極端な乾燥土壌に暮らす傾向があることに表われている。そこには雪が地表に達する前に大気中で昇華してしまうほど、強い風で干上がった永久凍土の冷え切った砂漠があるのだ。夏の間は氷河が融けて、水もわずかに見られるが、ここは世界一冷たい乾いた場所とされている。

それにもかかわらず、岩の表面は光合成するシアノバクテリアで覆われ、驚いたことに、多種多様な糸状菌や緑藻類が多孔質の砂岩の中（岩内微生物）やその岩にできた割れ目（岩隙微生物）に住んでいる。[37]シアノバクテリアのクロオコッキディオプシスは最もありふれた岩内微生物で、デイノコックスは干上がった鉱質土壌に暮らしているが、いずれの原核生物も乾燥と放射線に強い性質を持っている。南極大陸の微生物にとって、紫外線はもう一つの大きな環境ストレスのもとであり、ＤＮＡ障害の主原因でもある。ガンマ線照射や強い乾燥の後にＤＮＡを修復する仕組みは、ドライバレーの土壌や岩の表面で強い紫外線にさらされている細胞にも備わっている。宇宙生物学者たちは、火星の表面を見て、そこが氷河に覆われていた過去に、何らかの生物がいたと期待して、南極大陸のこのような生態系にかすかな望みを託している。隣の星にも環境問題は多いが、その中でも宇宙線照射によって、どんな火星人でもその星の表面から追い払われてしまうことだろう。[38]火星の地下生態系を見ると、火山活動がないことが問題で、土星の月のエンケラドゥスの南極にある冷えた火山のほうが、まだ宇宙生物の住処としてはふさわしいように思える。[39]

家の中の極限環境

熱い砂漠や寒い砂漠、熱水噴出孔、海氷など、かろうじて生物が生きていけるような場所は、そっくりそのまま家の中にもあって、異常な微生物のいくつかが我々の住環境にも入りこんできている。[40]絶対一緒に寝たくないと思っても、我々はベッドにいるノミ、シラミ、ダニなどの恐怖におののき、夜通し温かくて日中は冷たいという厳しい状態になれた多種類の細菌やカビと、誰もがベッドをともにしているのだ。彼らは我々の体で温められ、皮膚のかけらや髪の毛、耳くそ、枕についた涎などの排出物を食べているのである。

風呂場は、シャワーヘッド周辺の変わりやすい温度に日々調子を合わせている高温耐性微生物や、シャワーカーテンの上で蒸気が乾くと濃縮されるものを食べる乾燥耐性微生物、トイレの便槽に振りかけられた漂白剤に耐えるアルカリ耐性微生物などにとって、格好の繁殖地なのである。風呂場にある栄養源はシャンプーや石鹸の残りかすと、人の体から落ちた毛や垢などである。抗菌剤や強い洗剤で完全にきれいにした後でも、次にやってきた人が体を洗って天国に灯をともすと、微生物のコロニーはたちどころに成長を再開してしまうのだ。

アルカリ洗剤で肥えている洗濯室は深海底にいる微生物叢の家庭版で、台所は天板を覆うピカピカ光る細菌のコロニーから、食べ物滓にはびこるカビや冷蔵庫の中で増殖する好冷菌にいたるまで、微生物多様性の研究対象である。食器洗い機は思いがけないほど多くの微生物を養っており、中には困りものもまじっている。食器洗い機の三分の一以上で、エクソフィアラ属の二種の病原菌が見つかっているのだ。[41]この子嚢菌は菌糸体でも、酵母でも繁殖し、嚢胞性線維症の患者の肺にひろがり、まれに脳にも感染して致命的となる。ただし、この菌はどこにでもいて、幸い食器洗い機は感染源にならないとされている。危険な真菌症の多くは、免疫機構が損なわれているときに発症するのであって、時たま健康な人が恐ろしい感染症にかかることもあるが、その原因はよくわかっていない。家の中にいる微生物は、野外のもののほど危険ではない。というのは、どこへ行こうと我々の日常生活は目に見えない微生物にあふれており、体はそれに浸されているからである。熱いシャワーを浴びても、電動歯ブラシで歯をゴシゴシ磨いても、この基本は何も変わらないのだ。

研究開発での利用

極限環境微生物は、生物工学を悩ませている問題の解決に大いに役立っており、またそれが多岐にわたるこの微生物に関する研究を推し進めている。好高温性の古細菌や細菌からとった、高温で反応を触媒する酵素は、コストがかかる従来の化学的方法による製造工程に取って代わることができる。その応用例の中には、化学療法薬の先駆物質から問題になる化学物質を取り除く際に、古細菌からとった酵素を使って高純度の医薬品を合成する事業などが含まれている。[42] 分子工学の技術者たちは、古細菌そのものを離れ、進んだ実験段階を経て、外来のタンパク質を作る大腸菌の濃縮菌体などを使っている。

古細菌由来のほかの化合物には、温度変化に安定的な抗生物質や抗がん剤など、期待されているものも多い。これらの物質の市場化は遅れているが、好高温性微生物からとった酵素は、すでに分子生物学研究の場面で広く使われている。テルムス・アクアティクスという細菌からとったＤＮＡポリメラーゼ（Ｔａqポリメラーゼ）は、一九八〇年代にキャリー・マリスがポリメラーゼ連鎖反応法（ＰＣＲ）に使った酵素である。[43] この細菌は一九六〇年代にイエローストーン国立公園のロワー・ガイザー・ベイスンで採集・分離培養されたが、高温でＤＮＡを複製する能力は分子遺伝学の研究に革命をもたらし、生物学の研究方向を変えて科学的基礎知識にもとづいた緻密な研究を強力に展開させ、長い間医薬品開発に影響を与えた。別の好高温性微生物からとったＤＮＡポリメラーゼは、それらが分子配列の校正能力を備えているため、ＰＣＲ生成物の適合度を大きく改良したとされている。

極限環境生物としての真核生物

極限環境生物とみなされているものの多くは原核生物である。ただ、この章の初めに触れた真核生物のアグニは、瞬間的な脱水同様、急激な給水にも耐えて生き残っている。しかし、一二一系統などの古細菌が持っている高温適応性に勝てる菌類はいない。真核生物も加熱に耐えて生き残るが、六〇℃以上の高温で成長できるとは思えない。[44] 真核生物の細胞構造や大きなゲノムは、細菌や古細菌のそれらがいずれも単純で小さいのに比べて、本来もろい性質を持っており、そのために極度に強い極限環境微生物が占拠している場所から、追い出されているのである。

真核生物の多様性の輪を見ると、いくつかのグループが途方もなく幅の広い環境条件にうまく適合していないのか、または実際に適合しているのか、明らかに見てとれる。ここでは、第1章で紹介した順序とは逆に、オピストコンタから話を始めよう。菌類は真核生物の中でも極限環境生物の模範だが、動物は共生性の原核生物に支えられて熱水噴出孔の近くで繁殖したと思われる。したがって、このスーパーグループは極限環境生物の判定基準に当てはまる。

エクスカバータは、極限環境の古典的な例にほとんど挙げられていないが、このスーパーグループの中にいる病原性のトリパノソーマやギアルディアは、もし宿主の免疫的防御手段として、大きな障害に勝てる寄生性微生物までを含むように定義を拡大すれば、エクスカバータも極限環境生物としての資格を備えていることになる。

光合成によって栄養を摂るアーケプラスチダは、生息域が陸上と水域の表層に限られている。紅藻類はこのスーパーグループの中で最も強く、石灰化した一種がバハマ諸島の深さ二六八メートルにいるとされており、そこでは光の透過量が海水面のレベルに比べて数百万分の一にすぎないという。[45] 潜水した研究者がヘッドランプを消すと、この藻が繁殖している海底の山は、まるで炭鉱のような暗さだったそうだ。この藻は、この深さで青い波長が出す最も弱い光からエネルギーをとるフィコエリスリンという色素を使って、考えられないような場所でフォトン（光子）を吸収している。

極限環境生物の枠を寄生性のものにまで広げると、SAR（ストラメノパイル、アルベオラータ、リザリアを一つにまとめたスーパーグループ）のいくつかが含まれ、雪の中にいるクリプト藻類はハクロビアにも好冷菌がいることを示している。アメーボゾアを別にすると、まだいろいろな段階で数多くの寄生性微生物がいる。真核生物が身につけた環境に対する挑戦の仕方を概観するだけで、本物の極限環境生物と見せかけのものを見分けることが、いかに難しいかよくわかる。要するに、あらゆるものがほかの生物の極限環境で生きているのだ。

巨大な単細胞生物

真核生物の中で極限環境生物の例を挙げるとすると、リザリアというあいまいなグループを特記しておく必要があるだろう。クセノフィオフォラは深海底に暮らしている海生の巨大アメーバで、皿ほどの大きさの柄のついた扇や塊、海綿、滲出物に埋もれた篩などに似ており、海山や海底に点在している。[46] その体は巨大な単細胞でできており、その表面に自分の排泄物など、さまざまなものを捕まえて組み立てたり、貼りつけたりして形を作っている。一八七〇年代に、イギリス軍艦チャレンジャー号による海洋調査に加わり、原生動物や無脊椎動物を収集・研究したエルンスト・ヘッケルによって、柄のついた形のものが発見されたとされている。[47]

ヘッケルはこの変わった生物を海綿だと思って、反響を呼んだ自分の図鑑に載せたきれいな細胞を持つプランクトン型の有孔虫（リザリア）とのつながりを見逃してしまった。[48] その後、マリアナ海溝の深さ一〇・六キロの海底で、スクリプス研究所の海洋学者が可動式の「ドロップカム（訳註：簡単な監視用カメラ）」を使って、このクセノフィオフォラをビデオ撮影した。いくつかの種が映っていたが、あるものは精巧にできた下水蓋に似ており、また、あるものは沈殿物の下にいる大きなアメーバにつながる対称的に配置された孔の開いた皿のように見えた。前者はその篩を通して餌を摂り、もう一つは普通のアメーバのように仮足を使って餌を吸いこんでいるらしい。海溝のこの深さでの水圧は、海水面より一〇〇〇倍も高く、このクセノフィオフォラもほかの深海微生物同様、好圧性もしくは耐圧性だと思われる。マリアナ海溝の深海に到達した、民間でただ一人の潜水艇乗船者は映画プロデューサーのジェームズ・キャメロンだが、彼は二〇一二年にディープシー・チャレンジャーという垂直に沈む潜水艇に乗って、記録破りの単独潜航を果たした。

もし、複数の核を含む細胞質の詰まった一つの袋を細胞というなら、クセノフィオフォラは最大の細胞ということになる。なお、多核細胞はケノサイト（多核嚢状体）として、よく知られている。木の切り株の上に出てくる粘菌、変形菌（アメーボゾア）の変形体や菌類の一〇〇〇ヘクタールに及ぶコロニーは、きわめて大きくなったケノサイトの例である。また、サイフォン型の緑藻（アーケプラスチダ）も大きくなることができる。単細胞藻類のヴァロニアは鮮やかな緑色をした最大直径五センチもある球体で、通称は「水夫の目玉」である。その細胞質は細胞壁の下に薄い層になって貼りつき、細胞の大部分は液胞に占められている。カウレルパ属のいろんな種が持っているメートルサイズの単細胞の匍匐茎《ほふくけい》は、ブドウのような泡の塊からトランペット型の根株や小さなサゴヤシに似た葉のようなものまで、さまざまな枝を出している。グレートバリアーリーフでは、単細胞のハリメダがどんどん大きくなって、石灰化した葉状体の茂る草地を作っている。ここに挙げた単細胞生物のうちで、多核嚢状体のアメーバや変形菌、菌のコロニー、巨大藻類などは最大級のものである。[49]これらは一応微生物グループに属しているが、微生物の定義には当てはまらない。「原生生物」という名称がふさわしくないのか、もしくはその意味がおかしいのだ。この問題については、次章で考えてみよう。我々は大きさを問題にしているが、慣れない眼に原核生物が見えるのはまれである。硫黄細菌のチオマルガリータ・ナミビエンシスは巨大原核生物のまれな例で、その細胞の直径は〇・七ミリメートルにもなる。[50]

極限環境で育つ地衣類

単独では互いに生きていけない環境でも、微生物は相手と物理的に親密な相互関係を保つと、生き残ることができる。菌と藻類、または菌とシアノバクテリア、もしくはこの三者の間に見られる共生が、陸上の最も厳しい場所にこの共同体である地衣類を運んできた。菌の胞子の発芽から始まって、コロニーを広げて光合成のできる相手を呼びこむか、糸状菌体の大きな塊でいくつかの藻類の細胞を取りこむにつれて、地衣類は岩や切石、コンクリートの上のような最も生存しにくい地表面でも暮らせるようになった。彼らは湿気や無機栄養塩類の断続的な供給を受けて繁殖し、強い太陽光や紫外線、激しい温度変化などにさらされながら生き残ってきた。岩内生地衣類は多孔質の岩石の内側に貼りついて、表面に暮らす共生体よりも安定した環境条件を享受し、紫外線からも守られている。南極大陸のドライバレーでは、砂岩に色の違う三、四本の縞状の層が見られる。最上層はメラニンをたっぷり含んだ細胞を持った地衣菌のコロニーで、メラニンを含んだ細胞によって紫外線から守られている。次の白い層の菌は色素形成能力を欠いており、さらに深い層では共生菌なしで緑藻とシアノバクテリアが混じっており、この層の一〇ミリメートル下には青緑色のシアノバクテリアだけが住んでいるという。[51]

地衣類の強さは宇宙空間でも試されている。三種類のありふれた地衣類が、ロシアの無人衛星に取りつけられた実験台の上で、一〇日以上宇宙飛行に耐えて生き残ったという。宇宙の真空状態で乾かされ、太陽からの強い電磁波にさらされて、この旅行の間は休眠していたが、地球に帰って二日もすると、光合成能が戻ったそうである。[52] また、実験室内で共生体を真空状態において紫外線を照射し、宇宙空間と同じような刺激にさらしても、一か月近く生き残ったという。菌と藻類は切り離すと、同じようにはやっていけないが、いくつかの藻類の細胞は細胞の塊の中に埋めこむと生き残る。[53] 枯草菌《こそう》、バチルス・サブティリスの胞子は真核生物よりも強い耐性を示し、地球の周りを軌道に乗って三万二〇〇〇回まわった、NASAのモジュールの上で宇宙空間に六年間置かれた後でも、発芽したという。[54]

不思議な岩内生地衣類がいることとや、宇宙空間で微生物が生き残れることから、パンスペルミア説が生物圏の始まりの仕組みを解くものとして提案されている。この仮説は、地球外生命体が宇宙のどこにでもいて、流星によって惑星にばらまかれているというものである。もちろん、生命体がどのようにして、どこで生じたのかという、生物学の根本問題に答えているわけではないのだが。

第8章　新エルサレム

そうだ、安住の地を求め選ぶべき世界が、今や
彼らの眼前に広々と横たわっていた。そして、摂理が彼らの
導き手であった。二人は手に手をとって、漂泊《さすらい》の足どりも
緩《ゆる》やかに、エデンを通って二人だけの寂しい路を辿《たど》っていった。
ミルトン『失楽園』第一二巻（平井正穂訳）

天国はまさにあなたが今いるところに似てはいるが、それよりずっとずっといいところなのだ。

ローリー・アンダーソン

忘れられていた微生物

アラン・ベネットの面白い演劇、『ヒストリー・ボーイズ』に出てくる若い教師の本音によると、歴史というのは「つまらない出来事の連続」ということになる。生物もこれと似たり寄ったりで、進化というのは、地球の環境条件が定める制約の中で、単純な素材の組み合わせが動くことなのである。どの

細胞も脂質の膜で包まれ、核酸に情報をコードしてタンパク質を作る。また、どの細胞もバッテリーのように働き、食物を摂るためにイオンによって運ばれる電流を使い、隣の細胞に信号を送りながら、老廃物を排泄している。同時に、生体を構成する分子が無数の組み合わせによって配置され、十分時間をかけて地球上のどこにでも適応できるように分子が混ざり合っているので、鳥は細菌と異なって見えるのである。熱力学の視点から描かれた生命のイメージと、人が森を歩いたり、虫眼鏡で堆肥の山を覗いたりする自然体験との間には、当然大きな隔たりがある。どちらのとらえ方も間違いではない。いわば、生命の本質としては同じだが、表現としては違っているということだ。

生物に対する人間の理解の仕方は、生来自分とほぼ同じ大きさの生物に心を奪われているため、常にゆがめられており、科学者たちはごく最近まで、生命体を理解するには我々と同じ大きさのものか、最も重要だと信じこんでいた。この明らかな過ちは、一七世紀になるまで我々がノミより小さなものに盲目だったことである。アカデミア・デイ・リンチェイ（第2章、前出）に所属していた、ガリレオの友人たちが行なった自然の拡大は、よくできた虫眼鏡で見える程度だったが、まるで神の啓示のような役割を果たし、間もなく顕微鏡を進歩させて、微生物世界を露《あら》わにするまでに発展した。この発明で知的尺度の見直しが始まると期待されたが、一九世紀になって病気と病原菌のかかわりが認知されるまで、顕微鏡サイズの生きものが一般人の意識の中に浸透することはなかった。我々は先の各章を通して、動物界と植物界を見るよりも、単細胞生物やウイルスの世界の中にこそ、生物多様性のはるかに大きな宝庫が眠っていることを学んできた。ところが二一世紀になっても、まだ専門家の大半は大型生物にこだわっている。これは科学の、いや人類の問題だといいたい。

生態学者たちはミクロとマクロの生物学の間の均衡を保とうとしてきた。六〇年以上にわたって、生態学者たちは生物多様性が異なる生態系でどのようにして決まっていくのか、理解しようと努めてきた。二〇世紀を通じて、生物多様性の初歩的な測定基準として動植物の種数が調査・記録された。その中で研究者たちは、気候や生態系内における生息地の不均一性、太陽光の強さなど、生物種の豊かさに影響を与える変動要因を明らかにした。熱帯雨林は多くの種を養っているが、それは年間を通じて気候が比較的安定しており、樹木や下層の植物がさまざまな生息域を作り出し、太陽光が一年中降り注いでいるからである。この生態系の安定性については、一考する価値がある。熱帯林の中には、多くの新種を生み出せるほど、進化に必要な時間を経た古いものがいるのだ。

現代の生態学者たちもこの問題に取り組んでいるが、今では種数が生物多様性を測る尺度の一つにすぎないことを認めている。[1]解析にあたっては、空間の尺度を定義しておくことが大切である。ある研究者たちは特定の生態系内の多様性のパターンに興味を示し、ある森林の樹冠と下層植物を比較し、ほかのグループはより細かな尺度を用いて、隣り合った草地の群落間の相違を調べている。

微生物抜きの生態学

明らかに、多くの種を養っている生態系ほど生産力が高く、多様性と生産性の構造的な関係は、生態学のもう一つの重要な研究課題である。最もわかりやすいのは、まとまった植物群落が調和的効果を生み出し、草地や森林の限られた領域で光合成能力を最大限発揮できるように、異なる種がセットになって異なった資源を使うという説明である。これが、いわゆる生態的地位相補性である。この概念は、植物の種数よりも生活型の幅の広さが、種の豊かさだけでなく、安定性と生産性の大きな決定要因になるということがわかり始めてから、ますます複雑になっている。例えば、水浸しの土壌ではカヤツリグサ科のほうがイネ科よりよく成長するが、イネ科が密生した群落よりも、カヤツリグサ科とイネ科が混生したほうが、生産性が高くなるかもしれないというようなものである。

長い間、植物生態学者たちは、生態系がいかに働いているかを説明するために、特定条件における生活型を異にする植物の分布と同時に、植物の種数を見て、生産性モデルを発展させてきた。一方、動物生態学者たちは、動物の多様性について同様の考えを展開し、より少数の学際的な研究者たちは、植物の生産性に与える草食動物の影響に着目し、動物と植物のかかわりについて検討してきた。微生物は物質循環の基本モデルに組みこまれ、例えば、菌類は炭素循環モデルの中で分解者として取り上げられた。しかし、常に重点は植物と動物に置かれていた。動物や植物の生態学者たちは、ごく最近まで微生物を無視し続け、微生物生態学は別個の特殊な努力目標にすぎなかったのである。

以上は生態学をざっとなぞった素描にすぎないが、しかし、私と同世代の生態学者の中で、ここ二〇年の間に時代思潮が大きく変化したという主張に異議をとなえる人はほとんどいない。今や植物生態学者たちが、土壌微生物を無視することは許されないのだ。いうなれば、植物に共生する菌根菌の多様性を調べる努力もしないまま、植物の侵入・拡大に関する研究費を受けとろうというのは虫のいい話なのである。もはや、微生物の重要さを考慮しないで生態学を教えることはできないはずで、実際、こう考えるのに、まったく不都合な点はない。陸上生態系のモデルに微生物を取りこむことで、研究者たちは細菌や菌が現実に植物の生産性を左右していることを理解し始めている。[2] 言いたくはないが、生態学者たちは生態系の機能モデルの中にいる、最も重要なプレイヤーを長い間放り出していたのである。ここで、実際に働いている、説得力のあるメカニズムは、植物病害での菌の役割である。植物の多様性が減退すると、単一の病原菌のインパクトが増幅される。これは農業で単純一斉栽培を試みた場合に明らかなことだが、もしコムギ畑がサビ病菌に襲われると穀物生産量が落ちて、その穴埋めをする植物もなくなってしまう。時に自然生態系でも同じようなことが起こる。もし、植物の多様性が保たれていれば、単一の病原菌のインパクトが抑えられるという傾向が見られる。これが常識なのだ。

植物と微生物の相互関係は、もちろん病原菌の効果以上にうまく運んでいて、多くの研究から無害な土壌微生物が栄養吸収を通して、植物の生産性を大きく左右していることもよく知られるようになった。この共生現象を詳細に研究する一つの攻め方は、殺菌した土壌を入れたコンテナ、またはミクロコスモス（微小生態系）に植物を植え、それに特定の菌や細菌を接種して、成長に対する効果を観察する方法である。このミクロコスモスを作る方法は、植物種の大半が菌根菌に依存していることを示すのにうってつけである。マクロコスモスとして行なった野外実験の結果によると、植物に菌を接種したプロットでは植物の種数が菌の種数に比例したという。[3] 要するに、ほとんどの植物は微生物のいない土壌では繁殖できず、植物の多様性と生産性との並行関係は、細菌なしでは成り立たないのである。[4] これらの実験から得られた結論は、無菌またはノトバイオートマウスの例に似ている。動物の個体の場合同様、生態系も微生物抜きではうまく機能しないのである。

微生物は生態学の特異的な領域にもかかわっている。「復元生態学」では、損傷を受けた生態系や汚染土壌などを研究対象にする。一〇年ほど前までは、植物だけに的が絞られていたが、今日では菌根菌の生態や植物との関係などを取り上げた研究が流行の先端になっている。この点、「自然保護学」は復元生態学の後ろで、まだもたついており、いまだに大型生物にこだわっている。微生物が自然保護問題で取りあげられている場合は、「もっと面白い」大型生物の病原微生物として顔を出すときだけである。[5] 両生類の病原菌が種の保存を扱う有名な雑誌のトップを飾り、その時々のニュースバリューにしたがって、ニレ立枯《たちがれ》病やオーク突然死病、トネリコの梢端枯《しょうたんが》れなど、樹木のワックスや樹皮につく病原微生物が話題に上る。ところが、ほかの微生物にはまったく関心を示さないというのだから、お笑い草である。

種多様性の保全と自然保護のあり方

この無関心に対する責めの一端は、メタゲノミクス技術がさかんになるまで、微生物生態学者たちが自然保護問題にほとんど貢献してこなかったという事実にあるのだろう。例えば、土壌細菌が植物の多様性に重要な意味を持っていることは知っていても、十分な情報が得られなかったのである。それにしても、よく考えていれば、すべての生物学者は人類を支える生物圏を守るために、微生物がカエルよりもよほど大切だということに気づいていたはずである。トーマス・カーティス（訳註：ニューキャッスル大学環境工学教授）は、次のような刺激的な言葉で生態系の微生物学的なとらえ方を応援している。

「もし、最後のシロナガスクジラが最後のパンダに続いて息絶えて死んだら、それは恐ろしいことだが、それが地球の終わりではない。しかし、もし我々がたまたま最後に残った二種類のアンモニア分解菌を汚染で消してしまったら、問題は別だ。それは今起こっていることなのに、誰も知ろうともしない」[6]

前にも触れたように、海洋微生物を経たエネルギーの流れに比べれば、クジラは養分循環にほとんどかかわっていないといえる。この事実は人類とクジラの関係、もしくはクジラ自身の重要性やクジラが食べる生物とクジラを食べる人間にかかわりのある問題ではない。ケープ・コッド沖でザトウクジラが水の中から躍り上がるのを見て、二つの鼻の孔から出るすごい鼻息を聞くと、まるでこの哺乳類がショウをやっているように思える。しかし、顕微鏡を覗いて想像力を働かせるなら、クジラは背景に押しやられ、灰色の大西洋の水だけでなく、ほかのどこでも微生物に主導権があるという事実が見えてくるはずである。

一般的な議論に微生物を加えて初めて、我々は生物圏の本当の働きや近づきつつある永続性への不安を、はっきりと認識することができるのである。生物種の保存に対する興味と冷淡さは、子どもらしい特徴のある顔や「暖かい」色合い、「かわいらしい」行動（毛も役立っている）など、我々が生まれつき持っている文化的嗜好に訴える特徴を備えた、大型動物に偏っている。その差別のひどさは、あきれるほどだ。ライオンの子どもは世界中でうけがよく、オランウータンの赤ん坊の魅力に対して無関心でいると人でなしといわれかねないだろう。しかし、我々は動物のどの種類についても、どうやら潜在意識によるランク付けをしているらしい。例えば、同じペンギンの中でも、人間は明るい黄色や赤い羽根を持った種を好むそうである。[7] カリスマ的な大型動物は確かに人の心を惹きつけるが、いずれ微生物の美しさが広く知れ渡れば、それは発想の転換を呼び起こし、ニュースの受信範囲を微妙に変え、野生生物のドキュメンタリーの新しいジャンルを開くことになるだろう。道義的責任は、現代の生物学にかかわっている国家にあるともいえるのだ。

第1章で、私はハーバード大学のE・O・ウィルソンが唱えた、あらゆる生物種を記録すべきだという、非現実的な提案について述べた。この無駄な仕事に対する取り組みは、ほかの高名な学者の呼びかけで今も続き、「消える前に」種の記載をやり遂げようと唱えている。[8] この一見面白そうな計画によると、年一〇億ドル使って五〇年以内に五〇〇〇万種ほどの目録を完成させるという。この金額はアメリカ合衆国の科学研究に投資される年度予算のほぼ二パーセントにあたる。この数字をはじいた著者は、生物に名前を付けることによって、我々は種の絶滅を抑えるのに貢献できるかもしれないという。わかっているのだろうか。トラやサイにとって、名前を知ることは大した問題ではない。長期にわたる分類学的取り組みに対する論理的な理由づけは、生物多様性の厳密な調査を可能にするためには種の同定が基本的に重要であること、もう一つは目録作りが絶滅の比率を知るのに役立つということらしい。そこには絶望的な緊張感が漂っている。今、この百科全書作りに携わっている生物学者たちは、恥ずべき歴史を記した書物の共著者になろうとしており、反対に未来の世代は、どれほど我々が自然を傷つけたか、推量することができるというわけである。

提案者たちも当然承知しているはずだが、この事業計画で明らかに不足しているのは、微生物について言及していない点である。これは途方もなく大きな問題であり、五〇年にわたる分類学事業がこの資金に値すると認める前に、立ちはだかる障害の一つである。生物学者は学会全体としても、科学的切手集めの段階から、いまだに抜け出すのが難しいと思っている。我々が分子生物学的方法について論じていようが、標本館の中の乾燥標本や腸を抜いた鳥が詰まった引き出しについて話していようが、いずれにしろ分類学研究にとって重要なことは、客観的に解析することなのだ。物理学がニュートンの後も発展し続けたのに、なぜ生物学の大部分はダーウィンの後「任務完了」（訳註：イラク戦争の終わりにジョージ・ブッシュが言った言葉）になってしまったのだろう。

もし、種の絶滅を止めたいと願うなら、生息域を救うことに重点を置いたほうがよい。壊れそうな森林に住んでいる住人は、残された自然のままの場所に潜りこんで、自分たちでうまくやっていくことだろう。動物とそれに随伴する微生物は、特殊な生息条件下で生きており、その生息域は大幅に植物と土壌微生物によって決められているのである。したがって、森林を救うことによって、我々は気づかないまま、そこにいる多くの生物を守っているのである。

細菌を取り巻く環境

微生物のことがよく理解されたからといって、生物学がそう変わるとは思えない。メタゲノミクスを適用することで、すでに科学の世界に地すべり的現象が起きてはいるが、この実り多い将来有望な方法にも、まだ不確かな点が多い。微生物集団があまりにも大きいことからして、現在のサンプリング方法は遺伝子の多様性を調べるのに間に合わないかもしれない。一〇〇〇クローンのDNAライブラリーは素晴らしいように聞こえるが、もし栄養豊かな我が家の池にいる一兆個ほどの微生物集団から増幅するとすれば、その細胞の一〇億分の一以下をサンプリングしたことにしかならないのである。[9] いささか慰められるのは、シークェンシングの速度が年々上がり、それにかかる費用が安くなりだしていることだろう。腸内微生物について行なわれた最も規模の大きい調査では、一つのサンプルから一万を超えるクローンを解析しているが、分子生物学的調査としてはまだ不十分だと思う。遺伝子解析が進んで内容が深まり、詳細が明らかになるにつれて、微生物社会の多様性に関する知識は増えているが、調べれば調べるほど、わからないことも多くなっている。個々の細胞の割りふり先として、一兆個というのは恐るべき数なのだ。

微生物の活動を知りたいと思う、生物学者が抱えているもう一つの問題は、誰もほとんど思いつかないことだが、一つの細胞を取り巻く環境、つまり空間の広がりなのである。[10] 池に浮遊している細菌の細胞は、それぞれ溶けたイオンを利用するために形を膨らませ、温度変化や光の強さに反応しながら、ほかの細菌と接触し、ウイルスに攻撃されるなど、独自の生活体験をしている。小さな細胞での遺伝子発現は、エネルギー生産を保ちながら、最大限細胞分裂できるように仕組まれている。急速回転する鞭毛で動く細菌は、真核生物が分泌する代謝産物の雲と同じように、溶けている酸素や栄養となる有機物の濃度に応じて、池の中を泳ぎまわる。魚がプッとたれた糞は池の有機物を補い、したたり落ちる樹液は小さな彗星のようにシロップの尾を引いて水中をスーッと下がっていく。池は微生物とその餌のモザイクなのだ。鞭毛のモータを持たない細菌は、池のポンプやヒラヒラ揺れる魚の尻尾から出る波で動く。対流が水を循環させ、冷たい水は池の底から日光で温められた水面にむかって上昇し、にわか雨が水を冷やして表面の水をかき混ぜる。カエルがポチャンと池に飛びこめば、微生物にとってそれはまさに小惑星の衝突なのだ。

浮遊するプランクトン型の細菌のほかにも、多くの原核生物が池の内貼りのプラスチックの表面や底のシルトの中に群がっている。また、ある種の細菌は藻の糸状体や池に垂れ下がった植物の葉を覆い、ほかの細菌群は魚やカエル、昆虫などの腸管を満たしている。どの微生物社会にも、異なった複雑な行動様式があるのだ。一群の細菌の細胞はクウォラム・センシング（訳註：細菌が細胞数を一定に保つ仕組み）によって、その密度を計測し、遺伝子発現を調整することができる。細菌はオートインデューサーというシグナル分子を分泌して、コロニー全体に拡散させ、この化学物質の濃度が同調する細胞の数を決める正確な代表値となって働く。この化合物のレベルが一定の閾値に達すると、細胞が密に集まって互いにくっつき、防護用のバイオフィルムを作るといった社会的活動を促す引き金が引かれる。条件が異なると、クウォラム・センシングは病原菌の感染力や芽胞形成、生物発光などを活性化するとされている。

生物学教育のあり方

細菌の遺伝的・生理的多様性に加えて、個々の微生物が持っている活動の幅の広さは、最終的に全体を論じて記述されなければならないが、どの生態系の場合でも、それはかなり厄介な仕事になるだろう。マクロバイオロジー（訳註：ミクロバイオロジーに対して大型生物だけを扱う従来の生物学）は、それ自身問題を抱えているが、微生物さえ導入すれば、想像力を働かせなくとも、生態系の動態モデルを思いも及ばない素晴らしいレベルまで引き上げることができるはずである。この本は、我が家の池にいる多様な生物の話から始まった。その大半は顕微鏡に頼ったものだった。それに続く章で取り上げた海、土、人の消化器官と極限環境での解析については、可視的方法というより、大部分は分子生物学的手法によるものだったが、それでも最新の技術については触れていない。もし、池や自分の腸管の中にいる微生物が理解の範囲を超えるというのなら、微生物が大海でどのように働いているのか、知ることなどできるのだろうか。

大型生物よりも微生物に重点を置くように、生物学の内容を変えれば、進歩は加速されるかもしれない。これは科学にとって大きな変革の一つなのだが、それにはまず生物学の教育方法を大幅に転換する必要がある。私は高等教育のベテラン教師の一人として、我々の多くが生物学は自分たちに終生かかわりのある、価値の高い素晴らしいテーマなのだと、大勢の人に訴えかける努力を怠ってきたと痛感している。どうしてしくじったのか、なぜもっとうまくできなかったのか、それはわからないが、ここに一つの例がある。生物学実習の冒頭に出てくる顕微鏡コースのテーマは、従来のように顕微鏡の使い方を教えることではないし、またそうであってはならない。この時期は学生たちが生命の本質を学ぶための入り口なのである。顕微鏡のスライドグラスの上に液体を一滴落とし、実物の一〇〇〇倍の大きさにして見ることは、息をのむほどに素晴らしく、望遠鏡か双眼鏡で夜空を見上げるのに等しいスリルに満ちた体験なのだ。

顕微鏡や望遠鏡は、見えなかったものを見えるようにした。弱く光る星が点々と瞬いていた夜空は、果てしない光のシャワーとなり、濁った池の水滴は、くるくると動いたり、勢いよく泳ぎまわったり、滑ったりする細胞に満ちあふれるものになった。顕微鏡の使い方を教えているとき学生があくびをしたら、「デンマークの国は腐っている」（訳註：ハムレットの台詞、教師の教え方が悪いという意味）なのだ。そのクラスでしなければならないことは、学生を黙らせ、スライドグラスの上にある自分の粘液の一滴を見させる、有能な教師を招くことである。小さな材料としては、頬の内側の表皮からかきとった口腔内の細胞がいいだろう。それは少し突起した核を持った平らな大きい細胞で、目玉焼きのように見えるので、ついでにニワトリの卵も単細胞だということを学生たちに気づかせることもできる。素直に対処すれば、勉強も退屈でなくなるはずだ。さあ、あの美しい細胞を見てごらん。その小さな粒子はお母さんから受け継いだミトコンドリアで、核には君の四六本の染色体がおさまっている。君は今、自分自身の本当の姿を見ているのだ。君は接眼鏡を通して探っているもの以上の存在でも、以下でもないはずだ。このやり方も時には受けがよくないが、それは教育上の悲劇で、少なくともチャンスを逃したということだ。

生物科学の学位取得のためのカリキュラムでは、人類とそれに近い脊椎動物に関する生物学が中心になっている。これは高等学校のカリキュラムについても同じで、毛が生えていたり、羽根があったり、鱗に覆われたりしているものが、常に主流を占めている、というのが理科教育の実態なのである。大方のカレッジや総合大学で行なわれている生物学の入門コースでは、分子生物学や代謝、生理、遺伝、進化などに加えて、異なる生物群の特徴を記載した生物多様性に関する領域も取り上げられている。ただし、個々の生物群に割り振られている時間は、使用する教科書や教師の興味の如何によってまちまちである。運がよければ、菌類にも講義時間をさくことができる。ほかのクラスでは細菌が取り上げられ、時に古細菌やウイルスも同じ講義の中でまとめて教えられている。例外は多いが、取り上げられるテーマの配分は、よく売れている大学向けの生物学入門書にそったものである。ただし、この教育課程で微生物に割り当てられている時間の割合は、現実の生物界を誤って教えているのだ。

エデンの園とは

本書の序章で、植物はシアノバクテリアの葉緑体からすると、乗り物みたいなものだと書いた。この比喩的な線を追っていくと、生命の歴史を貫く連続性の因子として、リチャード・ドーキンス（訳註：ダーウィンの進化論と異なって、遺伝子が個体よりも優先するという「利己的遺伝子説」を唱えた）が遺伝子を一般化したのと同じように、「利己的な細菌」について考えてみるのも、面白いかもしれない。身近な例を挙げれば、霊長類の遺伝子にとって人間は一時的な運び屋であり、原核生物とウイルスからの指令を詰めこんだ巨大な貯蔵庫を運ぶ運送業者、もしくは細菌のミトコンドリアを複製して運んでいる行商人とみなすこともできる。このたとえは、いずれも科学的には妥当である。ただし、そのどれをとっても、家族やお金などといった日常生活にかかわる個人的事情にはつながっていない。

ある人々にとって科学的に人体をその構成単位に分解するといった突飛な考えは、宗教教義の寛容さに深くかかわる問題かもしれない。ダーウィンの進化論への深い傾倒は、ホモ・サピエンスが壮大な体系の中で特殊な地位を占めているという、超自然的な考えを信じる多くの人々の信念を失わせないまでも、揺るがし続けてきた（私の同僚に、いわゆるインテリジェント・デザイン説に対する好奇心がダーウィン理論を越えた人がいたが、彼の説が砕かれたのは、真核生物の内部共生起源説を知ったときだけだった）。そのときになっても、不可知論者的生物学者は、家族の誰もがミトコンドリアの内膜にある細菌由来のタンパク質でエネルギーを得ているという事実を知ることに時間を費やすよりも、娘の歯医者の予約を心配するのに時間を浪費しているのだ。

腸内微生物叢に関する知識は、少しこのバランスを変化させ始めている。我々が持っている高度な細菌的性質は、私には感情的な感覚の点で意味を持っているように思える。私は自分の朝食が結腸にいる一〇〇兆個もの細菌や古細菌に餌を与え、代わりに彼らが私に短鎖の脂肪酸を食べさせてくれているという意外な新事実に感動している。私が微生物を培養しているのと同様、微生物は私を飼育し、細菌が私の生理的・精神的満足感を整え、さらに私の心臓が酸素を取りこんだ血液を腸管に送るのを止めるや否や、内側から外へと私を食べるように、微生物がプログラミングされているというのは、なんとスリリングなことだろう。もちろん、私の中にいる細菌も死ぬが、それはすこぶる脂肪質にとんだ食事を済ませた（死体を分解消費してから）後のことである。腸内微生物叢が我々と生死をともにするというのは魅力的なことだが、この両者を分けることは不適当で、我々の生命は互いに切り離すことができないほど結びついているのだ。蠕動する管の中で演じられる出来事を知れば知るほど、コントロールできるという幻想は遠のく。我々は微生物を運び続けて餌を与え、彼らは我々がそうするように力を与えているのである。

哲学的に深く内省すると、我々の種としての意味や個人の大切さについて、微生物学が不安感を呼び覚ましそうに思える。だがしかし、そこには科学によって向上したと思える無限の喜びがある一方、飼われた動物の一種であることより以上の悪い宿命があるともいえる。フランスの哲学者トーマス・プラドゥはその素晴らしい著作『The Limits of Self（自己の限界）』の中で、個人の概念について現代の免疫学的理論の細分化を試みた。[11] 彼の意見の大部分は、体内の微生物叢が、我々を機能が免疫機構によってつながれているキメラ生物に変える方法を扱ったものである。

イギリスでも同じことだが、もう三〇年以上も前のこと、高校の卒業時期が近づくと、私は授業をさぼってガールフレンドと一緒に、町の公園をよく散歩した。一秒たりとも、ホグワーツ（訳註：『ハリー・ポッター』に出てくる「ホグワーツ魔法魔術学校」のこと）を想像しないでほしい。我々の場合はもっと悪く、ほとんど惨めというほどのお付き合いで、これは将来必ず逃れられる一〇代の不幸な経験だと信じるだけで支えられているのだった。我々はその隠れ家を、似つかわしくないと思いながらエデンの園と呼んでいた。その三角形の草地は、チュンチュンとさえずるスズメを惹きつける針葉樹で縁どられ、鳥たちが薄汚れた猫の注意を引き、公園の周りを顔色の悪い老人が足を引きずって歩き、犬が駆けまわっている間に煙草をふかし、飴の包み紙や空き瓶が草地を飾っていた。そこはにぎやかな道路の斜面の下にある、汚れた狭い場所だった。これをエデンの園と称したのは、生活にうるおいが欠けていることへの、ひそかな皮肉だったのかもしれない。

二一世紀にはいってから、私は春になるといつも色とりどりの花に彩られ、花粉を運ぶ虫の羽音に活気づくオハイオの森を楽しんでいる。あの町の公園とアメリカ中西部の森林の間にある、見かけの違いはたぶん錯覚なのだ。森林の美しさは動物や植物が持っている姿や匂い、音、感じなどを通して我々に伝わってくる。そのより大きな意義、いわば人間性を支える活力は、空気をきれいにして地下水を浄化するといった、ありのままの生態系の機能と力の中にこそあるといえる。これは仕事の多くをこなしている微生物同様、人の眼にはふれないものなのだ。隠れた働きと同じように、森林が持っている明らかに感応的な部分は、ともに我々がその全体像をとらえるうえで重要なことである。というのも、森林には我々の感情を高揚させ、気分を爽快にしてくれる力があり、それなしで人類は繁栄できないからである。

大型生物の多くが姿を消してしまったら、我々はそれが住んでいた生態系と同時に、大きな生物の価値により強い親しみを抱くことだろう。ただ、この本では小さな仲間だけを取り上げてきた。どこにでもいる顕微鏡サイズの生物を話題にする以上、私は一〇代のころにエデンの園ではないと思っていた場所に、かつて想像したこともないほどの多くの生命が宿っていることを伝えたいと思った。そこにはすぐ目に見えるものよりも、ずっと多くの生物が暮らしているのである。三角形の草地で手をつないでいた一〇代の若者たちは、ちょうどうまい具合にそこを天国と呼んでいたことに気づかなかった。また、彼らは自分たちの真ん中に生命の樹が立っていることにも気づいていなかったのである。

謝辞

本書 ***The Amoeba in the Room***（原題名）の内容は、しばらく頭の中で温めていたテーマである。初めて書いた本の編集者だったカーク・イェンセンは、私が抱いていた菌界の枠をはるかに超える、多様な生物界の背景について考えてみたいという思いつきを取り上げてくれた人である。私たちは悲劇が起こった二〇〇一年九月一一日の数日後に、ニューヨークで打ち合わせをしたが、そのときはまだ池に暮らす微生物を取り上げようなどとは思ってもいなかった。しかし、何年か経って池に暮らす無数の未知の生物に対する思いが、改めて強くなった。カークが勧めてくれたという記憶が、この本を書く励みになったように思う。

まず初めに、いつも原稿を扱ってくれる編集者のラサ・メノンとティム・ベントに感謝したい。図書館員のアンナ・ヘランには、シンシナティのロイド図書館にある本や雑誌の素晴らしい収蔵品の中から目的のものを探し出して複写する仕事で、大変お世話になった。共同研究者のマーク・フィッシャーと大学院生のマリベス・ハセットには図のいくつかを準備してもらい、画家のデビー・メイソンには第3章に掲載した円石藻のきれいな絵を提供してもらった。また、妻のダイアナ・デーヴィスには個性的な洞察力と忍耐に優しさを加えて各章に目を通し、編集上有益な意見をもらった。

註

序章

1 August Johann Rösenhof（1705–1759）、ドイツの博物学者で昆虫の細密画を描いた画家。一七五五年、その著書 *Insecten-Belustigung* の中にアメーバを描いて記載した。解説は J. Leidy, *The American Naturalist* 12, 235–8（1878）から。

第1章

1 D. L. Meyer and R. A. Davis, *A Sea Without Fish: Life in the Ordovician Sea of the Cincinnati Region*（Bloomington, IN: Indiana University Press, 2009）

2 J. M. Scamardella, *International Microbiology* 2, 207–21（1999）

3 Archaea（古細菌）とBacteria（細菌）を原核生物の分類群（ドメイン）として表わす場合は人文字で表記する。

4 スーパーグループ（上界）の正式名称はアメーボゾア、ハクロビア、ストラメノパイル、アルベオラータ、リザリア、アーケプラスチダ、エクスカバータ、オピストコンタである。ストラメノパイル、アルベオラータ、リザリアは比較的近縁関係にあるので、場合によってはSARと略称され、一つのスーパーグループとして扱われている。最近、真核生物の分類学の専門家はハクロビアを多くの別個のグループに分けているが、それは進化上のつながりに関する証拠が少ないからだという。ハクロビアはほかのスーパーグループと明瞭につながっていないようである。S. M. Adl et al., *The Journal of Eukariotic Microbiology* 59, 429–93（2012）参照。この種の真核生物にかかわる粗っぽい分け方には、往々にして主観的な判断が含まれている。私は言いやすいこともあって、系統学的研究結果が固まるまで、ハクロビアという名称を使っておくつもりである。

5 L. W. Parfrey, D. J. G. Lahr, and L. A. Katz, *Molecular Biology and Evolution* 25, 787–94（2008）

6 C. L. McGrath and L. A. Katz, *Trends in Ecology and Evolution* 19, 32–8（2004）

7 J. Leidy, *U. S. Geological Survey of the Territories Report* 12, 1–324（1879）; J. O. Corliss, Protist 152, 69–85（2001）

8 E. O. Wilson, *Trends in Ecology and Evolution* 18, 77–80（2003）; http://www.eol.org

9 H. D. Thoreau, *Walden, or Life in the woods*（Boston: Ticknor and Fields, 1854）

10 http://www.skepticwonder.fieldofscience.com/（訳註：現在閉鎖）

11 卵菌類のミズカビについてはニコラス・マネー著（小川真訳）『ふしぎな生きものカビ・キノコ』（築地書館、二〇〇七年）参照。

12 G. W. Beakes and S. L. Glockling. *Fungal Genetics and Biology* 24, 45–68（1998）

13 T. Fenchel, *Protist* 152, 329 38（2001）。渦鞭毛藻類についてはJ. D. Hackett et al., *American Journal of Botany* 91, 1523–34（2004）を参照。

14 腸管にいる病原菌ギアルディアは光合成能を持たないエクスカバータの一例である。

第2章

1 D. C. Lindberg, *Isis* 58, 321–41（1967）

2 ガリレオの弟子のJohn Wedderburn（1583–1651）は一六一〇年にピサの科学者がすでに顕微鏡を使っていたという。一六二四年に出版された『Il Saggiatore（分析者）』という著作の中で、ガリレオは「物をごく近くで見るように改良された望遠鏡」について言及している。このことから初期の望遠鏡が最初の顕微鏡だったと思われる。ただし、改良方法はわからない。ひとつ考えられるのは、対物レンズから三フィート以上離して置いた材料を拡大するために、小さな望遠鏡を引き伸ばしたというものである。これは実用的ではなかったので、彼は一枚の凸レンズで、かなり拡大できることに気づいていたと思われる。この仮説はR. S. ClayとT. H. Courtによって『The History of the Telescope（顕微鏡の歴史）』（London: Charles Griffin and Company, 1932）の中で詳しく論じられている。また、このことは一六二四年にフランスの天文学者Nicholas-Claude Fabri de Peirescがガリレオの拡大装置の展示を見て、「食堂のテーブルの高さほどだった」と手紙の中に書いているのと一致する。一六二〇年代までに、ガリレオは卓上で使えるように鏡筒の短い顕微鏡を作っていた。なお、顕微鏡の初期の歴史については、W. B. Carpenter による『The Microscope and its Revelations（顕微鏡とその裏話）』八版 W. H. Dallinger 改訂（London: J. & A. Churchill, 1901）に詳しい。

3 de Peiresc の一六二四年に書かれた手紙から引用。

4 この点については、科学史上多くの異なった意見が出されている。ある言い伝えによると、一六一〇年にはガリレオが望遠鏡を使って至近距離から拡大できることを発見していたというが、オランダの Cornelis Drebbel が作った装置が現われる一六二〇年代まで、専用の複合顕微鏡を制作する試みはなかったという。

5 ハチに関する研究は一六二五年に Melisographia というタイトルをつけた一枚の版画と、Apis Dianiae と題した九〇行に及ぶ詩的なハチの記述、および Apiarium と名付けた特大の大判紙の三部に分けて出版された。著者たちはその中でハチに関するうんちくを傾け、拡大されたハチの特徴を記述し、惜しみなくウルバヌスⅢ世をたたえている。バルベリーニ家の紋章入り袖なし外套が、法王の冠と鍵に飾られてApiariumの冒頭に出てくる。D. Freedberg, *The Eye of the Lynx: Galileo, His Friends, and the Beginning of Modern Natural History*（Chicago: The University of Chicago Press, 2002); C. S. Ball, *Proceedings of the Oklahoma Academy of Science, Section D, Social Science* 46, 148–51（1966）。Francesco Stelluti は Persio Tradotto（1630）によるラテン語の詩の翻訳に加えて、とくにハチの解剖図の版画を改良したものを出版した。

6 W. R. Shea と M. Davie によって翻訳されたガリレオ・ガリレイの *Selected Writings*（選集）（Oxford University Press, 2012）。見解の異なる論者たちの間で行なわれた議論の様子は、一七七九年に死後匿名で出版された David Humeによる『Dialogues Concerning Natural Religion（自然崇拝に関する対話）』の中に見事に描写されている。Humeの『対話』は神の存在を肯定する論考に対する強い批判だった。

7 R. Hooke, *Micrographia or Some Physiological Descriptions of Minute Bodies, Made by Magnifying Glasses; with Observation and Inquiries Thereupon*（London: J. Martyn and J. Allestry, 1665）

8 J. Aubrey, *Brief Lives*（London: Penguin Books, 2000）

9 T. Shadwell, *The Virtuoso*（Lincoln and London: University of Nebraska Press, 1966）

10 Shadwell, n. 9, act I, scene ii, lines 7–10。この台本の次の行はジムクラックのもう一人の姪ミランダの台詞で、彼女は伯父のことを「蛆虫のことで頭がいかれてしまい、二〇年もかかって何種類かのクモを見つけるのに夢中になっている、人間にはまったく興味を示さない人」と言っている（I.ii.11–13）。

11 *The Diary of Robert Hooke M. A., M. D., F. R. S.*（1672–1680）, edited by H. W. Robinson and W. Adams（London, 1935）

12 C. Dobell, *Antony van Leeuwenhoek and His "Little Animals"*（New York: Russell and Russell, 1958）; E. G. Ruestow, *The Microscope in The Dutch Republic: The Shaping of Discovery*（Cambridge: Cambridge University Press, 1966）。レーウェンフクは自分の歯についていた細菌を初めて記述してから九年経って、もう一度歯くそを見て何もいないことに驚いている。彼は自分の歯が異常にきれいだと信じこんだが、口の中をしっかり調べて「信じられないほど多くの小さな生き物がいる」のを見て安心したという。この問題についてあれこれ考えて、前歯にいないのは自分が毎朝コーヒーを飲む習慣があるからだという結論にたどり着いた。いわく、「飲むと汗をかくほど、できるだけ熱くする……前歯の白い部分についている小さな生き物はコーヒーのこの熱さに耐えられず、これで殺されるのだ」。

13 B. J. Ford, *Single Lens: The Story of the Simple Microscope*（New York: Harper & Row, 1985）

14 Ruestow, *The Microscope in the Dutch Republic*（n.12）

15 G. Adams, *Micrographia Illustrata or, The Knowledge of the Microscope Explain'd*（London: Published by the author, 1746）。顕微鏡に関する初期の文献では Infusoria（滴虫類）と Animalcule（微小動物）という用語はいずれも同じように使われているが、後の論文では Infusoria は細菌と原生生物に、Animalcule は顕微鏡サイズの動物（例えばワムシなど）に限って用いられた。Carpenter は *The Microscope and its Revelations*（n.2）の中でこの語源について詳しく論じている。

16 P. Micheli, *Nova Plantarum Genera, Iuxta Tournefortii Methodum Disposita*（Florence: Bernardi Paperini, 1729）

17 D. L. Hawksworth, introduction to P. Micheli, *Nova Plantarum Genera, Iuxta Tournefortii Methodum Disposita*（Richmond: The Richmond Publishing co., 1976）

18 J. R. Baker, *Abraham Trembley of Geneva: Scientist and Philosopher 1710–1784*（London: Edward Arnold, 1952）; M. J.

Ratcliff, *Isis* 95, 555–75（2004）

19 A. Trembley, *Mémoires, Pour Servier à L'Histoire d'un Genre de Polypes d'eau Douce, à Bras en Forme de Cornes*（Leiden, the Netherlands: Jean and Herman Verbeek, 1744）; S. G. Lenhoff and H. M. Lenhoff, *Hydra and the Birth of Experimental Biology—1744 Abraham Trembley's Mémoires Concerning the Polyps*（Pacific Grove, CA: The Boxwood Press, 1986）

20 M. W. Wartofsky, *Diderot Studies* 2, 279–329（1952）

21 V. P. Dawson, *Nature's Enigma: The Problem of the Polyp in the Letters of Bonnet, Trembley and Réaumur*（Philadelphia: American Philosophical Society, 1987）

22 Anonymous, *Female Inconstancy Display'd in Three Diverting Histoires, Describing the Levity of the Fair Sex*, 2nd edition（London: Thomas Johnson, 1732）

23 S. Centlivre, *The Basset Table*, edited by J. Milling（Toronto: Broadview Editions, 2009）

24 T. Chico, *Comparative Drama* 42, 29–49（2008）

25 H. Baker, *Of Microscopes and the Discoveries Made Thereby*, in two volumes（London: R. Dodsley, 1742）。ボルボックスに関する引用はII巻 *Employment for the Microscope* から。顕微鏡で見た生物の驚くべき複雑さについて、ベーカーは「どこをとっても完璧で、小さいことが、つまらないことのしるしではない。無限の力にとって原子は世界であり、世界は原子でもある。同様に永遠に対する一日は一〇〇〇年にあたり、一〇〇〇年は一日でもあるのだ」と書いている。ウイリアム・ブレイクが書いた *Auguries of Innocence*（一八〇三年に書かれて一八六三年に出版）の中の有名な文句、「一粒の砂の中に世界を見る」はベーカーのこの言葉が潜在意識にあったのか、少なくとも知らずに書いたとは私には思えない。

26 アメーバは一七五〇年代に August Johann Rösel von Rosenhof によって発見された。Von Rosenhof はドイツの細密画の画家で、昆虫研究家でもあった。J. Leidy, *The American Naturalist* 12, 235–8（1878）

27 G. C. Ainsworth, *Introduction to the History of Mycology*（Cambridge: Cambridge University Press, 1976）

28 Carpenter, *The Microscope and its Revelations*（n.2）

29 N. P. Money, *The Triumph of the Fungi: A Rotten History*（New York: Oxford University Press, 2007）（小川真訳『チョコレートを滅ぼしたカビ・キノコの話』築地書館、二〇〇八年）

30 A. de Bary, *Morphologie und Physiologie der Pilze, Flechten, und Myxomyceten*（Leipzig: W. Engelmann, 1866）英訳：*Comparative Morphology and Biology of the Fungi Mycetozoa and Bacteria*, trans H. E. F. Garnsey and reviced by I. B. Balfour（Oxford: Clarendon Press 1887）; E. Haeckel, *Generelle Morphologie der Organismen, Allgemeine Grundzuge der Organischen Formen-Wissenschaft, Mechanisch Begründet Durch die von Charles Darwin Reformirte Descendez-Theorie*（Berlin: Georg Reimer, 1866）; R. J. Richards, *The Tragic Sense of Life: Ernst Haeckel and the Struggle over Evolutionary Thought*（Chicago: The University Chicago Press, 2008）

31 J. Sapp, *Microbiology and Molecular Biology Reviews* 69, 292–305（2005）

32 N. P. Money, *Mr. Bloomfield's Orchard. The Mysterious World of Mushrooms, Molds, and Mycologist*（New York: Oxford University Press, 2002）（小川真訳『ふしぎな生きものカビ・キノコ』築地書館、二〇〇七年）; N. P. Money, *Mushroom*（New York: Oxford University Press, 2011）

33 Zoology（動物学）とBotany（Botanie）（植物学）という用語が最初に使われたのは、一六六九年と一六九六年のことと記録されている。

34 H. Copeland, *Quarterly Review Of Biology* 13, 383–420（1938）。Copeland は *American Naturalist* 81, 340–61（1947）の中で、自分が作った *Monera* を *Mychota* に置き換えた。*Anucleobionta* は一九四〇年代にその細菌につけられたもう一つの名称である。Copeland はこれらの命名に関する問題を *The Classification of Lower Organisms*（Palo Alto, CA: Pacific Books, 1956）の中で取り上げている。

35 R. Whittaker, *Science* 163, 150–60（1969）

36 C. R. Woese and G. E. Fox, *Proceedings of the National Academy of Sciences* 74, 5088–90（1977）

37 E. Mayr, *PNAS* 96, 9720–3（1998）; J. Sapp, *The New Foundations of Evolution:On the Tree of Life*（New York: Oxford University Press, 2009）

38 S. B. Dobranski, *English Literary Renaissance* 35, 490–506（2005）

第3章

1 C. Greuet, in *The Biology of the Dinoflagellates*, vol. 21, edited by F. J. R. Taylor（Oxford: Blackwell Scientific Publishers, 1987）, 119–42; W. J. Gehring, *Journal of Heredity* 96, 171–84（2005）; M. Hoppenrath et al., *BMC Evolutionary Biology* 9, 116（2009）; F. Gómez, P. López-García, and D. Moreira, *Journal of Eukaryotic Microbiology* 56, 440–5（2009）。この細胞小器官の学術用語は ocelloid（単眼）である。ocelloid は二つの部分、hyalosome と melanosome からできている。Hoppenrath らは hyalosome のことを「層状になった角膜のような構造とレンズに似たものが、虹彩に似た閉じる輪によって底面につながっている」といい、melanosome については「よく整っていて色素がある網膜状のもので、海水が入った部屋で hyalosome と仕切られている」という。

2 F. J. R. Taylor, *Biosystems* 13, 65–108（1980）。ワルノウィア渦鞭毛虫類の中には、おそらく餌をとるときに使う、飛び出す針のような刺胞を持ったものがいる。エリスロプシディニウムは刺胞を持っていないので、stomopod（口に似た突起）またはstomopharyngian complex（口やのどに類似した突起）という細胞質が突き出た部分の中へ、ほかの生物細胞を飲みこむという。

3 D. Francis, *Journal of Experimental Biology* 47, 495–501（1967）。これはカリフォルニアのラホヤにあるスクリップス海洋研究所の防波堤の突端で、網にすくい取られたネマトディニウムの細胞について、フランシスが行なった眼に関する研究結果を書いた見事な論文である。フランシスは海水の中で生きている渦鞭毛虫をスライドグラスの上に置いて、顕微鏡ランプの光を当て、そのレンズの屈折率を測定した。また、彼は細胞から取り出したレンズについて同様の実験を行ない、さらに自然のものと同じ大きさにしたポリスチレンの球体を使って対照実験を行なった。

4 この単眼のメラノソームの部分は葉緑体が変化したものかもしれない。C. Greuet, *The Biology of the Dinoflagellates*（n.1）。すでにうまくいっていることに葉緑体を使うというのはあまり意味がないと思われるが、レンズが加わると光合成能が高まるのかもしれない。Richard Dawkinsは *Climbing Mount Improbable*（New York: W. W. Norton, 1996）の中で、進化の過程で見られる変化には、激しい浮き沈みがあると生き生きと語っている。

5 ダイオウホウズキイカとダイオウイカは別種である。ダイオウホウズキイカ、*Mesonychoteuthis hamiltoni* は長さにすると一四メートルにもなるが、ダイオウイカ、*Architeuthis*（属の中の種数は不明）は最長一三メートルにすぎない。

6 R. M. Crawford による Frank E. Round 教授（1920–2010）への胸を打つ追悼文は *Protist* 162, 542–4（2011）に掲載された。

7 J. D. Hackett et al., *American Journal of Botany* 91, 1523–34（2004）

8 この驚くほど協調的な微生物はサンゴとの共生以外に、クラゲやイソギンチャク、スナイソギンチャク（サンゴ礁に住んでいるサンゴに似た動物）、カタツムリ、二枚貝、扁形動物、放散虫（リザリアに属している原生生物）などの中にも暮らしている。

9 S. Stat, E. Morris, and R. D. Gates, *PNAS* 105, 9256–61（2006）

10 B. Groombridge and M. J. Jenkins, *World Atlas of Biodiversity: Earth's Living Resources in the 21th Century*（Berkeley: University of California Press, 2002）

11 F. Partensky, W. R. Hess, and D. Vaulot, *Microbiology and Molecular Biology Reviews* 63, 106–27（1999）。シアノバクテリアの *Synechococcus* の赤潮は *Prochlorococcus* の細胞密度と同程度である。プロテオバクテリア門の *Roseobacter* はもう一つの数の多い光合成能を持った原核生物である。これは沿岸域で優勢である。

12 一〇〇〇抒は一〇の二七乗で、それは人体の中の原子の数の最大推定値7.0×10^{27}に近い。http://www.wolframalpha.comによる。

13 J. A. Sohm, E. A. Webb, and D. G. Capone, *Nature Reviews Microbiology* 9, 499–508（2011）; B. Bergman et al., *FEMS Microbiology Reviews* 37, 286–302（2012）。*Trichodesmium* による赤潮は、キャプテン・クックとともに南太平洋を航海した船員たちによって（1768–1771）、初め海のソウダスト（オガクズ）と呼ばれていた。その名前（訳註：シアノ＝藍色）にもかかわらず、*Trichodesmium* など、多くのシアノバクテリアは色素のカロテノイドやフィコエリスリンを合成するので、青緑色というよりむしろ赤褐色になる。

14 L. M. Proctor, editor, *Special Issue on "A Sea of Microbes," Oceanography* 20（2007）; D. M. Karl, *Nature Reviews Microbiology* 5, 759–69（2007）

15 D. G. Mann, *Phycologia* 38, 437–95（1999）

16 J. A. Raven, *Biological Reviews* 58, 179–207（1983）

17 成熟卵を auxospore と呼ぶ藻類学者へのお詫び。珪藻の生物学についてはJ. E. Graham, L. W. Wilcox, and L. E. Graham, *Algae*, 2nd edition（Upper Saddle River, NJ: Prentice Hall, 2007）と R. E. Lee, *Phycology*, 4th edition（Cambridge: Cambridge University Press, 2008）が優れた入門書である。また、珪藻の性行動については、Alberto Amato が *The International Journal of Plant Reproductive Biology* 2, 1–10（2010）に面白い総説を出している。

18 L. R. Brand et al., *Geology* 32, 165–8（2004）

19 United State Geological Survey Mineral Resources Program: http://www.minerals.usgs.gov/（訳註：現在閉鎖）

20 以下の文章は、天地創造博物館を運営している、ケンタッキーに本拠があるキリスト教弁証学的布教団体、アンサーズ・イン・ジェネシスのウェブサイトからの引用である。いわく、「ノアの時代の大洪水は微生物の大発生とチョークの急激な集積に絶好の条件を作り出した」。http://www.answersingenesis.org/articles/wog/white-cliffs-dover

21 A. R. Taylor et al., *European Journal of Phycology* 42, 125–36（2007）

22 R. Doerffer and J. Fischer, *Journal of Geophysical Research* 99 C4, 7457–66（1994）; C.W. Brown and J. A. Yoder, *Journal of Geophysical Research* 99 C4, 7467–82（1994）

23 L. Beaufort et al., *Nature* 476, 80–3（2011）と、その解説 D. A. Hutchins, *Nature* 476, 41–2（2011）。まったく異なる結論に達しているものも含めて、この二つの論文はほかの研究についても言及している。

24 L. R. Pomeroy, *BioScience* 24, 499–504（1974）

25 J. Steinbeck, *The Log from the Sea of Cortez*（New York: Viking Press, 1941）

26 この問題は Forest Rohwer and Merry Youle, *Coral Reefs in the Microbial Seas*（Basalt, CO: Plaid Press 2010）の中で雄弁に語られている。

27 J. C. Venter et al., *Science* 304, 66–74（2004）; D. B. Rusch et al., *PLoS Biology* 5（3）, e77（2007）; S. J Williamson et al., *PLoS ONE* 3（1）, e1456

28 M. A. Moran and E. V. Armbrust, in Proctor, *Special Issue on "A Sea of Microbes,"*（n. 14）, 47–55; http://www.jgi.doe.gov/

29 R. Massana and C. Pedrós-Alió, *Current Opinion in Microbiology* 11, 213–18（2008）

30 H. S. Yoon et al., *Science* 332, 714–17（2011）。単細胞ゲノミクスは、異なる生息地から集めた二〇〇個体の原核生物のゲノムを解析する際、「微生物の暗黒域」とされる系統樹の中の未知の枝を追跡するために使われている。C. Rinke et al., *Nature* 499, 431–7（2013）

31 R. Stocker, *Science* 338, 628–33（2012）

32 F. E. Round, R. M. Crawford, and D. G. Mann, *The Diatoms: Biology and Morphology of the Genera*（Cambridge: Cambridge University Press, 1990）

33 A. E. Walsby, *Microbiological Reviews* 58, 94–144（1994）

34 M. C. Benfield et al., in Proctor, *Special Issue on "A Sea of Microbes,"*（n. 14）, 172–87

35 E. C. Roberts et al., *Journal of Plankton Research* 33, 603–14（2011）

36 J. L. Howland, *The Surprising Archaea*（New York: Oxford University Press, 2000）。古細菌の研究について、できれば、私は Howland 教授がこの巻の第二版を出してくれるよう願っている。

37 海生古細菌が硝化作用をしているという最初の証拠は、Venter, *Science*（n. 27）が行なったショットガン・シークエンシングによるアンモニウム・モノオキシゲナーゼ遺伝子の同定から出たものである。

38 Ø. Bergh et al., *Nature* 340, 467–8（1989）

39 D. L. Kirchman, *Nature* 494, 320–1（2013）; Y. Zhao et al., *Nature* 494, 357–60（2013）

40 C. A. Suttle, *Nature Reviews Microbiology* 5, 801–12（2007）

41 プロクロロコッカスの細胞は半径三〇〇ナノメートルの球形で、その体積は10^{-19} m^3だから、海水中の濃度を10^5 mL^{-1}とすると、全細胞の体積は10^{-14} m^3になる。1mLは10^{-6} m^3なので、海水に対するこのシアノバクテリアの細胞数の比率は$10^{-14}/10^{-6}=10^{8}$である。平均的な海生ウイルスが半径三〇ナノメートルの球体だとすると、一粒子の体積は10^{-22} m^3になる。濃度を10^7 mL^{-1}とすると、全粒子の体積は10^{-15} m^3となり、海水に対するウイルスの比率は$10^{-15}/10^{-6}=10^{9}$になる。この推定値は原核生物（プロクロロコッカスにほかの細菌や古細菌を加えたもの）が、海洋生物全体の五パーセントにあたるウイルスとともに、海洋生態系のバイオマスの九〇パーセント以上を占めるという結論と符合している。

42 M. B. Sullivan et al., *PloS Biology* 3, e144（2005）; N. H. Mann, *PLoS Biology* 3, e182（2005）

43 M. Breitbart et al., *PNAS* 99, 14250–5（2002）

44 W. H. Wilson et al., *Science* 309, 1090–2（2005）

45 ミミウイルス（Mimiviridae）と呼ばれた大きな二重らせん構造のＤＮＡを持つウイルスの発見は B. La Scola らによって *Science* 299, 2033（2003）に発表された。Catherine Mary は二〇〇三年の論文の主著者だった Didier Raoult の人物評の中で（*Science* 335, 1033–5（2012））ちょっぴり専門的な議論を吹っかけている。

46 D. Arslan et al., *PNAS* 108, 17486–91（2011）。二〇一三年に発見されたパンドラウイルスはさらに大きい。N. Phillipe et al., *Science* 341, 281–6（2013）

47 D. Raoult, *Nature Reviews Microbiology* 7, 616（2009）

48 A. Jelmert and D. O. Oppen-Berntsen, *Conservation Biology* 10, 653–4（1996）; A. J. Pershing et al., *PLoS ONE* 5, e12444（2010）

49 M. L. Walser, S. C. Nodvin, and S. Draggan, in *Encyclopedia of Earth*, edited by C. J. Cleveland（Washington, DC: Environmental Information Coalition, National Council for Science and the Environment, 2011）, http://www.eoearth.org/article/Carbon_footprint
計算例：平均して人間は年間一人当たり四トンの二酸化炭素を放出しているとされている。死んだクジラは海底に一六万トンの炭素を運び、五八万七二〇〇トンの二酸化炭素を出している（分子量の比は四四／一二＝三・六七）ことになる。これは平均的な人間一四万六八〇〇人分、または人口の〇・〇〇二パーセントに相当する値である。

50 K. O. Buesseler et al., *Science* 316, 567–70（2007）

第4章

1 C. Darwin, *The Formation of Vegetable Mould through the Action of Earthworms*（London: John Murray, 1881）。ダーウィンのミミズへの思い入れは四〇年以上続いた。その仕事の最初の記録は一八三七年に開かれたロンドン地質学会の集まりで読み上げられた報告である。C. Darwin, *Proceedings of the Geological Society of London* 2, 574–6（1838）

2 U. Kutschera and J. M. Elliott, *Applied and Environmental Soil Science* 2010, (2010)

3 C. R. Darwin, *The Structure and Distribution of Coral Reefs. Being the First Part of the Geology of the Voyage of the Beagle, Under the Command of Capt. Fitzroy, R. N. During the Years 1832 to 1836*. (London: Smith, Elder and Co., 1842)

4 C. Currie, *Microbe Magazine* 6, 440–5 (2011) も含めて、ほかの生物学者たちは「錯雑たる堤」の一九世紀的視点の限界を是認している。

5 D. C. Price et al., *Science* 335, 843–7 (2012)

6 J. A. Raven and J. F. Allen, *Genome Biology* 4, 209.1–209.5 (2003)。内部共生説は一九〇五年、ロシアの植物学者Konstantin Mereschkowskiによって提唱された。細菌とミトコンドリアや葉緑体の間の類似性は、分子遺伝学で確認される以前に電子顕微鏡によって認められていた。この説の新たな検討はLynn Margulisの研究に始まった。L. Sagan, *Journal of Theoretical Biology* 14, 255–74 (1967)

7 W. A. Shear, *Nature* 351, 283–9 (1991); C. K. Keller and B. D. Wood, *Nature* 364, 233–5 (1993); H. A. Horodyski and L. P. Knauth, *Science* 263, 494–8 (1994); A. R. Prave, *Geology* 30, 811–14 (2002)

8 P. Kendrick and P. R. Crane, *Nature* 389, 33–8 (1997); L. A. Lewis and R. M. McCourt, *American Journal of Botany* 91, 1535–56 (2004); S. Wodniok et al., *BMC Evolutionary Biology* 11, (2011)

9 D. L. Royer et al., *American Journal of Botany* 97, 438–45 (2010)

10 H. C. J. Godfray は *Nature* 417, 17–19 (2002) の中で動植物分類学のより幅広い取り組み方について論じている。植物の採集者と分類学者はともに二一世紀の絶滅危惧種になりかけている。J. Whitfield, *Nature* 484, 436–8 (2012)。

11 太陽はGタイプの主系列星に分類され、黄色の星としても知られている。密度の濃い核にあるエネルギーは水素をヘリウムに変える熱核融合反応からきている。

12 D. D. Richter and D. Markewitz, *Bioscience* 45, 600–9 (1995)

13 R. Daniel, *Nature Reviews Microbiology* 3, 470–8 (2005)

14 V. Torsvik, J. Goksøyr, and F. L. Daae, *Applied and Environmental Microbiology* 56, 782–7 (1990); J. Gans, M. Wolinsky, and J. Dunbar, *Science* 309, 1387–90 (2005); T. P. Curtis and W. T. Sloan, *Science* 309, 1331–3 (2005)

15 T. M. Vogel et al., *Nature Reviews Microbiology* 7, 252（2009）

16 P. C. Baveye, *Nature Reviews Microbiology* 7, 756（2009）

17 M. T. Madigan et al., *Brock Biology of Microorganisms*, 13th edition（San Francisco, CA: Benjamin Cummings, 2010）。一つの変わった代謝系が、ロシアの火山島にある温泉にいる成長の早い極限環境微生物の *Carboxydothermus hydrogenoformans* で見つかっている。これは一酸化炭素を取り込んで水素ガスを出す細菌の一例である。

18 K. J. van Groenigen, C. Rosenberg, and B. A. Hungate, *Nature* 475, 214–16（2011）

19 I. M. Brodo, S. D. Sharnoff, and S. Sharnoff *Lichens of North America*（New Haven, CT: Yale University Press, 2001）

20 N. P. Money, *The Triumph of the Fungi: A Rotten History*（New York: Oxford University Press, 2007）（小川真訳『チョコレートを滅ぼしたカビ・キノコの話』築地書館、二〇〇八年）

21 J. Sapp, *Evolution by Association: A History of Symbiosis*（New York: Oxford University Press, 1994）

22 N. P. Money, *Mushroom*（New York: Oxford University Press, 2011）

23 D. Redecker, R. Kodner, and L. E. Graham, *Science* 289, 1920–1（2000）。コケ類の根は根系というより、むしろ仮根で、本当の菌根とはいえない。仮根はコケの底面を湿った土につなぎとめる房状に垂れ下がった単細胞の糸である。コケは全表面で水や水に溶けた養分を吸収するので、根は単に地上に広がった葉状体の付属品のように見える。

24 J. Russell and S. Bulman, *New Phytologist* 165, 567–9（2005）; C. Humphreys et al., *Nature Communications* 1, 103（2010）; A. Jermy, *Nature Reviews Microbiology* 9, 6（2011）。この共生にかかわっている菌は Phylum Glomeromycota（グロムス門）に属している。この菌は植物と離して培養できない。Endogonales という第二のグループは、かなり早い時期に陸上植物と共生したと思われる。M. I. Bidartondo et al., *Biology Letters* 7, 574–7（2011）。なお、この菌は純粋培養が可能である。

25 F. K. Sparrow, *Aquatic Phycomycetes*（*Exclusive of the Saprolegniaceae and Pythium*）（Ann Arbor, MI: University of Michigan Press, 1943）。一九六〇年に出された第二版は、先に Saprolegniaceae と *Pythium* に偏っていたものに三〇〇ページ以上を加えた大部なものである。「藻のような菌」を意味する藻菌類（Phycomycetes）という用語は時代遅れだが、以前は水の中に好んで暮らす菌や菌に似た微生物をごく大雑把にまとめた名称だった。

26 両生類衰弱症におけるツボカビの役割については、まだ議論の余地があって、ある研究者たちは、この菌の感染がほかの原因による動物の衰弱死を招いたと考えている。ある調査によると、両生類衰弱症の一四パーセントだけが、ツボカビの感染に関係があったという。M. Heard, K. F. Smith, and K. Ripp, *PLoS ONE* 6（8）, e23150（2011）
27 M. J. Powell, *Mycologia* 76, 1039–48（1984）
28 T. Y. James et al., *Mycologia* 98, 860–71（2006）
29 E. Lara, D. Moreira, and P. López-García, *Protist* 161, 116–21（2010）
30 M. D. M. Jones, *Nature* 474, 200–3（2011）
31 R. W. G. Dennis, *British Cup Fungi and Their Allies: An Introduction to the Ascomycetes*（London: The Bay Society, 1960）
32 K. E. Ashelford, M. J. Day, and J. C. Fry, *Applied and Environmental Microbiology* 69, 285–9（1003）
33 このウェブサイトはhttp://www.phagesdb.orgである。ゲノムシークェンスは GenBank（http://www.ncbi.nlm.nih.gov/genbank/）に預けられている。これは National Institute of Health によって管理されている、公開可能なDNAシークェンスの注釈付きデータである。
34 F. Rohwer, *Cell* 113, 141（2003）
35 汚染されていない川や湖にいる原核生物の概数（ごく大雑把なもの）は、細胞数にして一ミリリットル当たりざっと一〇〇万個だが、これは海水の微生物濃度の約一〇〇倍に相当する。W. B. Whitman, D. C. Coleman, and W. J. Wiebe, *PNAS* 95, 6578–83（1998）
36 J. L. Frank, R. A. Coffan, and D. Southworth, *Mycologia* 102, 93–107（2010）
37 D. C. Sigee, *Freshwater Microbiology*（Chichester: John Wiley & Sons, 2005）
38 R. Logares et al., *Trends in Microbiology* 17, 414–22（2009）
39 P. A. Sims, D. G. Mann, and L. K. Medlin, *Phycologia* 45, 361–402（2006）
40 A. J. Alverson, R. K. Jansen, and E. C. Theriot, *Molecular Phylogenetics and Evolution* 45, 193–210（2007）

第5章

1 N. P. Money, *Mr. Bloomfield's Orchard. The mysterious World of Mushrooms, Molds, and Mycologist* (New York: Oxford University Press, 2002)（小川真訳『ふしぎな生きものカビ・キノコ』築地書館、二〇〇七年）

2 最も小さい昆虫はホソバネヤドリコバチ、*Dicomorpha echmepterygis*（Mymaridae科）の雄で、体長〇・一四ミリメートル、*Amoeba proteus* の細胞よりもかなり小さい。このコスタリカ産の種は、ほかの昆虫の卵に寄生する。ホソバネヤドリコバチの小さな体の中に昆虫の神経組織を取りこむ素晴らしい適応の様子が、A. A. Polilov, *Arthropod Structure and Development* 41, 29–34（2012）に記述されている。

3 Lucretius, *The Nature of Things*, A. E. Stallings (London: Penguin Books, 2007) 訳、第二巻の一四〇と一三六行目から引用。第六巻でこのローマの詩人は「大気が動くとき」（一一一九）、「汚れた空を運ぶ自然、つまり不慣れで攻撃に敏感な我々にとって新しい天候」（一一二五～七）といい、空気が伝染病の原因になりうると考えていた。

4 F. C. Meier, *The Scientific Monthly* 40, 5–20（1935）

5 R. J. Haskell and H.P. Barss, *Phytopathology* 29, 293–302（1939）

6 N. P. Money, *Carpet Monsters and Killer Spores: The Natural History of Toxic Mold* (New York: Oxford University Press 2004), 148, n. 16

7 H. E. Schlichting, *Air Pollution Control Association Journal* 19, 946–51（1969）

8 D. W. Griffin et al., *American Scientist* 90, 228–35（2002）; D. W. Griffin, *Clinical Microbiology Reviews* 20, 459–77（2007）

9 J. Giles, *Nature* 434, 816–19（2005）

10 C. S. Bristow, K. A. Hudson-Edwards, and A. Chappell, *Geophysical Research Letters* 37, L14807（2010）

11 C. Darwin, *Journal of Researches into the Geology and Natural History of the Various Countries Visited by H. M. S. Beagle, Under the Command of Captain Fitzroy, R. N. from 1832 to 1836.* (London: Henry Colburn, 1839); R. S. Cerveny, *Bulletin of the American Meteorological Society* 86, 1295–301（2005）

12 例外は葉緑体のない緑藻、プロトテカ症の原因になる *Prototheca* である。人間の症例はきわめてまれだが、免疫機能が損なわれると感染するかもしれない。多くの場合、感染は傷口に病原体が接触して起こる。B. Leimann et al., *Medical Mycology* 42, 95–106（2004）

13 James Salisbury（1823–1905）は、野菜が有毒だと信じていたことや、タマネギで風味をつけたひき肉を揚げるか蒸した、いわゆるソールズベリーステーキを日に三回食べるのが完璧な食事だと主張したことでよく知られている。その肉食に対する入れこみ方は大変なもので、兵隊の下痢を治すために細切れにしたステーキとコーヒーを処方するというところまで行ったという。J. H. Salisbury, *The Relation of Alimentation and Disease*（New York: J. H. Vail and Company, 1888）

14 J. H. Salisbury, *The American Journal of the Medical Sciences* 51, 51–75（1866）

15 マラリアはプラスモディウム属の種によって起こる病気。人間に対する感染源の七五パーセントは *Plasmodium falciparum* である。プラスモディウム属はアピコンプレクサ門の中の属で、アピコンプレクサ門は渦鞭毛虫や繊毛虫を含むアルベオラータの一部である。

16 南北戦争の間、ランカスターのデンプン工場はキャンプ・メディルの兵舎になった。

17 J. H. Salisbury, *The American Journal of the Medical Sciences* 44, 17–28（1862）

18 S. Genitsaris, C. A. Kormas, and M. Moustaka-Gouini, *Frontiers in Bioscience* E3, 772–87（2011）

19 G. Miller, *Science* 313, 428–33（2006）

20 S. Genitsaris et al., *Frontiers in Bioscience*（n. 18）

21 ニューハンプシャー州で集団発生した筋萎縮性側索硬化症（ＡＬＳ）に、毒性のあるシアノバクテリアの大発生がかかわっている可能性について、T. A. Caller らが *Amyotrophic Lateral Sclerosis* S. 2, 101–8（2009）の中で取り上げている。地球規模の保健問題としては、シアノバクテリアの毒が海洋の食物連鎖を通じて広がる可能性のほうが重要である。シアノバクテリアの仲間には、神経毒性アミノ酸の合成能があるという報告が出ている。P. A. Cox et al., *PNAS* 102, 5074–8（2010）

22 R. E. Lee, G. J. Warren, and L. V. Gusta, *Biological Ice Nucleation and its Applications*（St. Paul, MN: American Phytopathological Society Press, 2005）

23 B. C. Christner et al., *Science* 319, 1214（2008）

24 M. O. Andreae and P. J. Crutzen, *Science* 276, 1052–8（1997）

25 W. D. Hamilton and T. M. Lenton, *Ethology, Ecology and Evolution* 10, 1–16（1998）

26 著者らは海表面で風速の変化が起こる仕組みについては詳しく述べていないが、ジメチルサルファイド（ＤＭＳ）の放出が潜熱を解き放つことによって対流を促し、その対流が急激な風の流れの原因になるとしている。

27 集団で拡散することを容易にする、微生物集団による風・雲生成の進化過程は、増殖のためにエネルギーを要せず、風と雲を使う手品師が現われたことで攪乱されたことだろう。

28 J. K. M. Brown and M. S. Hovmøller, *Science* 297, 537–41（2002）; D. E. Aylor, *Ecology* 84, 1989–97（2003）

29 N. P. Money, *The Triumph of the Fungi: A Rotten History*（New York: Oxford University Press, 2007）（小川真訳『チョコレートを滅ぼしたカビ・キノコの話』築地書館、二〇〇八年）

30 W. Elbert et al., *Atmospheric Chemistry and Physics* 7, 4569–88（2007）; A. Sesartic and T. N. Dallafior, *Biogeosciences* 8, 1181–92（2011）

31 算数のお遊びになるが、平均的な菌の胞子の直径が一メートルの一〇〇万分の一〇（一〇マイクロメートル）だとしてみよう。水と同じ密度を持ったこの大きさのミクロスフィアの重量は5×10^{-16}トンになる。空中に浮遊している胞子の総量五〇〇〇万トンを一つの胞子の重量で割ると、10^{23}個の胞子があることになる。一モルに含まれる原子のアボガドロ定数6×10^{23}は、広域に広がる胞子の雲に限りなく近いようである。

32 International Nucleotide Sequence Database（INSD; http://www.insdc.org）は三か所のデータベースにアップロードされたシークェンスデータを同時に扱っている。それらの機関はNational Center for Biotechnology Information（ＮＣＢＩは国立衛生研究所の出先機関）が管理している Genbank と European Nucleotide Archive および DNA Data Bank of Japanである。

33 J. Fröhlich-Nowoisky et al., *Biogeosciences* 8, 1125–36（2011）。対流圏上層部の微生物叢にいる細菌の分子生物学的解析については、N. DeLeon-Rodriguez et al., *PNAS* 110, 2575–80（2013）に報告されている。

34 J. Fröhlich-Nowoisky et al., *PNAS* 106, 12814–19（2009）

35 U. Pöschl et al., *Science* 329, 1513–16 (2010)

36 C. T. Ingold and S. A. Hadland, *New Phytologist* 58, 46–57 (1959)。出てきた胞子嚢の前に、回る二枚の円盤を置くという、巧妙な方法で糞生菌 *Pilobolus*（ミズタマカビ属）の胞子の射出速度を測定した。同じ軸に円盤を取りつけ、モーターで回転させた。二枚目の円盤に当たるためには、前の円盤にあけられた穴を通り抜けなければならない。胞子の大半は初めの円盤で跳ね返されてしまうが、ごくわずかの胞子が孔を通り抜けて二枚目の円盤に付着する。初めの円盤の孔に比べて、二枚目の円盤の回りについた胞子の変位は、その速度に比例した。この実験で得られた胞子射出速度は秒速一四メートル、時速五〇キロメートルだった。E. G. Pringsheim and V. Czurda, ***Jahrbücher für Wissenschaftliche Botanik*** 66, 683–901 (1927); L. Yafetto et al., ***PLoS ONE*** 3 (9), e3237 (2008)。なお、ミズタマカビは胞子を一つずつ出すというよりも、一万個の胞子が入った胞子嚢を二・五メートル飛ばす。

37 草食動物の糞に生える多種多様な菌は、ニュージーランドの研究者アン・ベルによって見事に描かれている。彼女の著わした本には、有袋類と有胎盤類の糞に生える菌の素晴らしい顕微鏡写真が載せられ、ニュージーランドやオーストラリアの可愛いキノコや大気中に舞う奇妙な胞子の挿し絵がついている。A. Bell, ***Dung Fungi: An Illustrated Guide to Coprophilous Fungi in New Zealand*** (Wellington, New Zealand: Victoria University Press, 1983); A. Bell, ***An Illustrated Guide to the Coprophilous Ascomycetes of Australia*** (Utrecht, The Netherlands: Centraalbureau voor Schimmelcultures, 2005)。アンは最初の本の序文で、「この本が多くの人に受け入れられると思うのは、まちがいだと承知している」と書いている。この言葉は、糞生菌の専門家ならではの気くばりであろう。

38 O. K. Davis and D. S. Shafer, ***Palaeogeography, Palaeoclimatology, Plaeoecology*** 237, 40–50 (2006); J. L. Gill et al., *Science* 326, 1100–3 (2009); J. R. Wood et al., ***Quarternary Science Revieus*** 30, 915–20 (2011)

39 皮膚テストでの陽性反応は、同じアレルゲンを持った胞子が肺に達したときに出る気管支狭窄と関連がある。臨床研究によると、喘息の子どもの四六パーセントまでが、アルタナリアの胞子に対してアレルギー反応を示したという。アルタナリアによるアレルギー発生の地理的特性については、さまざまな見解があって、ある人は砂漠気候の中で感受性が高くなるといい、ほかの人は湿った地域に大流行が見られるという。処置のために集中治療を受けたものも含めて、持続的なきつい喘息症状を示す子どもや成人の間では、アルタナリアに対する高い感受性が一般的に認められている。T. W. Lyons, D. B. Wakefield, and M. M. Cloutier, ***Annals of Allergy, Asthma and Immunology*** 106, 301–7 (2011)

40 C. T. Ingold, ***Fungal Spores: Their Liberation and Dispersal*** (Oxford: Oxford University Press, 1971)

41 S. Braman, ***Chest*** 130 suppl., 4S-12S (2006)。新しいデータについては、The Global Initiative for Asthma (http://www.ginasthma.org) で見ることができる。

42 J. N. Klironomos et al., ***Canadian Journal of Botany*** 75, 1670–3 (1997); J. Wolf et al., ***Environmental Health Perspectives*** 118, 1223–8 (2010)

43 A. S. Amend et al., ***PNAS*** 107, 13748–53 (2010)

44 G. Krstić, ***PLoS ONE*** 6 (4), e18492 (2011)

45 W. F. Wells, ***Airborne Contagion and Air Hygiene*** (Cambridge: Harvard University Press, 1955)

46 D. W. Griffin, ***Clinical Microbiology Reviews*** (n.8)

47 A. A. Imshenetsky, S. V. Lysenko, and G. A. Kazakov, ***Applied and Environmental Microbiology*** 35, 1–5 (1978)。ソ連の研究者たちはそのサンプルの中に、強くメラニン化された菌の胞子を見つけたと報告した。紫外線から守られている細胞の存在は、生物が成層圏の上でも生きられるという楽観論を勇気づけたが、三〇年後に出た確認実験の結果を見たほうがよさそうである。室内で行なわれたモデル実験によると、最も抵抗力のある細菌の芽胞ですら、成層圏で受ける紫外線の照射レベルにさらされると、数時間で破壊されたという。D. J. Smith et al., ***Aerobiologia*** 27, 319–32 (2011)

48 D. J. Smith, D. W. Griffin, and A. C. Schuerger, ***Aerobiologia*** 26, 35–46 (2010)。この調査では、高度二〇キロメートルの上空から生きた細菌と菌が分離されたという。

49 A. M. Womak, B. J. M. Bohannan, and J. L. Green, ***Philosophical Transaction of the Royal Society B*** 365, 3645–53 (2010); DeLeon-Rodriguez et al., ***PNAS*** (n.33)

50 J. Taylor et al., ***Philosophical Transaction of the Royal Society B*** 361, 1947–63 (2006)

51 B. E. Wolfe and A. Pringle, ***ISME Journal*** 6, 745–55 (2012)

52 J. Green and J. M. Bohannan, ***Trends in Ecology and Evolution*** 21, 501–7（2006）; D. Fontaneto, editor, ***Biogeography of Microscopic Organisms: Is Everything Small Everywhere?***（Cambridge: Cambridge University Press, 2011）

第6章

1 ヒトゲノムのおよそ八パーセントは、レトロウイルスの遺伝子である。E. S. Lander et al., ***Nature*** 409, 860–921（2001）。ただし、レトロウイルス由来でない遺伝子も同定されている。M. Horie et al., ***Nature*** 463, 84–7（2010）

2 胎児の単純な微生物叢は、母体の消化管から羊水の中へしたたり落ちる細菌から始まる。L. J. Funkhouser and S. R. Bordenstein, ***PLoS Biology*** 11, e1001631（2013）。幼児の微生物叢の発達に関する詳細な解析は J. E. Koenig et al., ***PNAS*** 108, 4578–85（2011）に出ている。

3 C. A. Lozupone et al., ***Nature*** 489, 220–30（2011）

4 G. D. Wu et al., ***Science*** 334, 105–8（2011）

5 P. J. Turnbaugh et al., ***Cell Host Microbe*** 3, 213–23（2008）

6 R. Ley et al., ***Nature*** 4444, 1022–3（2006）

7 C. A. Lozupone et al., ***Nature***（n.3）

8 T. C. Hazen et al., ***Science*** 330, 204–8（2010）

9 B. L. Cantarel et al., ***PLoS ONE*** 7, e28742（2012）

10 訳註：次世代シークェンシングに関するいくつかの方法について述べているが、訳者の手に余るので、誤訳を避けるため省略する。興味をお持ちの方は、分子生物学の入門書や遺伝子解析の方法書を参照されたい。T. C. Glenn, ***Molecular Ecology Resources*** 11, 759–69（2011）; G. M. Weinstock, ***Nature*** 489, 250–6（2010）

11 http://www.genome.gov/sequencingcosts/

12 W. R. Wikoff et al., ***PNAS*** 106, 3698–703（2009）; J. K. Nicholson et al., ***Science*** 336, 1262–7（2012）

13 M. Balter, ***Science*** 336, 1246–7（2012）; http://www.commonfund.nih.gov/hmp/; http://www.metahit.eu/; http://www.genomics.cn/en/index

14 C. Jenberg et al., *The ISME Journal* 1, 56–66（2007）

15 L. C. Antunes et al., *Antimicrobial Agents and Chemotherapy* 55, 1494–503（2011）

16 S. Suerbaum and P. Michetti, *New England Journal of Medicine* 347, 1175–86（2002）

17 L. C. Arnold et al., *Journal of Clinical Investigation* 121, 3088–93（2011）

18 B. Linz et al., *Nature* 445, 915–18（2007）

19 S. Thavagnanam et al., *Clinical and Experimental Allergy* 38, 629–33（2008）

20 M. G. Dominguez- Bello et al., *PNAS* 107, 11971–5（2010）

21 M. Kuitunen et al., *Journal of Allergy and Clinical Immunology* 123, 335–41（2009）

22 N. Cerf-Bensussan and V. Gaboriau-Routhiau, *Nature Reviews Immunology* 10, 735–44（2010）

23 K. Berer et al., *Nature* 479, 538–42（2011）

24 I. Martinez et al., *The ISME Journal* 7, 269–80（2013）

25 E. Van Nood et al., *New England Journal of Medicine* 368, 407–15（2013）

26 C. Huttenhower et al., *Nature* 486, 207–14（2012）。私はサンプル数やシークェンス、ＤＮＡ塩基などを確認した。

27 F. Armougom et al., *PLoS ONE* 4, e7125（2009）。私はこの研究から細菌が四〇〇億個になるための有意な数値を追ってみた。重さ二キログラムの糞便の場合、腸管には八〇兆個の細菌がいるというのは、一般に腸内微生物叢には一〇〇兆個の細菌がいるといわれているのにかなり近い。これは記録された生態系の中で、最も高い細胞密度の例である。W. B. Whitman, D. C. Coleman, and W. J. Wiebe, *PNAS* 95, 6578–83（1998）; F. Bäckhead et al., *Science* 307, 1915–20（2005）

28 H. Zhang et al., *PNAS* 106, 2365–70（2009）; B. Dridi, D. Raoult, and M. Drancourt, *Anaerobe* 17, 56–63（2011）。反対に、ある研究者は、病的肥満はメタン生成古細菌が少ないことに関係があるという。M. Million et al., *International Journal of Obesity* 36, 817–25（2012）

29 F. Armougom et al., *PLoS ONE*（n.27）

30 A. P. A. Oxley et al., *Environmental Microbiology* 12, 2398–410（2010）

31　ハプト藻やクリプト藻の多くは光合成能を持っているハクロビアの仲間で、カタブレファリスやヘリオゾア（太陽虫）、テロネマなどは腐生性のハクロビアである（http://www.tolweb.org/Hacrobia/）。おそらく、このグループから出ている種は、将来腸内微生物叢の研究が進むにつれて同定されるだろう。
32　A. Stechmann et al., *Current Biology* 18, 580–5（2008）。低酸素状態か、嫌気的条件下に暮らす真核生物の多くは、ハイドロゲノソームか、マイトソームというミトコンドリアが変形した細胞小器官を持っている。ブラストシスティスの細胞小器官はミトコンドリアとハイドロゲノソームの特徴を備えている。
33　L. Hamad et al., *PLoS ONE* 7, e40888（2012）
34　I. D. Iliev et al., *Science* 336, 1314–17（2012）
35　S. Minot et al., *Genome Research* 21, 1616–25（2012）。ファージは粘液中の細菌をコントロールして、免疫による防御機構を補完しているのかもしれない。J. J. Barr, et al., *PNAS* 110, 10771–6（2013）
36　ヒトゲノムのシークエンシングの結果は E. S. Lander et al., *Nature*（n.1）に、チンパンジーのものは T. Mikkelsen et al., *Nature* 437, 69–87（2005）に、ボノボのものは K. Prüfer et al., *Nature* 486, 527–31（2012）に報告されている。
37　R. E. Ley et al., *Science* 320, 1647–51（2008）; R. E. Ley et al., *Nature Reviews Microbiology* 6, 776–88（2008）
38　シロアリと甲虫類の幼虫は、セルロースの嫌気的発酵にかかわるきわめて複雑な微生物社会を持っている点で、有名な例外である。シロアリの腸管の中では、セルロース発酵が二種類の原生生物、*Trichonympha* と *Mixotrichia* によって行なわれており、この二種類はエクスカバータの仲間である。原生生物に内部共生している細菌がセルロース分解酵素を分泌し、原生生物の細胞の表面はスピロヘータ型の細菌に覆われている。細菌はその波動によって相手を取り囲んでいる粘液の中に潜りこむ。表面についているスピロヘータは外部共生細菌である。
39　C. Huttenhower et al., *Nature*（n. 26）
40　P. W. Lepp et al., *PNAS* 101, 6176–81（2004）
41　M. A. Ghannoum et al., *PLoS Pathogens* 6, e1000713（2010）
42　K. Findley et al., *Nature* 498, 367–70（2013）
43　R. D. Heijtz et al., *PNAS* 108, 3047–52（2011）

44 セロトニンは神経伝達物質として、気分や食欲、睡眠などに作用し、大切な抗鬱剤で、腸の蠕動運動をコントロールする。だから、病原性の原生生物、*Entamoeba histolytica* の出すセロトニンが下痢の原因になるというわけである。

45 我糞をたれる。ゆえに我あり。

第7章

1 T. S. Suryanarayanan et al., ***Fungal Biology*** 115, 833–8（2011）。インドの西ガーツからとった菌を使った実験によると、ある種の菌は一一五℃で二時間焼いても生き残っていたという。

2 W. L. Kenney, D. W. Clark, and L. A. Holowatz, ***Journal Thermal Biology*** 29, 479–85（2004）

3 E. Blochl et al., ***Extremophiles*** 1, 14–21（1997）

4 F. T. Robb and D. S. Clark, ***Journal of Molecular Microbiology and Biotechnology*** 1, 101–5（1999）; G. N. Somero, ***Annual Review of Physiology*** 57, 43–68（1995）

5 K. Kashefi and D. R. Lovley, ***Science*** 301, 934（2003）

6 J. A. Mikucki et al., ***Science*** 324, 397–400（2009）

7 P. D. Franzmann et al., ***International Journal of Systematic Bacteriology*** 47, 1068–72（1997）; N. F. W. Saunders et al., ***Genome Research*** 13, 1580–8（2003）

8 C. Gerday and N. Glansdorff, editors, ***Physiology and Biochemistry of Extermophiles***（Washington, DC: ASM Press, 2007）

9 ボストーク湖の酸素濃度は、大気圧での湖水表面のものより五〇倍も高い。このような条件下で壊れた酸素ラジカルが多いことは、細胞生理学的に見て大問題である。

10 http://blogs.nature.com/news/2012/02/lake-vostok-drilling-success-confirmed.html 参照。ボストーク湖の氷河の下で凝固した氷から採った一〇〇個の細菌と二〇〇個ほどの真核生物および二個の古細菌からのシークェンスが増幅された。Y. M. Shtarkman et al., ***PLoS ONE*** 8（7）, e67221（2013）。この凝固した氷の層は、厚さ三五〇〇メートルの氷河の直下にある湖水の最上層にできる。この位置に微生物がいるということから、下の湖水の中にも微生物活動が認められそうである。

11 A.E. Murray et al., *PNAS* 109 20626–31（2012）

12 W. B. Whitman, D. C. Coleman, and W. J. Wieve, *PNAS* 95, 6578–83（11998）

13 http://www.iodp.org/Mission/

14 B. B. Jørgensen and A. Boetius, ***Nature Reviews Microbiology*** 5, 770–81（2007）; M. A. Lever et al., *Science* 339, 1305–8（2013）。繊維状の細菌は、酸化された表面と下の無酸素状態の沈殿物中で起こる生化学反応を、電子を通してつなぐ電線として働いているらしい。C. Pfeffer et al., *Nature* 491, 218–21（2012）

15 R. Monastersky, *Nature* 492, 163（2012）。太平洋の海底、深さ五〇メートルにある沈殿物から採集したリボソームRNAシークェンスからは、多種類の酵母や糸状菌が同定されている。W. Orsi, J. F. Biddle, and V. Edgcomd, *PLoS ONE* 8（2）, e56335（2013）

16 S. D'Hondt et al., *Science* 306, 2216–21（2004）

17 L. Phillips, *Nature News*（May 17, 2012）http://www.nature.com/news/slo-mo-microbes-extend-the-frontiers-of-life-1.10669 ; H. Røy et al., *Science* 336, 922–5（2012）

18 E. G. Roussel et al., *Science* 320, 1046（2008）

19 T. Gold, *PNAS* 89, 6045–9（1992）; B. B. Jørgensen, *PNAS* 109, 15976–7（2012）; J. Kallmeyer et al., *PNAS* 109, 16213–16（2012）

20 化学栄養代謝による生活法での例外は、水深二〇〇〇メートル以上の位置にある黒煙噴出孔で光合成する、驚くべき離れ業をする緑色硫黄細菌である。おそらく、地熱の光の輝きから光子を吸収して、光合成していると思われる。J. T. Beatty et al., *PNAS* 102, 9306–10（2005）

21 N. Dubilier, C. Bergin, and C. Lott, ***Nature Reviews Microbiology*** 6, 725–40（2008）

22 W. Martin and M. J. Russell, ***Philosophical Transactions of Royal Society B*** 362, 1887–926（2007）; N. H. Sleep, D. K. Bird, and E. C. Pope, ***Philosophical Transactions of Royal Society B*** 366, 2857–69（2011）。このpH九〜一一のアルカリ性噴出液は、pH八の現在の海水に比べて、太古のpH六の海水に混じっていたと思われる。

23 D. Schulze-Makuch et al., *Astrobiology* 11, 241–58（2011）
24 J. D. Van Hamme, A. Singh, and O. P. Ward, *Microbiology and Molecular Biology Reviews* 67, 503–49（2003）
25 C. Schleper et al., *Nature* 375, 741–2（1995）
26 C. Gerday and N. Glansdorff, *Physiology and Biochemistry of Extremophiles*（n.8）
27 A. E. Walsby, *Trends of Microbiology* 13, 193–5（2005）
28 ちょっと計算してみよう。まず、一つの四角い細胞を一〇×一〇×一単位とする。この細胞の表面積は二四〇単位、体積を一〇〇単位とすると、体積に対する表面積の割合は二・四になる。同じ体積の細胞質は半径二・九単位、これを表面積一〇四単位の球体に詰めると、体積に対する表面積の割合は一・〇四（=3/radius）にすぎない。
29 C. Gostinčar et al., *FEMS Microbiology Ecology* 71, 2–11（2010）
30 グレイ（収線量）は物質が受けた放射線量を表わす単位。1グレイはイオン化した放射線の形で1キログラムの物質が吸収したエネルギーの1ジュールにあたる。
31 N. N. Zhdanova et al., *Mycological Research* 104, 1421–6（2000）
32 N. N. Zhdanova et al., *Mycological Research* 98, 789–95（1994）
33 N. N. Zhdanova et al., *Mycological Research* 108, 1089–96（2004）
34 E. Dadachova et al., *PLoS ONE* 2（5）, e457（2007）
35 P. Huyghe, *The Sciences* 16–19（July/ August 1998）
36 J-I. Kim and M.M. Cox, *PNAS* 99, 7917–21（2002）
37 S. B. Pointing et al., *PNAS* 106, 19964–9（2009）。紫外線防護機能を持たない生物は岩の下で生き残り、Hypolithic（岩石下生物）と呼ばれている。
38 火星の表面にある高濃度の有毒物質、過塩素酸塩は人間が赤い惑星に到達する前に立ちはだかる多くの障害の一つである。過塩素酸塩は固形ロケット燃料や花火など、爆発物の材料でもある。過塩素酸塩を分解する地上の細菌や古細菌に関する研究結果から、この物質が凍りついた火星の表面下で微生物を養うもとになると考えられるようになった。*Archaeoglobus fulgidus* は過塩素酸塩を還元する、高温耐性古細菌の一種である。M. G. Liebensteiner et al., *Science*

340, 85–7（2013）
39 C. D. Parkinson et al., *Origin of Life and Evolution of Biosphere* 38, 355–69（2008）
40 C. Humphries, *Science* 335, 648–50（2012）
41 P. Zalar et al., *Fungal Biology* 115, 997–1007（2011）
42 J. A. Littlechild, *Biochemical Society Transactions* 39, 155–8（2011）。Z. E. Wilson and M. A. Brimble, *Natural Product Reports* 26, 44–71（2009）には、極限環境微生物が生産する、さまざまな生理活性のある炭水化物や脂質、二次代謝産物などの解説が出ている。
43 K. B. Mullis, *Scientific American* 262, 56–61, 64–5（1990）
44 M. R. Tansley and T. D. Brock, *PNAS* 69, 2426–8（1972）
45 M. M. Littler et al., *Science* 227, 57–9（1985）
46 L. A. Levin, *Palaios* 9, 32–41（1994）
47 R. J. Richards, *The Tragic Sense of Life: Ernst Haeckel and the Struggle over Evolutionary Thought*（Chicago: The University Chicago Press, 2008）
48 J. Pawlowski et al., *Journal Eukaryotic Microbiology* 50, 483–7（2003）
49 *Valonia*（ヴァロニア）は緑藻の Siphoncladales 目の仲間で、*Caulerpa*（カウレルパ）と*Halimeda*（ハリメダ）はBryopsidales 目に属している。
50 もう一つの大きな細菌の *Epulopiscium fishelsoni* はニザダイ類の腸管にいるが、その大きさは二〇〇〜七〇〇×八〇ナノメートルである。E. R. Angert. K. D. Clements, and N. R. Pace, *Nature* 362, 239–41（1993）
51 L. Selbmann et al., *Studies in Mycology* 51, 1–32（2005）
52 L. G. Sancho et al., *Astrobiology* 7, 443–54（2007）; J. Raggio et al., *Astrobiology* 11, 281–92（2011）
53 J-P. de Vera, P. Rettberg, and S. Ott, *Origins of Life and Evolution of Biospheres* 38, 457–68（2008）
54 G. Horneck et al., *Advances in Space Research* 14, 41–5（1994）。ＮＡＳＡの長期間曝露試験装置は一九八四年にスペースシャトルで打ち上げられ、一九九〇年に回収された。この宇宙飛行は一一か月後に終了する予定だったが、チャレンジャー号の事故のために期間延長された。

第8章

1 S. Naeem, J. E. Duffy, and E. Zavaleta, *Science* 336, 1401–6 (2012)
2 M. G. A. van der Heijden, R. D. Bardgett, and N. C. van Straalen, *Ecology Letters* 11, 296–301 (2008)
3 M. G. A. van der Heijden et al., *Nature* 396, 69–72 (1998)
4 S. A. Schnitzer et al., *Ecology* 92, 296–303 (2011)
5 G. W. Griffith, *Trends in Ecology and Evolution* 27, 1–2 (2012)
6 T. Curtis, *Nature Reviews Microbiology* 4, 488 (2006)
7 D. L. Stokes, *Human Ecology* 35, 361–9 (2007)
8 M. J. Costello, R. M. May, and N. E. Stork, *Science* 339, 413–16 (2013)
9 トーマス・カーティスが語ったシロナガスクジラとパンダについての比喩 *Nature Reviews Microbiology* (n.6) は、微生物生態学のスケールを考えるうえの論法として使える。イギリス海峡の海水サンプルからとったシークェンスの解析結果と、多くの海域から集めた地球規模のシークェンス・アーカイブにあるデータは多くの点で重なっている。S. M. Gibbons et al., *PNAS* 110, 4651–5 (2013)。このことから、同じような微生物がすべての海域に生存し、環境条件の変化にしたがって増殖しているという考えは当たっていると思われる。また、どの海域からとった海水のシークェンスについても、よく見ると多様な微生物が地球上の海域全体にいることを暗示している。二つのデータを統計的に処理した結果を見ると、海生原核生物の幅広い一覧表が、二〇〇リットル以上の海水から得られた二〇〇〇億のシークェンスを増幅して得られたという。この種の詳細なシークェンシングも、ここ数年のうちに実行可能になることだろう。
10 S. A. Amin, M. S. Parker, and E. V. Armbrust, *Microbiology and Molecular Biology Reviews* 76, 667–84 (2012); R. Stocker and J. R. Seymour, *Microbiology and Molecular Biology Reviews* 76, 792–812 (2012)
11 T. Pradeu, *The Limits of Self: Immunology and Biological Identity* (New York: Oxford University Press, 2012)

カラー口絵出典

1 Shutterstock.com/ Lebendkulturen.de
2 J. Leidy, U.S. Geological Survey of the Territories Report 12, 1–324 (1879).
3 Phillipe Crassous/ Science Photo Library
4 www.istockphoto.com/© NNehring
5 Phillipe Crassous/ Science Photo Library
6 Eye of Science/ Science Photo Library
7 Reprinted from Deep Sea Research Part II: Topical Studies in Oceanography, Volume 58, Issues 23–24, 1 December 2011, A.J. Goodaya, A. Aranda da Silvab, J. Pawlowski, Xenophyophores (Rhizaria, Foraminifera) from the Nazaré Canyon (Portuguese margin, NE Atlantic), page 2407, fig 7, Copyright 2013, with permission from Elsevier
8 Shutterstock.com/ Lebendkulturen.de
9 Dr. Peter Siver, Visuals Unlimited / Science Photo Library
10 Photo: Professor Timothy James
11 Eckhard Voelcker
12 © CCALA Culture Collection of Autotrophic Organisms, http://ccala.butbn.cas.cz
13 Russell Kightley/ Science Photo Library
14 From Untangling Genomes from Metagenomes: Revealing an Uncultured Class of Marine Euryarchaeota by Vaughn Iverson et al. Science 335, 587 (2012); DOI: 10.1126/science.1212665. Reprinted with permission from AAAS

訳者あとがき

この本の原題名は *The Amoeba in the Room*、『どこにでもいるアメーバ』とでもいえばいいのだろうか。おしまいまで読んでいただくと、「ああ、そうか」とわかる題名である。築地書館の土井二郎さんから、「こんな本が出ていますが、やってみますか」と言われたのは二〇一四年五月のこと、同書が出版されて間もないころだった。両膝は関節炎で痛むし、緑内障の手術をしてもらうことになっていたので、一度はやめておこうかと思った。しかし、病気に負けると、憂鬱になってガタガタと行ってしまいそうになる齢なので、気を取り直してチャレンジすることにした。

届いた本に目を通してみると、文章が難解なだけでなく、原生生物や細菌、ウイルスなど、いわゆる広範な微生物が主題で、分子生物学的手法による系統学や分子生態学の記述が多い。著者も勉強中らしく、肩に力が入っているのか、独断と偏見に満ちた部分もあって、途中で何度か投げ出したくなった。ただ、内容は私にとって目新しく、面白いことも多かったので、どうせ読むなら翻訳してしまおうと、六か月ほどでやってしまった。ボツにしてもらうことを期待して、眼の手術を受ける前に、とりあえず粗訳を終えて出版社に送っておいた。退院してきたら、チェック済みの原稿が届いていた。投げ出すのも悪いので、眼をしょぼつかせながら書き直したのが、これである。病気のせいにするわけではないが、いつものことながら誤訳や間違いが多いことを恐れる。お許し願いたい。

ここ一〇年ほどは、新しい研究成果に目を通していないので、詳しいことはわからないが、著者が言うように、私が学生のころに始まった分子生物学の進歩は目覚ましく、おそらく今世紀中に生物学の体系や系統樹、進化論などは大幅に変更されるだろう。半世紀以上微生物学に携わってきたつもりだったが、自分の知識の少なさと狭さに今更ながら愕然としている。生物には長い歴史がある。あらゆる生物はその歴史の積み重ねの上に生まれたもので、いわば、微生物のモザイクなのだということが、この本を読んでみるとよくわかる。まさに、「どこにでもいるアメーバ」なのだ。

この本の目次に目を通すと、少し奇異な感じがするのは、私だけではないだろう。エデンの園、レビ記、ダンテの神曲、新エルサレムと並び、ミルトンの『失楽園』とくれば、どうしても聖書、特に旧約聖書が浮かんでくる。うがちすぎかもしれないが、どうやら著者の頭の中には、創造主の姿がちらついているらしい。

生物の世界を虚心坦懐、そのまま見つめていると、じつに不思議なことが多い。DNAはまるで神の手になる生命の設計図のようで、地球の歴史も生物の進化も必然の結果のように見える。人類はもとより、すべての生物が定められた宿命に呪縛され、それから逃れえないと思うのは、著者だけではないはずだ。微生物は見えないところに潜んでいるのではない。あらゆるところに居場所を見つけて、生命体が誕生して以来自然そのものを動かし、地球の先住者として常に出番を待っているのである。激しくなる気候変動や地殻の動きは、いつ眠れる微生物が復活するきっかけになるかわからない。読み進むうちに、洗脳されて悲観論に陥り、絶望的にならないようにしていただきたい。それでも、我々は今を生きているのだから。

この本を読んでみて、それにつけても現代の教師は大変だと、つくづく感心する。世界中から集まる津波のような最先端の研究成果に目を通しながら、自分の研究をこなし、論文を次々と投稿し、講義や実習、論文審査など、学生の教育も何とかこなし、ほとんど無駄骨に終わる研究申請書を何通も書いて集金に駆け回り、研究報告書を書いて業績を評価されるだけでなく、学生からまで点数をつけられる。会議に追いまくられ、上からガミガミ言われたのでは、ストレスがたまるはずである。アメリカも日本もその点は同じらしく、マネーさんも例外ではない。つい、勢い余って言いたい放題、世間が価値を認めないことにいら立ってか、ダーウィン先生すら糞みそにこき下ろし、自分の気に入ったミケーリ先生を大いに持ち上げる。翻訳が進むにつれて、どことなくボヤキ続けていた若いころの自分を見ているように思えてきた。

一般に研究の大半は「それでどうした」という程度のものなのだから、やはりゆとりのある環境で静かにやらせてあげたいと思う。頭の薄い政治家や役人たちがわかりもしないのに、よってたかってゴチャゴチャ言うのはどだいおかしい。と、この辺でやめておこう。とにかく、いろんな点で面白いので、眠くなるのを我慢して一度、目を通していただければ幸いである。

翻訳と出版にあたって、築地書館の土井社長、黒田智美氏、校正士の村脇恵子氏をはじめ皆さんのお世話になった。改めて御礼申し上げる。また、いつもながら丁寧に校正してくれた妻洋子に感謝する。なお、翻訳にあたって、『岩波生物学辞典第五版』（岩波書店、二〇一三年）など、各種の事典や図鑑などを使わせていただいた。

【ワ行】

【マ行】

【ナ行】

【ハ行】

【タ行】

【サ行】

【カ行】

索引

著者紹介
ニコラス・P・マネー（Nicholas P. Money）
イギリス生まれ、エクセター大学で菌類学を学ぶ。アメリカ合衆国オハイオ州オックスフォードにあるマイアミ大学で、植物学とウエスタン・プログラムの学部長を務める。70報を超える菌類学に関する研究論文を書き、『ふしぎな生きものカビ・キノコ』（築地書館、2007年）、『チョコレートを滅ぼしたカビ・キノコの話』（築地書館、2008年）など、先に4冊の菌類に関する単行本を出し、彼の研究は『ネイチャー』誌上で「素晴らしい科学的・文化的な探究である」と称賛された。

訳者紹介
小川　真（おがわ・まこと）
1937年京都府生まれ。
京都大学農学部卒業。同博士課程修了。農学博士。
森林総合研究所土壌微生物研究室室長、環境総合テクノス生物環境研究所所長を経て、大阪工業大学工学部環境工学科客員教授。
日本林学賞、ユフロ（国際林業研究機関連合）学術賞、日経地球環境技術賞、愛・地球賞（愛知万博）、日本菌学会教育文化賞など、数々の賞を受賞。
著書に『[マツタケ] の生物学』『マツタケの話』『きのこの自然誌』『炭と菌根でよみがえる松』『森とカビ・キノコ』『菌と世界の森林再生』（以上、築地書館）、『菌を通して森をみる』（創文）、『作物と土をつなぐ共生微生物』（農山漁村文化協会）、『キノコの教え』（岩波新書）、訳書に『ふしぎな生きものカビ・キノコ』『チョコレートを滅ぼしたカビ・キノコの話』（以上、築地書館）、『キノコ・カビの研究史』（京都大学学術出版会）など多数。

生物界をつくった微生物

2015年11月20日　初版発行

著者　ニコラス・マネー
訳者　小川　真
発行者　土井二郎
発行所　築地書館株式会社
〒104-0045
東京都中央区築地 7-4-4-201
☎03-3542-3731　FAX 03-3541-5799
http://www.tsukiji-shokan.co.jp/
振替00110-5-19057
印刷・製本　シナノ印刷株式会社
装丁　吉野　愛

 ISBN978-4-8067-1503-0